H.-J. Jacobasch

Oberflächenchemie faserbildender Polymerer

Neuere Forschungsergebnisse aus den chemischen Wissenschaften

Herausgegeben im Auftrage
des Forschungsbereiches Chemie
der Akademie der Wissenschaften der DDR

Oberflächenchemie faserbildender Polymerer

von

Dr. Hans-Jörg Jacobasch

Dresden

Mit 84 Abbildungen und 49 Tabellen

Akademie-Verlag · Berlin

1984

Erschienen im Akademie-Verlag, DDR - 1086 Berlin, Leipziger Straße 3–4

Lizenznummer: 202 · 100/504/84
Printed in the German Democratic Republic
Gesamtherstellung: VEB Druckhaus „Maxim Gorki", 7400 Altenburg
Umschlaggestaltung: Annemarie Wagner
Lektor: Fritz Schulz
LSV 1275, 1215
Bestellnummer: 762 996 5 (6640)

03600

Vorwort

Grenzflächeneigenschaften beeinflussen in starkem Maße die verfahrenstechnischen Parameter der Herstellungs- und Verarbeitungsprozesse sowie das Gebrauchsverhalten polymerer Werkstoffe.

Zahlreiche Prozesse der Polymerverarbeitung verlaufen primär an der Oberfläche, wie z. B. das Kleben und Verschweißen, die Beschichtung polymerer Werkstoffe, die Verbundbildung.

Im besonderen Maße gilt dies für die Herstellung und Verarbeitung textiler Faserstoffe, da diese im Vergleich zu Folien oder Platten eine relativ große spezifische Oberfläche aufweisen und von der Erspinnung über die Verarbeitung zu Flächengebilden und die Textilveredlung bis zur Konfektionierung zahlreichen Behandlungen unterworfen werden, die auf die Oberfläche der Faserstoffe einwirken. Während dieser Prozesse, aber auch beim Tragen und Waschen textiler Erzeugnisse, treten Wechselwirkungen zwischen den Faserstoffen und zahlreichen Substanzen, die in gasförmiger, flüssiger, gelöster oder fester Form vorliegen, auf. Für eine optimale Prozeßführung hinsichtlich Stoff- und Zeitausbeute sowie hinreichender Gebrauchseigenschaften ist es erforderlich, den Wechselwirkungsmechanismus und die Wechselwirkungsenergie zwischen Polymeren und in der Praxis vorkommenden kontaktierenden Substanzen sowie die Kinetik der Ausbildung von Bindungen bzw. ihrer Lösung zu kennen. Dies ist jedoch nur für wenige Teilprozesse der Fall, da es sich z. B. bei Textilveredlungsflotten um komplizierte Mehrkomponentensysteme handelt, die einer Modellierung auf molekulartheoretischer Basis nur schwer zugänglich sind.

Mit dem Abfassen des vorliegenden Buches wurde der Versuch unternommen, die Gesetzmäßigkeiten der Wechselwirkung zwischen Polymeren und kontaktierenden Substanzen in Abhängigkeit von der chemischen Konstitution und der Struktur der Polymeren sowie der Gegenwart dritter Substanzen und die Methoden zur Erfassung der entsprechenden Parameter darzustellen. Es wurde dabei vorwiegend von eigenen Untersuchungen an textilen Faserstoffen ausgegangen, die Aussagen wurden durch die Auswertung tangierender Literatur für weitere synthetische Polymere ergänzt.

In der Literatur konnten bei der Bearbeitung nur unbedingt notwendige Ergänzungen berücksichtigt werden.

Als Schwerpunkte werden die Energie und Kinetik der Wechselwirkung zwischen synthetischen Polymeren und Gasen unter besonderer Berücksichtigung von Wasserdampf, Benetzungsvorgänge, die Ursachen für die Ausbildung und die Auswirkungen der elektrochemischen Doppelschicht an Faserstoffen, die Adsorption von Tensiden und das Haftverhalten von Polymeren betrachtet. Es werden weiterhin Aussagen zum Einfluß adsorbierten Wassers und adsorbierter Tenside auf einige wichtige Verarbeitungs- und Gebrauchseigenschaften von Faserstoffen gemacht.

Das vorliegende Buch soll die in der Forschung und Lehre tätigen Polymer- und Textilchemiker mit den Ergebnissen spezieller oberflächenchemischer Untersuchungen vertraut machen.

Inhalt

1. Wechselwirkungskräfte an der Oberfläche fester Polymerer-Adhäsion

1.1. Theoretische Grundlagen

Die Wechselwirkung zwischen Festkörpern und beliebigen kontaktierenden Substanzen kann prinzipiell durch folgende Wechselwirkungsarten verursacht werden: Dispersionskräfte, statische und induzierte Dipolkräfte, chemische und Wasserstoffbrückenbindung.

Bei der Adhäsion fester Körper können weiterhin elektrostatische Wechselwirkungen auftreten.

Der Anteil der einzelnen Wechselwirkungsarten an der Gesamtwechselwirkungsenergie ist von der Art der Wechselwirkungspartner sowie ihrem Abstand abhängig. Im folgenden werden die grundsätzlichen theoretischen Vorstellungen am Problem der Adhäsion fester Körper dargestellt, wobei die durch chemische sowie Wasserstoffbrückenbindungen verursachte Adhäsion nur gestreift und das Hauptaugenmerk der Dispersions- und Dipolwechselwirkung gewidmet wird. Es wird dabei eine bewußt vereinfachende Darstellung des physikalisch und mathematisch sehr komplizierten Stoffes gewählt, um das Verständnis für technologisch interessante Zusammenhänge zu erleichtern. Für weiterreichende Betrachtungen sei auf die Spezialliteratur verwiesen [1···3].

1.1.1. Chemische und Wasserstoffbrückenbindung

In einer einfachen Darstellung kann man zur chemischen Bindung die heteropolare, die homöopolare und die metallische Bindung zählen. Die heteropolare Bindung (Ionenbeziehung) beruht auf der Aufnahme bzw. Abgabe von Elektronen der an der Bindung beteiligten Atome unter Bildung eines Ionengitters. Die Wechselwirkungsenergie errechnet sich nach dem Coulombschen Gesetz. Die homöopolare (Atom-)Bindung basiert auf dem Austausch von Valenzelektronen der Atome, so daß ein Elektronenpaar zwei Atomen gemeinsam angehört. Die metallische Bindung ist durch die Gitterstruktur der Metalle gekennzeichnet, in dem die Gitterpunkte durch positive Ionen besetzt sind, während sich die Valenzelektronen im Gitter frei bewegen und dessen Ladung neutralisieren.

Die Energie der aufgeführten Bindungsarten liegt zwischen 40 bis 800 kJ/mol. Die Reichweite beträgt 1 bis $2 \cdot 10^{-10}$ m.

Die Wasserstoffbrückenbindung beruht auf der Wechselwirkung orientierter Dipole, wobei der positive Pol von einem Wasserstoffatom gebildet wird. Die Energie der Wasserstoffbrückenbindung beträgt ca. 40 kJ/mol, ihre Reichweite etwa $3 \cdot 10^{-10}$ m. In der neuen Literatur wird die Wasserstoffbrückenbindung der Säuren-Basen-Wechselwirkung zugerechnet [81].

1.1.2. Dipolwechselwirkung

Dipolkräfte entstehen aus der Wechselwirkung statischer Dipole des einen Haftpartners mit statischen oder induzierten Dipolen des anderen.

Die Wechselwirkungsenergie E_D zweier statischer Dipole ergibt sich aus Gl. (1.1.) zu

$$E_D = -\frac{1}{2}\int d\tau \varepsilon_0 \mathfrak{E}^2, \qquad (1.1.)$$

wobei $\varepsilon_0 = 8.854 \cdot 10^{-12}$ As/Vm die Influenzkonstante und $\mathfrak{E}$ die Stärke des elektrischen Dipolfeldes bedeuten [4]. Mit der Feldgleichung für Dipole und unter Berücksichtigung der Wärmebewegung ergibt sich aus Gl. (1.1.) für zwei Haftpartner mit N Dipolen:

$$E_D = -\frac{N p_1^2 p_2^2}{48\pi^2 \varepsilon_0^2 k T d^6} \qquad (1.2.)$$

und die KEESOM-Kraft

$$F_D = \frac{N p_1^2 p_2^2}{8\pi^2 \varepsilon_0^2 k T d^7}. \qquad (1.3.)$$

In Gl. (1.2.) und (1.3.) bedeuten:

p_1, p_2 — Dipolmomente der Haftpartner 1, 2
$k = 1{,}38 \cdot 10^{-23}$ J/K — BOLTZMANN-Konstante
T — Temperatur
d — Abstand der Haftpartner

Induzierte Dipole entstehen bei Annäherung eines statischen Dipols an ein polarisierbares Molekül. Beschreibt α die statische Polarisierbarkeit des Moleküls, berechnet sich die Wechselwirkungsenergie auf der Grundlage von Gl. (1.1.) nach

$$E_i = -\frac{N \alpha p^2}{4\pi \varepsilon_0 d^6}. \qquad (1.4.)$$

Dementsprechend wird die Anziehungskraft

$$F_i = \frac{3 N \alpha p^2}{2\pi \varepsilon_0 d^7}. \qquad (1.5.)$$

Sind die Dipole gegen die Oberflächennormale geneigt, dann ist bei der Berechnung der Anziehungskraft der Neigungswinkel zu berücksichtigen (vgl. [1, 5]).

Die Anzahl der Dipole pro Volumeneinheit läßt sich experimentell aus der direkten Messung von Dielektrizitätskonstanten ermitteln, wobei aus der Temperaturabhängigkeit auf die Deformations- und Orientierungsanteile geschlossen werden kann. Die Bestimmung der Dipoldichte und -orientierung an der Oberfläche stößt auf große experimentelle Schwierigkeiten. Bisher ist noch kein Verfahren bekannt, das die Ermittlung dieser Größen gestattet.

Dipolkräfte, die von der Oberfläche fester Polymerer ausgehen, sind nicht nur für Adhäsionsvorgänge, sondern auch für die Adsorption von Gasen sowie von Ionen aus wäßriger Lösung und die Benetzung durch Flüssigkeiten mitverantwortlich. Dabei gelten den Beziehungen (1.2.) bis (1.5.) analoge Gleichungen.

In neueren Arbeiten wird von FOWKES [81] darauf verwiesen, daß das Haft- und Benetzungsverhalten von Festkörpern nicht mit dem Dipolmoment der Moleküle im Inneren übereinstimmt, so daß die Oberflächenkräfte lediglich auf Dispersions- und Säuren-Basen-Wechselwirkungen zurückzuführen sein sollen.

Die Säuren-Basen-Wechselwirkung, die auf der Elektronenabgabe bzw. -aufnahme der Wechselwirkungspartner beruht, kann der heteropolaren aber auch der elektrostatischen und in wenig ausgeprägten Fällen auch der Dipolwechselwirkung zugerechnet werden.

1.1.3. Dispersionswechselwirkung

Die Dispersions-Wechselwirkung unpolarer Moleküle beruht auf der statistischen Bewegung der Elektronen in der Elektronenhülle der Moleküle. Obwohl das Molekül im zeitlichen Mittel elektrisch neutral ist, führt die Elektronenbewegung dazu, daß jedes Molekül zu jedem Zeitpunkt ein elektrisches Dipolmoment besitzt, welches mit dem in gleicher Weise entstandenen Moment eines Nachbarmoleküls korrelieren kann. Daraus resultiert im zeitlichen Mittel eine Anziehungskraft.

Zur Erklärung der Dispersionswechselwirkung makroskopischer Körper existieren zwei Theorien, die auf quantenmechanischen Grundlagen beruhen: die mikroskopische Theorie (LONDON [6]; DE BOER [7]; HAMAKER [8]) und die makroskopische Theorie (LIFSHITZ [9]; LIFSHITZ, DZYALOZSHINSKI, PITAJEVSKI [10]).

1.1.3.1. Mikroskopische Theorie

Die mikroskopische Theorie der Haftung infolge Dispersionswechselwirkung schließt aus der Anziehung zweier Einzelmoleküle auf ein Kollektionsmodell, wobei die Additivität der molekularen Adhäsionskräfte vorausgesetzt wird.

Nach LONDON [6] ist die Dispersionswechselwirkungsenergie zwischen zwei Molekülen 1 und 2

$$E_{12} = -\frac{\beta_{12}}{r^6} \tag{1.6.}$$

bzw. für gleichartige Moleküle

$$E_{11} = -\frac{\beta_{11}}{r^6}. \tag{1.7.}$$

Der Übergang zur Anziehung makroskopischer Körper (gleicher Art) erfolgt durch Summation der atomaren Wechselwirkungen.

$$E_{\mathrm{Disp}} = -\int_{v_1} V_1 dV_1 \int_{v_2} V_2\, dV_2 (q^2\beta_{11}/r^6). \tag{1.8.}$$

In Gl. (1.6.) bis (1.8.) bedeuten:

V_1, V_2 – Volumen der Körper
q – Anzahl der Moleküle pro cm^3
β – LONDONsche Konstante
r – Abstand der Moleküle

Für zwei planparallele Platten, deren Abstand d klein gegen ihre Dicke ist, ergibt die Integration für die spezifische Wechselwirkungsenergie

$$E_{\text{Disp}} = -\frac{A}{12\pi d^2}, \tag{1.9.}$$

wobei

$$A = \pi^2 \beta q^2 \tag{1.10.}$$

die VAN DER WAALS-HAMAKER-Konstante bedeutet. Gl. (1.9.) analoge Beziehungen wurden auch für makroskopische Körper anderer Geometrie (z. B. Kugel—Kugel, Kugel—Platte (vgl. [11])) abgeleitet.

Für die Berechnung von Dispersionshaftkräften zwischen unterschiedlichen Festkörpern geht man im allgemeinen von der BERTHELOTschen Hypothese des geometrischen Mittels aus [12, 13]. Danach ist die zwischen Molekülen unterschiedlicher Art wirkende Anziehungskraft annähernd gleich dem geometrischen Mittel der Anziehungskraft zwischen den Molekülen der gleichen Art. Bezogen auf die Haftkraft zwischen makroskopischen Körpern bedeutet dies

$$F_{12} \approx \sqrt{F_{11} \cdot F_{22}}, \tag{1.11.}$$

d.h.

$$A_{12} \approx \sqrt{A_{11} \cdot A_{22}}. \tag{1.12.}$$

Die Gültigkeit dieser Beziehungen konnte bisher noch nicht exakt nachgewiesen werden. Von KRUPP [13] wurde jedoch unter Anwendung der LIFSHITZ-Theorie gezeigt, daß die Beziehungen (1.11.) und (1.12.) gültig sind, wenn sich die Konstanten A_{11} und A_{22} nicht zu stark unterscheiden.

1.1.3.2. Makroskopische Theorie

Die von LIFSHITZ u. Mitarb. [9, 10] entwickelte makroskopische Theorie der Dispersionswechselwirkung setzt die Additivität molekularer Dispersionskräfte nicht voraus. Sie geht vom Festkörper als Kontinuum aus und bestimmt die zwischen zwei solchen Körpern herrschenden Adhäsionskräfte direkt. Grundlage der Berechnung ist die Fluktuationstheorie (s. [14]). Die statistischen Schwankungen der positiven und negativen Ladungen der Moleküle bauen im Inneren der Körper ein statisches Strahlungsfeld auf, das sich über die Grenzen der Körper als stehende, exponentiell gedämpfte Welle fortsetzt. Als Ergebnis einer aufwendigen mathematischen Ableitung ergibt sich die Anziehungskraft zwischen zwei planparallelen Platten der Haftpartner 1 und 2 bei tiefen Temperaturen ($kT < 1$) und kleinen Abständen d im Vakuum zu

$$F_{\text{Disp}} = \frac{\hbar \bar{\omega}_{12}}{8\pi^2 d^3} \tag{1.13.}$$

mit

$$\hbar = \frac{h}{2\pi}$$

h — PLANCKsche Konstante

$$\overline{\omega}_{12} = \int_0^\infty \left(\frac{\varepsilon_1(i\xi) - 1}{\varepsilon_1(i\xi) + 1}\right)\left(\frac{\varepsilon_2(i\xi) - 1}{\varepsilon_2(i\xi) + 1}\right) d\xi. \tag{1.14.}$$

Die $\varepsilon_j(i\xi)$ berechnen sich nach der KRAMERS-KRONIG-Relation aus

$$\varepsilon_j(i\xi) = \frac{2}{\pi}\int_0^\infty \frac{\omega\varepsilon_j''(\omega)}{\omega^2 + \xi^2}\, d\omega + 1. \tag{1.15.}$$

In Gl. (1.15.) stellt $\varepsilon_j''(\omega)$ den Imaginärteil der komplexen Dielektrizitätskonstante dar:

$$\varepsilon_j(\omega) = \varepsilon_j'(\omega) + i\varepsilon_j''(\omega) \tag{1.16.}$$

ω — Kreisfrequenz

Die Relation zwischen der LIFSHITZ-Konstanten $\hbar\overline{\omega}$ und der HAMAKER-Konstanten A ist durch

$$\hbar\overline{\omega} = \frac{4}{3}\pi A \tag{1.17.}$$

gegeben.

Die Dispersionswechselwirkung beschränkt sich selbstverständlich nicht nur auf die Wechselwirkung zwischen Festkörpern allein, sondern sie beeinflußt für den Fall fester Polymerer auch die Wechselwirkung mit Gasen, Flüssigkeiten und den Bestandteilen von Lösungen. Obwohl eine umfassende Theorie der Dispersionswechselwirkung zwischen festen Polymeren und den genannten Stoffen noch nicht erarbeitet wurde, kann mit Sicherheit angenommen werden, daß die Wechselwirkungsenergie nicht ausschließlich durch die Moleküleigenschaften der Grenzfläche, sondern auch durch die Eigenschaften der Moleküle der oberflächennahen Region bedingt ist. Dies bedeutet, daß auch Zusammenhänge zwischen der HAMAKER-Konstanten und der Adsorbierbarkeit bzw. der Benetzbarkeit von Polymeren zu erwarten sind. So beruht die Bestimmung des Dispersionsterms der freien Oberflächenenergie σ_s^d auf den Grundlagen der mikroskopischen Adhäsionstheorie (vgl. Kap. 3.1.1.), so daß σ_s^d eine Funktion von A ist (Gl. (1.30.)). Auch die Adsorptionsisothermen von Gasen an Festkörpern lassen sich für den Fall einer Mehrschichtenadsorption in der Form beschreiben, daß p/p_s (= relativer Dampfdruck des Gases) eine Funktion von A ist (vgl. [2]).

1.1.3.3. Retardierte VAN DER WAALS*sche Kräfte*

Die Gleichungen (1.9.) und (1.13.) für die Abhängigkeit der Wechselwirkungsenergie zwischen planparallelen Platten vom Abstand gelten nur bis zu Abständen von $\approx 1{,}5 \cdot 10^{-8}$ m. Oberhalb dieses Wertes ist die Phasenverschiebung zwischen den wechselwirkenden Dipolen merklich von $\pi/2$ verschieden, so daß die Wechselwirkung infolge dieser Retardierung stärker mit dem Abstand abnimmt, als in den Gln. (1.9.) und (1.13.) angegeben. Die Berechnung retardierter VAN DER WAALSscher Kräfte wurde von CASI-

MIR und POLDER [15] auf der Grundlage der mikroskopischen Theorie und von LIFSHITZ [9] nach der makroskopischen Theorie durchgeführt. Danach gilt für die retardierte Wechselwirkung planparalleler Platten der gleichen Substanz

$$E^r_{\text{Disp}} = -\frac{B}{3d^3} \tag{1.18.}$$

bzw.

$$F^r_{\text{Disp}} = \frac{B}{d^4}. \tag{1.19.}$$

Die retardierte VAN DER WAALS-HAMAKER-Konstante berechnet sich nach CASIMIR und POLDER [15] zu

$$B = \frac{\pi hc}{480}\left(\frac{\varepsilon_1 - 1}{\varepsilon_1 + 2}\right)^2 \tag{1.20.}$$

und nach LIFSHITZ zu

$$B = \frac{\pi hc}{480}\left(\frac{\varepsilon_1 - 1}{\varepsilon_1 + 1}\right)^2 \varphi(\varepsilon_1). \tag{1.21.}$$

In Gl. (1.20.) und (1.21.) bedeuten c die Lichtgeschwindigkeit und $\varphi(\varepsilon_1)$ eine Funktion der Dielektrizitätskonstanten.

Für kleine Werte von ε_1 stimmen die nach beiden Theorien erhaltenen Werte von B gut überein. Für größere Werte von ε_1 (z. B. Metalle) ergibt Gl. (1.21.) die besser gesicherten Werte. Für die retardierten VAN DER WAALSschen Kräfte zwischen unterschiedlichen Substanzen 1 und 2 kann analog den Gln. (1.11.) und (1.12.) das Prinzip des geometrischen Mittels angewandt werden.

1.1.3.4. Einfluß von Immersionsmitteln und Adsorptionsschichten auf die Dispersionswechselwirkung

Befinden sich gleichartige Festkörper-Teilchen in einem Dispersionsmedium, dann gilt z. B. für parallele Platten (vgl. [16]):

$$F = \frac{A^x}{6\pi d^3} \tag{1.22.}$$

$A^x = A_{11} + A_{00} - A_{10}$ – zusammengesetzte VAN DER WAALS-HAMAKER-Konstante
A_{00} – VAN DER WAALS-HAMAKER-Konstante des Dispersionsmediums
A_{10} – VAN DER WAALS-HAMAKER-Konstante für die Wechselwirkung zwischen Festkörperteilchen und Dispersionsmedium

Nach der makroskopischen Theorie ergibt sich die Wechselwirkungskonstante zu

$$\overline{\omega}^x = \int_0^\infty \left(\frac{\varepsilon_1(i\xi) - \varepsilon_0(i\xi)}{\varepsilon_1(i\xi) + \varepsilon_0(i\xi)}\right)^2 d\xi \tag{1.23.}$$

Beziehungen über den Einfluß von Adsorptionsschichten auf die Haftung wurden von M. I. VOLD [17] abgeleitet. Für die Dispersionswechselwirkung paralleler Platten der gleichen Art, aber unterschiedlicher Dicke gilt allgemein nach der HAMAKER-Theorie

$$E = -\frac{A\,\dfrac{1}{D_1 D_2}\left(\dfrac{1}{xy} + \dfrac{xy}{(xy + x + y)^2} - \dfrac{x}{y(1 + x)^2} - \dfrac{y}{x(1 + y)^2}\right)}{12\pi} \tag{1.24.}$$

$$x = \frac{2d}{D_1} \qquad y = \frac{2d}{D_2}$$

d – Abstand der Platten
D_1 bzw. D_2 – Dicke der Platten 1 und 2

Die Wechselwirkungsenergie läßt sich also als Funktion von x, y, D_1 und D_2 darstellen:

$$E = -\frac{A}{12\pi} f(x, y, D_1, D_2). \tag{1.25.}$$

Sind die Platten mit einer Adsorptionsschicht der Dicke δ bedeckt, ergeben sich eine, Reihe von f-Funktionen (sog. VOLD-Funktionen):

$$H_s = f\left(\frac{2d}{D_1 + \delta}, \frac{2d}{D_2 + \delta}, D_1 + \delta, D_2 + \delta\right). \tag{1.26.}$$

für die Anziehung zwischen zwei mit jeweils einer Adsorptionsschicht bedeckten Platten

$$H_{ps} = f\left(\frac{2d + \delta}{D_1}, \frac{2d + \delta}{D_2 + \delta}, D_2 + \delta, D_1\right) \tag{1.27.}$$

für eine Platte mit und eine Platte ohne Adsorptionsschicht,

$$H_D = f\left(\frac{2(d + \delta)}{D_1}, \frac{2(d + \delta)}{D_2}, D_1, D_2\right) \tag{1.28.}$$

für die Wechselwirkung unbedeckter Platten ($D_1 = D_2 = D$).

Die gesamte Wechselwirkungsenergie zwischen den mit Adsorptionsschichten bedeckten Platten in einem Dispersionsmedium mit der HAMAKER-Konstanten H_0 ergibt sich zu

$$E = -\frac{(A_{00}^{1/2} - A_s^{1/2})^2 H_s + (A_s^{1/2} - A_p^{1/2})^2 H_D + 2(A_{00}^{1/2} - A_s)^{1/2} (A_s^{1/2} - A_p)^{1/2} H_{ps}}{12\pi} \tag{1.29.}$$

A_s bzw. A_p – VAN DER WAALS-HAMAKER-Konstante der Adsorptionsschicht bzw. der Platten

Von BECHER [18, 19] wurden die Wechselwirkungsenergien zwischen zwei mit Adsorptionsschichten bedeckten Platten numerisch als Funktion des Abstandes zwischen den Platten berechnet, wobei bei willkürlich gewählten A_{00}, A_s und A_p und einer Dicke der Platten von 666,7 nm die Dicken der Adsorptionsschichten zwischen 0 und 10 nm variiert wurden. Dabei zeigte sich, daß die Wechselwirkungsenergie annähernd unabhängig von der Dicke der Adsorptionsschicht um den Faktor 5 gegenüber der an adsorptionsschichtfreien Platten bestimmten Energie erniedrigt wird. Für praktische Haftsysteme sind die Werte A_s sowie die Dicke der Adsorptionsschicht meist unbekannt, so daß hier der Einfluß von Adsorptionsschichten auf die Dispersionswechselwirkungsenergie noch nicht berechnet werden kann.

1.1.3.5. Methoden zur Bestimmung der VAN DER WAALS-HAMAKER- *bzw.* LIFSHITZ-*Konstanten*

1.1.3.5.1. Mikroskopische Theorie

Ausgehend von atomaren Eigenschaften entwickelten verschiedene Autoren Näherungen für die LONDONsche Konstante β. Nach EISENSCHITZ und LONDON [20] ist für zwei wasserstoffähnliche Atome 1 und 2

$$\beta_{12} = \frac{3}{2} h \frac{\nu_{01}\nu_{02}}{\nu_{01}\nu_{02}} \alpha_{01}\alpha_{02}. \tag{1.30.}$$

Für zwei identische Atome vereinfacht sich Gl. (1.30.) zu

$$\beta_{11} = \frac{3}{4} h\nu_{01}\alpha_{01}^2. \tag{1.31.}$$

Die LONDONsche Konstante läßt sich für komplexere Moleküle gemäß

$$\beta_{12} = \frac{3}{2} h \frac{\nu_{\nu1}\nu_{\nu2}}{\nu_{\nu1}\nu_{\nu2}} \alpha_{01}\alpha_{02} \tag{1.32.}$$

bzw.

$$\beta_{11} = \frac{3}{4} h \sqrt{s_1}\, \nu_{01}\alpha_{01}^2 \tag{1.33.}$$

berechnen.

In Gl. (1.30.) bis (1.33.) bedeuten:

h — PLANCKsches Wirkungsquantum
ν_0 — charakteristische Frequenz des Atoms im Grundzustand
α_0 — statische elektronische Polarisierbarkeit
s — $\left(\frac{\nu_\nu}{\nu_0}\right)^2$ — Zahl der Dispersionselektronen
$h\nu_\nu$ — Ionisierungsenergie

SLATER und KIRKWOOD [21] modifizierten Gl. (1.33.), indem sie s durch die Zahl Z der Außenelektronen eines Moleküls ersetzten:

$$\beta_{11} = \frac{3}{4} \sqrt{Z}\, h\nu_0\alpha_0^2 \tag{1.34.}$$

GREGORY [22] sowie TABOR und WINTERTON [23] erhielten, ausgehend von den makroskopischen Eigenschaften für die HAMAKER-Konstante,

$$A_{11} = \frac{27}{64} h\nu_\nu \left(\frac{\varepsilon_1 - 1}{\varepsilon_1 + 2}\right)^2. \tag{1.35.}$$

RENNE und NIJBOER [24] geben eine atomistische Ableitung der mikroskopischen Dispersionskraft an, die die gegenseitige Beeinflussung der atomaren Dipole berücksichtigt. Ausgehend vom DRUDE-Modell der Elektronenoszillation erhielten sie in der Näherung für zwei unendliche Halbräume

$$F_{\text{Disp}} = \frac{\pi h\nu_0 q^2 \alpha_0^2}{8d^3} \left\{1 - \left(3\pi q\alpha_0 \frac{\varepsilon_1 + 1}{\varepsilon_1 - 1} - \frac{3}{2}\right)\right\} \tag{1.36.}$$

bzw.

$$\beta_{11} = \frac{3}{4} h\nu_0 \alpha_0^2 \left\{1 - \left(3\pi q\alpha_0 \frac{\varepsilon_1 + 1}{\varepsilon_1 - 1} - \frac{3}{2}\right)\right\}. \tag{1.37.}$$

In der exakten Ableitung gehen diese Beziehungen vollständig in die makroskopische Theorie über.

Der theoretische Hintergrund der auf Arbeiten von FOWKES [25] zurückgehenden Möglichkeit der Bestimmung von A aus dem Dispersionsanteil der freien Oberflächenenergie σ_s^d wird in Kap. 3.1. behandelt, danach gilt

$$A_{11} = 6\pi r_{11}^2 \sigma_s^d \tag{1.38.}$$

bzw.

$$A_{12} = 6\pi r_{12}^2 \left(\sqrt{\sigma_{s1}^d} - \sqrt{\sigma_{s2}^d}\right). \tag{1.39.}$$

1.1.3.5.2. Makroskopische Theorie

Aus den vorangegangenen Ausführungen geht hervor, daß nach der makroskopischen Theorie wegen des exakten theoretischen Modells die zuverlässigsten Werte für HAMAKER-Konstanten zu erwarten sind.

Die Berechnung der HAMAKER-Konstanten setzt die experimentelle Ermittlung von $\varepsilon''(\omega)$ über einen weiten Frequenzbereich ($\omega \sim 5 \cdot 10^{16} \cdots 3 \cdot 10^{15}\ \text{s}^{-1}$) voraus. Dafür existieren prinzipiell zwei Möglichkeiten:

1. die Messung der Absorption $\varkappa(\omega)$ und des Brechungsindex $n(\omega)$ elektromagnetischer Wellen,
2. die Bestimmung des Reflexionsvermögens elektromagnetischer Wellen.

Im ersten Fall wird $\varkappa$ nach

$$\varkappa = \frac{c}{2\omega d} \ln\left(\frac{I_0}{I}\right) \tag{1.40.}$$

aus der Absorption beim Durchgang elektromagnetischer Wellen durch ein Medium bestimmt.

In Gl. (1.40.) bedeuten:

I_0 – Intensität des Primärstrahls
I – Intensität des durchgehenden Strahls
c – Lichtgeschwindigkeit
d – Dicke des Mediums

Wird $n(\omega)$ auf andere Weise ermittelt (s. z. B. Gl. (1.50.)), läßt sich $\varepsilon''(\omega)$ über

$$\varepsilon''(\omega) = 2n(\omega)\,\varkappa(\omega) \tag{1.41.}$$

errechnen.

Von Polymeren wurde bisher lediglich die HAMAKER-Konstante von Polystyren über Absorptionsmessungen bestimmt, indem das von PARTRIDGE [26] im Bereich von 58 nm bis 300 nm an 33 nm dicken Polystyrenfolien aufgenommene Absorptionsspektrum durch KRUPP [27] ausgewertet wurde.

Im zweiten Falle werden die für Absorptionsmessungen notwendigen dünnen Folien nicht benötigt. Hier werden die Größen $\varkappa(\omega)$ und $n(\omega)$ aus der Rückstreurate

$$R = \frac{I_R}{I_0} \tag{1.42.}$$

I_R – Intensität des reflektierten Strahls

über

$$\varkappa = \frac{-2\sqrt{R}\sin\theta}{1 + R - 2\sqrt{R}\cos\theta} \tag{1.43.}$$

$$n = \frac{1 - R}{1 + R - 2\sqrt{R}\cos\theta} \tag{1.44.}$$

bestimmt. In Gl. (1.52.) und (1.53.) ist der Phasenwinkel durch

$$\theta(\omega_0) = \frac{2\omega_0}{\pi}\int_0^\infty \frac{\ln\sqrt{R}}{\omega_0^2 - \omega^2}\,d\omega$$

$$= \frac{1}{\pi}\int_0^\infty \ln\left(\frac{\omega + \omega_0}{\omega - \omega_0}\right)\frac{d(\ln\sqrt{R})}{d\omega}\,d\omega \tag{1.45.}$$

gegeben.

Reflexionsspektren von Polymeren liegen bisher ebenfalls nur von Polystyren vor [28]. Die aus Absorptions- bzw. Reflexionsmessungen erhaltenen Spektren unterscheiden sich erheblich, was den Einfluß der Oberflächen- und Volumenbeschaffenheit auf das Meßergebnis deutlich macht.

Da experimentelle Daten für $\varepsilon''(\omega)$ außerordentlich schwer zu erhalten sind (Herstellung gleichmäßiger ultradünner Folien bzw. glatter definierter Oberflächen), wurden eine Reihe von Näherungsverfahren entwickelt, die auf leichter bestimmbare Größen zurückgreifen. Diese makroskopischen Näherungen gehen zum großen Teil von der von DEBYE, DRUDE und LORENTZ entwickelten Theorie der Elektronendispersion aus.

Nach NINHAM und PARSEGIAN [29] gilt:

$$\varepsilon(i\xi) = \sum \frac{c_{\text{rot}}}{1 - \xi/\omega_{\text{rot}}} + \sum \frac{c_j}{1 + (\xi/\omega_j)^2 - \gamma\xi/\omega_j^2} \tag{1.46.}$$

sowie nach NIR u. Mitarb. [30]:

$$3\left(\frac{\varepsilon(i\xi) - 1}{\varepsilon(i\xi) + 2}\right) = \frac{c_{\text{rot}}}{1 - \xi/\omega_{\text{rot}}} + \sum_j \frac{c_j}{1 + (\xi/\omega_j)^2 - \gamma_j\xi/\omega_j^2}. \tag{1.47.}$$

c_{rot}, c_j — Konstanten, proportional zu den Oszillatorstärken
$\omega_{\text{rot}}, \omega_j$ — charakteristische Frequenzen
γ_j — Dämpfungskoeffizienten

In Anlehnung an Arbeiten von KRUPP [31], nach denen für eine große Zahl Materialien über eine weiten Frequenzbereich

$$\frac{\varepsilon(i\xi) - 1}{\varepsilon(i\xi) + 1} = a \cdot \exp(-\, ib\xi) \quad a, b = \text{const} \tag{1.48.}$$

ist, gibt VISSER [32] als einfache Näherungsformel

$$A_{11} = 4{,}02 \cdot 10^{-19} \left(\frac{\varepsilon_1 - 1}{\varepsilon_1 + 1}\right)^2 \quad \text{(in Joule)} \tag{1.49.}$$

an, die für sämtliche Polymere Gültigkeit besitzen soll.

1.1.3.5.3. Anwendung auf Polymere

In der Literatur (vgl. [32]) werden die auf der mikroskopischen Theorie der Haftung beruhenden Näherungsverfahren im allgemeinen verworfen, da sie die Additivität der Dispersionskräfte zwischen Einzelmolekülen voraussetzen, die Parameter ν_0, ν_ν und α_0 von Festkörpern, also auch von festen Polymeren, aber stark von den Parametern der Einzelmoleküle abweichen. Aus diesem Grunde erscheinen lediglich die Näherungen nach TABOR und WINTERTON (Gl. (1.35.)), FOWKES (Gl. (1.38.)) sowie RENNE und NIJBOER (Gl. (1.37.)) geeignet, wenn für ν_ν, ν_0, ε_1 bzw. σ_s^d die an festen Polymeren experimentell bestimmten Werte verwendet werden.

Von den makroskopischen Näherungsverfahren sind die von NINHAM und PARSEGIAN (Gl. (1.46.)) bzw. NIR u. a. (Gl. (1.47.)) publizierten Verfahren zur Anwendung auf Polymere ungeeignet, da die für die Berechnung erforderlichen Oszillatorkonstanten nicht oder nur näherungsweise bekannt sind. Demgegenüber ist die Berechnung von HAMAKER-Konstanten nach dem KRUPPschen Näherungsverfahren aussichtsreich, da die dafür erforderliche statische elektronische Dielektrizitätskonstante ε_1 an Polymeren experimentell relativ einfach zu bestimmen ist. In Tab. 1.1. sind die experimentell ermittelten Werte der o. g. Parameter sowie die nach dem genannten Näherungsverfahren errechneten HAMAKER-Konstanten für einige faserbildende Polymere aufgeführt. Die für die Berechnung der Attraktionskonstanten notwendigen Werte wurden wie folgt ermittelt (vgl. [33]):

a) Der elektronische Anteil ε_1 der Dielektrizitätskonstante sowie die Ionisierungsenergie $h\nu_v$ und die Zahl der Dispersionselektronen s ergeben sich aus Messungen der Brechungsindices von Einzelfäden nach der Immersions- (vgl. [34]) oder Interferenz-Methode [35, 36] bei verschiedenen Wellenlängen und graphischer Extrapolation auf $\nu = 0$ über die Dispersionsformel

$$\frac{n^2+2}{n^2-1} = \frac{12\pi^2 m_e \varepsilon_0}{e^2 N_0} \cdot \frac{M}{\varrho} \cdot \frac{\nu_v{}^2 - \nu^2}{s}, \tag{1.50.}$$

indem man $(n^2 + 2)/(n^2 - 1)$ als Funktion von ν^2 aufträgt (vgl. [22]).

m_e — Masse eines Elektrons
e — Elementarladung
N_0 — LOSCHMIDTsche Zahl
M — Molmasse
ϱ — Dichte

b) Die Ionisierungsenergie $h\nu_v$ erhält man außerdem aus UV-Absorptionsspektren im Bereich von 185 bis 330 nm von Polymerfolien (Abb. 1.1.). Die dafür hergestellten Folien faserbildender Polymere hatten Dicken von 0,1 bis 25 μm.

c) Die elektronische Polarisierbarkeit wird aus der CLAUSIUS-MOSOTTISCHEN Beziehung

$$\frac{n_0{}^2 - 1}{n_0{}^2 + 2} \cdot \frac{M}{\varrho} = \frac{4}{3}\pi N_0 \alpha_0 \tag{1.51.}$$

errechnet.

d) Nach einer von GRINDSTAFF [37] publizierten Meßmethode, nach der der Randwinkel nach dem „Prinzip der geneigten Platte" unter dem Lichtmikroskop ermittelt wird, wurden von Polyethylenterephthalat-, Polyamid-6-, Polyacrylnitril-(Wolpryla-65-) und Viskosefasern die Randwinkel gegen Wasser ($\sigma_l{}^d = 21{,}8 \cdot 10^{-7}$ J/cm², $\sigma_l{}^p = 51{,}0 \times 10^{-7}$ J/cm²) und Methyleniodid ($\sigma_l{}^d = 48{,}5 \cdot 10^{-7}$ J/cm², $\sigma_l{}^d = 2{,}3 \cdot 10^{-7}$ J/cm²) gemessen und nach OWENS und WENDT der Dispersionsanteil der freien Oberflächenenergie $\sigma_s{}^d$ bestimmt. Zum Vergleich wurde $\sigma_s{}^d$ nach WU berechnet, die Abweichungen gegenüber den nach OWENS und WENDT bestimmten Werten lagen innerhalb der Fehlergrenzen des Verfahrens (vgl. Kap. 3.1.).

Aus Tab. 1.1. ist ersichtlich, daß einerseits die nach Gl. (1.35.) und (1.49.) aus Brechungsindexmessungen (b) errechneten Werte für A_{11} und andererseits die Werte aus spektroskopischen Daten (a) und Randwinkelmessungen, berechnet nach Gl. (1.35.), (1.37.) und (1.38.), relativ gut übereinstimmen. Zwischen beiden Verfahren ergeben sich aber Unterschiede von etwa 100 %. Daher können die nach den einzelnen Verfahren berechneten Konstanten nicht als bewiesen angesehen werden; dies ist erst nach dem Vergleich der aus der Vakuum-UV-Spektroskopie (50 bis 400 nm) ermittelten mit den durch Näherungsverfahren bestimmten Konstanten für eine größere Zahl von Polymeren möglich.

Hinsichtlich der Anwendbarkeit von Randwinkelmessungen für die Bestimmung von A gilt folgendes (s. a. Kap. 3.1.):

Bedingt durch die Differenzen zwischen den durch eigene Messungen (vgl. [33]) be-

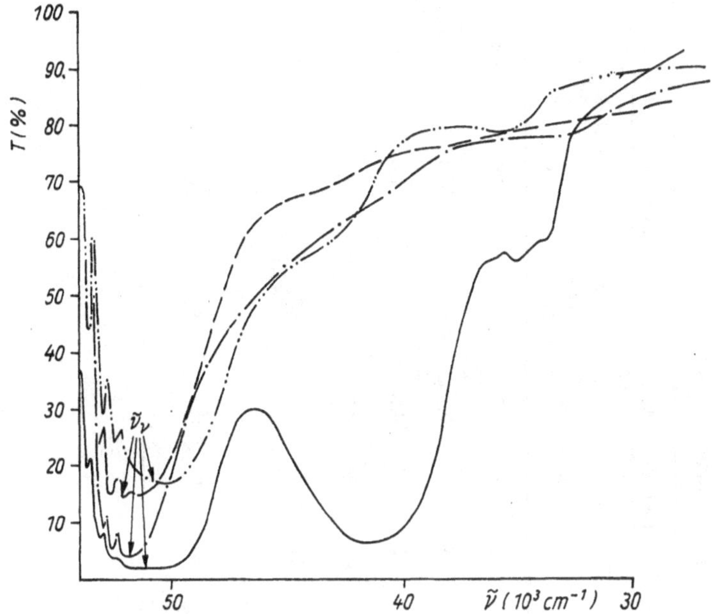

Abb. 1.1. UV-Spektren von Polymeren

1a) – – – – Polyethylen 25 μm
– . – . – Cellophan 25 μm
– . . – . : Polypropylen 25 μm
——— Polyester 0,280 μm

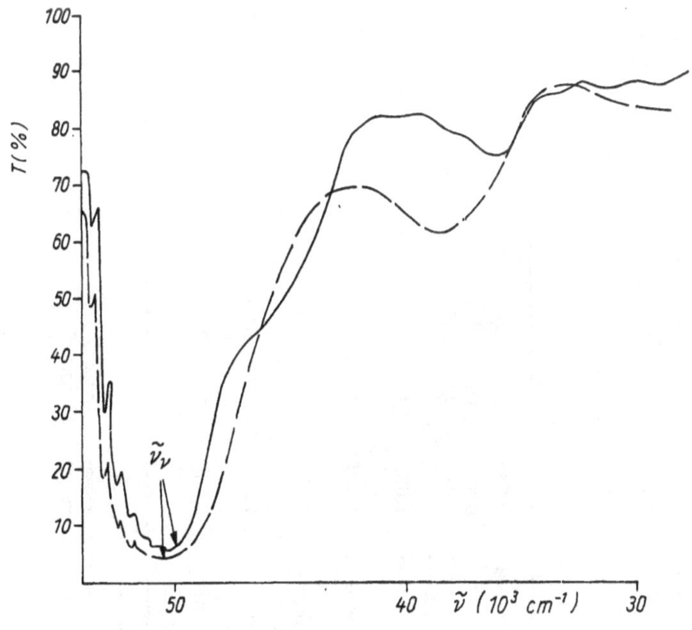

1b) ——— Polyacrylnitril
– – – – Polyamid

Tabelle 1.1. Attraktionskonstanten $A_{11}(10^{-20}$ J) von Polymeren, berechnet nach verschiedenen Näherungsverfahren (vgl. [33])

Polymer	$h\nu_v(10^{-18}$ J)		n_0^2	ε_1	s		σ_s^d 10^{-7} J/cm²		A_{11} Gl. (1.35.)		A_{11} Gl. (1.49.)	A_{11} Gl. (1.38.)		A_{11} Gl. (1.37.)
	a[1)]	b[1)]			a[1)]	b[1)]	eigene Messungen [33]	Literaturwerte	a[1)]	b[1)]		eigene Messungen [33]	Literaturwerte von σ_s^d	
Polystyren	0,945 [26]	1,74 [38]	2,44 [38]	2,55 [32]	4,3	1,37 [38]		41,4 [39]	4,62	7,7	7,7		5,7	3,46
Polyethylen-terephthalat	1,01	2,12	2,33		6,0	27,3	29,2	37,8 [39]	3,94	8,4	6,4	4,0	5,2	3,05
Polyethylen	1,03	2,14		2,30 [32]	1,4	5,9		32,0 [39]	3,97	8,25	6,2		4,4	3,08
Polypropylen	1,004	2,14		2,30 [32]	2,0	8,2		26,0 [39]	3,87	8,25	6,2		3,6	3,06
Polyacryl-nitril	0,997	2,15	2,27		2,0	8,9	20,2		3,47	8,0	6,0	2,8		2,96
Regenerat-cellulose	1,031		2,35				28,1	27,6 [40]	4,19		6,5	3,9	3,8	
Polyamid 6	0,883	2,15	2,28		3,0	19	31,3	34,1*) [39]	3,33	8,1	6,7	4,3	4,7*)	2,59

*) Polyamid 6–6

1) a = aus spektroskopischen Daten
b = aus Brechungsindexmessungen

stimmten und den Literaturwerten von $\sigma_s{}^d$, weichen die aus eigenen Meßwerten errechneten Attraktionskonstanten teilweise stark von den Literaturwerten ab.

Die Ursachen hierfür liegen darin, daß

- Randwinkelmessungen an Faserstoffen mit relativ großen Fehlern behaftet sind,
- die Werte $\sigma_l{}^d$ und $\sigma_l{}^p$ für die Meßflüssigkeit in der Literatur stark streuen,
- $\sigma_s{}^d$ und $\sigma_s{}^p$ für polymere Werkstoffe nicht nur von der chemischen Konstitution, sondern in starkem Maße von der Struktur der Werkstoffe und der Anwesenheit von Hilfsmitteln abhängen.

Es ist deshalb unzulässig, ohne Kenntnis der Vorgeschichte der Polymeren Vergleiche zwischen Literaturwerten durchzuführen. (Diese Aussage gilt auch für die Übernahme von Brechungsindices aus der Literatur.)

Aus den hier aufgeführten Gründen und der noch nicht vollständigen theoretischen Durchdringung des Zusammenhangs zwischen Oberflächenspannung und Attraktionskonstanten lassen sich nur relativ große Unterschiede in der Dispersionswechselwirkung eindeutig nachweisen, d. h. es können über Randwinkelmessungen nur Tendenzen im Haftverhalten von Faserstoffen festgestellt werden.

Weitere nach Gl. (1.49.) errechnete HAMAKER-Konstanten modifizierter Polyacrylnitril- und Polyesterfaserstoffe sind unter Kap. 3.1.6.1. aufgeführt.

1.1.4. Elektrostatische Kräfte

Zusätzlich zu den unter 1.1.1. bis 1.1.3. behandelten Wechselwirkungsarten können zwischen Festkörpern auch elektrostatische Kräfte wirken.

Eine elektrostatische Wechselwirkung zwischen zwei ursprünglich neutralen Festkörpern ist dann möglich, wenn beim Kontakt Elektronen von einem Partner (Elektronendonator) zum anderen (-acceptor) übergehen. Dabei bildet sich an der Grenzfläche eine elektrische Doppelschicht aus. Für eine ebene Grenzschicht berechnet sich dann die spezifische Haftkraft aus der Kondensatorbeziehung

$$F_{el} = \frac{\varepsilon_0 \mathfrak{E}^2}{2} = \frac{\varepsilon_0 U^2}{2d^2} = \frac{\sigma^2}{2\varepsilon_0}. \tag{1.52.}$$

ε_0 — Influenzkonstante
$\mathfrak{E}$ — Feldstärke
d — Haftabstand
U — Potentialdifferenz
σ — Oberflächenladungsdichte

Das wesentliche Problem zur Lösung der Gleichung (1.52.) besteht in der Ermittlung der Oberflächenladungsdichte σ. Dazu wurden in der Vergangenheit verschiedene Arbeiten [41···44] veröffentlicht. Am aussichtsreichsten erscheinen dabei die von KRUPP [31] und DERJAGIN u. Mitarb. [45, 46] gegebenen Ableitungen.

DERJAGIN und SMILGA führten die Berechnung von σ für Halbleiter mit Oberflächenzuständen aus. Da sich bei der Donator-Acceptor-Wechselwirkung zweier Polymerer ebenso wie bei Halbleitern die meisten übergegangenen Ladungen eng an der Grenzfläche sammeln, kann die Ableitung auch für diesen Fall angewandt werden.

Ausgangspunkt ist die POISSON-Gleichung

$$\frac{d^2V(x)}{dx^2} = -\frac{e\varrho(x)}{\varepsilon\varepsilon_0} \tag{1.53.}$$

mit

$$\varrho(x) = -e\,[n_d(x) - n_1(x)] \tag{1.54.}$$

In Gl. (1.53.) und (1.54.) bedeuten

ε — statische Dielektrizitätskonstante der Adhärenden
$V(x)$ — Elektronenpotentialenergie
$n_d(x)$ — Konzentration der ionisierten Donatorzentren
$n_1(x)$ — Konzentration der Leitungselektronen
e — Elementarladung

Unter Benutzung des aktiven Massengesetzes für den Gleichgewichtszustand

$$n_1(x)\, n_d(x) = n_1^2(\infty) \tag{1.55.}$$

und der BOLTZMANN-Gleichung

$$n_1(x) = n_1(\infty) \exp[-V(x)/kT] \tag{1.56.}$$

erhält man

$$\frac{d^2V(x)}{dx^2} = \frac{e^2n_1(\infty)}{\varepsilon\varepsilon_0}\left[\exp\left(V(x)/kT\right) - \exp\left(-V(x)/kT\right)\right] \tag{1.57.}$$

$n_1(\infty)$ — Elektronenkonzentration im ungestörten Bereich
k — BOLTZMANN-Konstante
T — Temperatur

Die Integration von Gl. (1.57.) ergibt

$$\left(\frac{dV}{dx}\right)^2 = 8kT\,\frac{e^2n_1(\infty)}{\varepsilon\varepsilon_0}\sin h(V/2kT) \tag{1.58.}$$

unter Beachtung der Grenzen

$$V(0) = V_k/V(\infty) = 0. \tag{1.59.}$$

Die Oberflächenladungsdichte

$$\sigma = \frac{\varepsilon\varepsilon_0}{e}\left[\frac{dV}{dx}\right]_{x=0} \tag{1.60.}$$

ergibt sich mit Gl. (1.58.) zu

$$\sigma = \left(8\varepsilon\varepsilon_0 n_1(\infty)\, kT\right)^{1/2} \sin h(V_k/2kT). \tag{1.61.}$$

Damit erhält man für die spezifische Haftkraft nach Gl. (1.52.)

$$F_{el} = 4\varepsilon n_0(\infty)\, kT \sin h^2(V_k/2kT). \tag{1.62.}$$

KRUPP [31] erhielt unter ähnlichen Voraussetzungen für die spezifische Haftkraft

$$F_{el} = \frac{1}{2} e^2 \varepsilon |V_{oi}|^2 n_i \tag{1.63.}$$

V_{oi} — Kontaktpotentialdifferenz
n_i — Zahl der Ladungsträger pro Energie- und Volumeneinheit

Anhaltspunkte über die Größe der in Gl. (1.62.) und (1.63.) benötigten Werte liefern Untersuchungen zur Selbstemission von Polymerfolien nach Kontakt mit Halbleitern (vgl. [66, 78]). Diese indirekten Verfahren sind jedoch nicht in der Lage, konkrete Aussagen über die benötigten Werte zu liefern, sondern gestatten nur Abschätzungen unter vereinfachten Bedingungen.

1.1.5. Vergleich der Größe der einzelnen Wechselwirkungsenergien und -kräfte

Um die Haftkraft zwischen Festkörpern verändern zu können, ist es notwendig, die dominierende Haftkraftkomponente in dem betreffenden Haftsystem zu kennen, d. h. es ist die Kenntnis der sich nach den einzelnen Wechselwirkungsmechanismen ergebenden spezifischen Haftenergien und -kräfte erforderlich. Diese sind in Tab. 1.2. für die Anziehung planparalleler Platten im Vakuum angegeben. Die zur Berechnung erforderlichen Größen wurden für die chemische Bindung, die Dispersions- und elektrostatische Wechselwirkung der Literatur [31, 38] entnommen; für die Berechnung der Dipolwechselwirkung wurden folgende Voraussetzungen gemacht:

1. Permanente Dipole: Die Haftfläche ist mit dem Maximum von $5 \cdot 10^{14}$ Dipolen/cm² besetzt, alle Dipolachsen liegen parallel zur Oberflächennormalen. Das Dipolmoment beträgt $11 \cdot 10^{-30}$ C m (2,8 Debye) entsprechend dem Dipolmoment der Nitrilgruppe.
2. Induzierte Dipole: Ein Haftpartner trägt an der Haftfläche $5 \cdot 10^{14}$ Dipole/cm² mit $p = 11 \cdot 10^{-30}$ C m, an der Oberfläche des anderen Haftpartners befinden sich Moleküle mit Polarisierbarkeiten, die denen von Kohlenwasserstoffverbindungen entsprechen (vgl. [5]).

Da keine einheitliche Orientierung der Dipole an der Festkörperoberfläche zu erwarten ist, sind die in der Tab. 1.2. aufgeführten Werte für die Dipol-Haftung als obere Grenzwerte anzusehen.

Der Vergleich der in Tab. 1.2. aufgeführten Wechselwirkungsenergien und -kräfte zeigt, daß Dispersions- und elektrostatische Wechselwirkung Haftwerte der gleichen Größenordnung ergeben.

Trägt ein Haftpartner exakt ausgerichtete Dipole parallel zur Oberflächennormalen, erreicht die Dipol-induzierter Dipol-Wechselwirkung ähnlich große Werte. Mit einem Überwiegen der Dipol-Dipol-Wechselwirkung ist zu rechnen, falls beide Haftpartner Dipole mit der Orientierung parallel zur Oberflächennormalen tragen. Die Energiewerte der chemischen Bindung bzw. der retardierten Dispersionswechselwirkung liegen deutlich über bzw. unter den Werten der anderen Wechselwirkungsarten. Für die auf eine Säuren-Basen-Wechselwirkung zurückgehende Energie sind keine Abschätzungen bekannt.

Aus den in Tab. 1.2. aufgeführten Werten geht hervor, daß ohne Kenntnis der chemischen und physikalischen Struktur der Haftfläche nicht einmal für die Haftung im Vakuum Aussagen über den Haftmechanismus gemacht werden können, selbst wenn die HAMAKER- bzw. LIFSHITZ-Konstanten bekannt sind. Erst recht gilt dies für reale Haftsysteme, wo an der Haftfläche anorganische Verunreinigungen, adsorbiertes Wasser, Tenside u. ä. vorliegen können. Der Untersuchung der Wasserdampf- und Tensidsorption an Polymeren und der Beschreibung ihres Einflusses auf Adhäsionsvorgänge kommt daher eine große Bedeutung zu.

Es ist zu erwarten, daß die tatsächlichen Wechselwirkungsenergien stark von den in Tab. 1.2. angegebenen Werten abweichen.

Tabelle 1.2. Spezifische Haftenergien und -kräfte zwischen Festkörpern im Vakuum bei alleiniger Wirkung eines Wechselwirkungsmechanismus

Wechselwirkungs-mechanismus	Annahmen	spezifische Haftenergie (J/cm²)	spezifische Haftkraft (N/cm²)
chemische Bindung	Die Wechselwirkungsenergie beträgt 400 kJ/mol, der Haftabstand $2 \cdot 10^{-10}$ m $5 \cdot 10^{14}$ Moleküle/cm²	$2{,}8 \cdot 10^{-3}$	$1{,}4 \cdot 10^{-7}$
Dispersions-wechselwirkung	Polystyren: $\hbar\bar{\omega} = 2{,}75 \cdot 10^{-19}$ J, $d = 4 \cdot 10^{-10}$ m	$1{,}22 \cdot 10^{-6}$	$6{,}1 \cdot 10^{3}$
	KBr/KBr: $\hbar\bar{\omega} = 2{,}79 \cdot 10^{-19}$ J, $d = 4 \cdot 10^{-10}$ m	$1{,}24 \cdot 10^{-6}$	$6{,}2 \cdot 10^{3}$
	Cu/Cu: $\hbar\bar{\omega} = 1{,}85 \cdot 10^{-18}$ J, $d = 4 \cdot 10^{-10}$ m	$5{,}24 \cdot 10^{-6}$	$2{,}62 \cdot 10^{4}$
	$\hbar\bar{\omega} = 1{,}86 \cdot 10^{-18}$ J, $d = 4 \cdot 10^{-10}$ m	$5{,}26 \cdot 10^{-6}$	$2{,}63 \cdot 10^{4}$
elektrostatische Wechselwirkung	nach Gl. (1.63.): $U_{oi} = 0{,}5$ V, $n_i = 1{,}2 \cdot 10^{-21}$ eV⁻¹ cm⁻³, $\varepsilon = 5$, $d = 4 \cdot 10^{-10}$ m	$9{,}6 \cdot 10^{-7}$	$2{,}4 \cdot 10^{3}$
	nach Gl. (1.62.): $E_k = 0{,}5$ eV, $n = 2{,}6 \cdot 10^{14}$ cm⁻³, $T = 293$ K, $d = 4 \cdot 10^{-10}$ m	$1{,}1 \cdot 10^{-6}$	$2{,}8 \cdot 10^{3}$
statische Dipole	nach Gl. (1.2.) bzw. (1.3.) $N = 5 \cdot 10^{14}$/cm², $p_1 = p_2 = 2{,}8$ Debye, $d = 4 \cdot 10^{-10}$ m, $T = 298$ K	$1{,}2 \cdot 10^{-5}$	$1{,}75 \cdot 10^{5}$
induzierte Dipole	$p = 2{,}8$ Debye, $N = 5 \cdot 10^{14}$/cm², $d = 4 \cdot 10^{-10}$ m, $\alpha = 10{,}32 \cdot 10^{-24}$ cm³	$1{,}37 \cdot 10^{-6}$	$2{,}05 \cdot 10^{4}$
	$\alpha = 3{,}31 \cdot 10^{-24}$ cm³	$4{,}4 \cdot 10^{-7}$	$6{,}6 \cdot 10^{3}$
	$\alpha = 1{,}76 \cdot 10^{-24}$ cm³	$2{,}4 \cdot 10^{-7}$	$3{,}5 \cdot 10^{3}$
retardierte VAN DER WAALSsche Kräfte	$B = 5 \cdot 10^{-27}$ J·cm, $d = 1{,}5 \cdot 10^{-8}$ m		$1 \cdot 10^{1}$

Für die Aufklärung des Haftmechanismus in Polymersystemen ergibt sich daher die Notwendigkeit, Korrelationen zwischen den Ergebnissen von Haftuntersuchungen und den Resultaten von Messungen zur Bestimmung der für die einzelnen Wechselwirkungsarten charakteristischen Konstanten zu suchen. Die Ergebnisse entsprechender Arbeiten werden im folgenden dargestellt.

1.2. Anwendung der Theorie auf praktische Adhäsionsprobleme

Die bei der Verarbeitung und dem Gebrauch polymerer Festkörper auftretenden Adhäsionsverbindungen lassen sich im allgemeinen nicht auf einen Mechanismus zurückführen, da

- der zwischenpartikularen Wechselwirkung oft eine Diffusion der Haftpartner ineinander überlagert ist,
- mehrere Wechselwirkungsarten gleichzeitig vorkommen,
- sich auf den Haftpartnern häufig adsorbierte Gas- oder Flüssigkeitsfilme befinden,
- die Haftfläche und der Haftabstand meist nicht bekannt sind.

Hierauf beruht auch die Tatsache, daß in der Vergangenheit verschiedene „Adhäsionstheorien“ abgeleitet wurden (vgl. [47]), die verschiedene reale Haftsysteme beschreiben können, jedoch nicht verallgemeinerungsfähig sind. Von Mittal [80] wurden daher die Begriffe „praktische Adhäsion“ und „fundamentale Adhäsion“ eingeführt, um zwischen der an realen Systemen auftretenden Haftung und der physikalisch eindeutig definierten Wechselwirkung an Grenzflächen zu unterscheiden.

Im folgenden werden Haftvorgänge untersucht, in denen die Wechselwirkung vorwiegend auf Dispersions- und Dipolkräfte zurückzuführen ist und Diffusionsvorgänge weitgehend ausgeschlossen werden können.

1.2.1. Methoden zur Haftkraftmessung

Zur Prüfung der Haftfestigkeit praktisch bedeutsamer Kompositionen, die aus mindestens zwei unterschiedlichen Festkörpern bestehen, wurde eine Vielzahl von Methoden entwickelt, die sich aus dem jeweiligen Anwendungszweck ergeben. Allgemein wird die zur Lösung der Haftverbindung erforderliche Kraft bestimmt, die je nach Testmethode in verschiedenen Winkeln zur Haftfläche angesetzt werden kann. So werden zur Prüfung von Klebverbindungen Zugfestigkeiten oder die zum Abreißen von Schichten erforderlichen Kräfte bestimmt (vgl. [48, 49]). Zur Bestimmung der Haftfestigkeit von Pigmentschmutz an Faserstoffen wird beispielsweise im Anschluß an eine Laboranschmutzung und ein definiertes Absaugen die an den Faserstoffen verbleibende Schmutzmenge gravimetrisch oder photometrisch ermittelt (vgl. [50, 65]).

Mit den genannten Methoden zur Bestimmung von Haftfestigkeiten kann in keinem Falle die auf die Zahl der Bindungen bzw. auf die Flächeneinheit bezogene Adhäsionskraft ermittelt werden, da in den Meßwert neben der spezifischen Haftkraft die Kontaktfläche und der Haftabstand sowie eine Deformationskraft eingehen. Kontaktfläche und Haftabstand sind in realen Systemen wegen der immer vorhandenen Oberflächenrauhigkeiten unbekannt. Werden die Haftuntersuchungen so durchgeführt, daß ein Haftpartner sowie der Haftabstand und die Haftfläche konstant sind und der andere Haftpartner in seiner chemischen Zusammensetzung verändert wird, so lassen sich jedoch Tendenzen in der Änderung der Wechselwirkungsenergie als Funktion der chemischen Konstitution des variierten Haftpartners erkennen. Aus der Literatur (vgl. [33]) sind zahlreiche Versuche bekannt, den Haftmechanismus zwischen Festkörpern durch die experimentelle Bestimmung der spezifischen Haftkraft, d. h. der Haftkraft pro Flächeneinheit, in Abhängigkeit vom Haftabstand aufzuklären (Tab. 1.3.).

Tabelle 1.3. Direkte Messung von Haftkräften

Lfd. Nr.	Autoren	Lit.	System	Methode	Spez. Aussagen
1	Tomlinson	[11]	Quarzfasern/Glaskugeln	Wägemethode	Bestimmung von van der Waals-Hamaker-Konstanten der Größenordnung 10^{-10} bis 10^{-20}
2	Bradley	[11]	Quarz- u. Boraxkugeln	Wägemethode	Bestimmung von van der Waals-Hamaker-Konstanten der Größenordnung 10^{-10} bis 10^{-20}
3	Rayleigh	[11]	Glasplatten	Wägemethode	Bestimmung von van der Waals-Hamaker-Konstanten der Größenordnung 10^{-10} bis 10^{-20}
4	Howe u. a.	[11]	Glaskugel/Glasplatte	Pendelmethode	Bestimmung von van der Waals-Hamaker-Konstanten der Größenordnung 10^{-10} bis 10^{-20}
5	Smith u. Gussenhoven	[11]	Quarzplatten	Wägemethode	Bestimmung von van der Waals-Hamaker-Konstanten der Größenordnung 10^{-10} bis 10^{-20}
6	Böhme, Krupp u. a.	[11]	Kugel/Platte Fe/Fe Au/Quarz Au/Polyesterfolie Au Poliamidfolie Au/Regeneratcellulosefolie	Zentrifugenmethode	Bestimmung von van der Waals-Hamaker-Konstanten der Größenordnung 10^{-10} bis 10^{-20}
7	Tabor u. Winterton	[51]	Glimmblättchen	Wägemethode	
8	Beischer	[52]	Fe_2O_3-Teilchen	Wägemethode	
9	MacFarlane u. Tabor	[53]	Fe_2O_3-Teilchen	Wägemethode	
10	Jordan	[54]	Fe_2O_3-Teilchen	Aerodyn. Methode	
11	Gillespie	[55]	Fe_2O_3-Teilchen	Aerodyn. Methode	
12	Larsen	[56]	Glaskugel/Glasfaser	Aerodyn. Methode	
13	Corn u. Silvermann	[57]	Quarzteilchen/Metallfäden	Aerodyn. Methode	
14	Derjagin u. Simon	[58]	Glaskugeln an Metalloberflächen	Vibrationsmethode	Bestätigung für elektrostatische Doppelschichtkräfte
15	Cremer	[59]	Magnesit- und Fe-Pulver auf Glas- und Metallflächen	Reibung an geneigter Platte	
16	Baylev	[60]	Glimmerblättchen	Bestimmung der Kraft aus der Durchbiegung	
17	van Voorst-Vaader	[61]	Kohlenstoff- und Wolframfäden	gekreuzte Drähte	Bestimmung von van der Waals-Konstanten
18	Shukin u. a.	[62]		gekreuzte Drähte (Galvanometermethode)	Bestimmung von van der Waals-Konstanten
19	Rabinowitsch, Derjagin u. a.	[63]		gekreuzte Drähte (Galvanometermethode)	Bestimmung von van der Waals-Konstanten
20	Israelachvili u. a.	[83]	Glimmerblättchen		Bestimmung von van der Waals-Konstanten

Wichtigste Methoden zur Bestimmung der Haftkraft:

- Wägemethode, bei der die Anziehungskraft aus dem Anschlag eines Wägesystems bestimmt wird,
- Pendelmethode, wobei die zum Lösen einer Haftverbindung erforderliche Kraft aus der rücktreibenden Kraft eines ausgelenkten Pendels ermittelt wird,
- Zentrifugenmethode, bei der die zur Lösung einer Haftverbindung erforderliche Kraft aus der Zentralkraft bestimmt wird,
- Methode der Reibung an geneigter Platte,
- aerodynamische Methode, bei der die Trennung speziell kleiner Partikel von einer ebenen Fläche durch einen Gasstrom bestimmten Druckes erfolgt,
- Vibrationsmethode, bei der die Lösung von Haftverbindungen an definiert schwingenden Membranen erfolgt,
- Methode der gekreuzten Drähte, wobei mittels Mikrowägetechnik oder anderen elektronischen Techniken nach dem Galvanometerprinzip die zwischen gekreuzten Drähten wirkende Haftkraft bestimmt wird.

Der Haftabstand wird allgemein durch Kapazitäts- oder Interferenzmessungen ermittelt, die Haftfläche gleich der geometrischen Oberfläche gesetzt.

Unter der Voraussetzung, daß die Haftung ausschließlich über Dispersionskräfte erfolgt, ergeben sich aus den gemessenen Haftkräften von 10^3 bis 10^4 N/cm^2 van der Waals-Hamaker-Konstanten zwischen 10^{-18} und 10^{-20} J. Da die tatsächliche Haftfläche in den meisten Fällen wegen der nicht exakt erfaßbaren Rauhigkeit der Haftfläche unbekannt ist, ist eine Berechnung der van der Waals-Hamaker-Konstanten mit erheblichen Fehlern behaftet.

Im Gegensatz dazu sind retardierte van der Waals-Hamaker-Konstanten mit den gleichen Methoden relativ genau zu bestimmen, da hier die tatsächliche Haftfläche annähernd gleich der geometrischen Oberfläche ist.

1.2.2. Aussagen zum Haftverhalten faserbildender Polymerer

1.2.2.1. Dispersionswechselwirkung

Aus den in Tab. 1.1. aufgeführten Werten der Attraktionskonstanten der einzelnen Polymeren lassen sich wegen der relativ geringen Unterschiede von A keine Hinweise für die Annahme gewinnen, daß das in der Praxis beobachtete unterschiedliche Haftverhalten der einzelnen Polymeren, das sich beispielsweise in Unterschieden in der Anschmutzneigung, der Kleb- oder Beschichtungseigenschaften ausdrückt, durch Differenzen in der Hamaker-Konstanten allein bedingt ist. Da das Haftverhalten auch durch weitere in Kap. 1.1. aufgeführte Kraftkomponenten sowie geometrische und mechanische Eigenschaften von Polymeren (im Falle von Faserstoffen z. B. Titer, Härte, Oberflächenrauhigkeiten) beeinflußt wird, sind zur Klärung des Einflusses relativ geringer Differenzen der Hamaker-Konstanten, Haftuntersuchungen bei sonst gleichen Polymerparametern erforderlich.

Entsprechende Untersuchungen wurden an chemisch modifizierten Polyacrylnitrilfasern konstanten Titers durchgeführt. Als Kenngrößen für die Haftkraft wurde die Aufnahme einer trockenen Pigmentmischung (45% Portlandzement, 45% Kaolin, 2% Gasruß, 3% Fe_2O_3, 5% Paraffinöl), die annähernd die Anschmutzungsneigung der Fasern wiedergibt, bestimmt (zur Methodik s. [50]).

Die Menge der aufgenommenen Pigmente wird durch den SAD-Wert

$$\mathrm{SAD} = \log \frac{\text{Reflexionsgrad der unangeschmutzten Probe}}{\text{Reflexionsgrad der angeschmutzten Probe}}$$

oder gravimetrisch aus dem Aschegehalt der angeschmutzten Faserprobe ermittelt. Aus den Werten der Tab. 1.4. ist ersichtlich, daß die nach Gl. (1.35.) und (1.49.) ermittelte HAMAKER-Konstante mit dem SAD-Wert von Polyacrylnitrilfasern, die mit unterschiedlichen Mengen an Vinylidenchlorid modifiziert worden waren, korreliert. Es ist zu erkennen, daß sich Änderungen der HAMAKER-Konstanten um $0{,}3 \cdot 10^{-20}$ J bereits deutlich in Änderungen des Haftverhaltens ausweisen.

Tabelle 1.4. HAMAKER-Konstanten A_{11} (10^{-20} J) und Anschmutzungsneigung von mit Vinylidenchlorid modifizierten Polyacrylnitrilfasern

Polymer	A_{11} (Gl. 1.35.)		A_{11} (Gl. 1.49.)	Anschmutzung (SAD ·100)
	a[1])	b[1])		
PAN + 5% VCl_2	3,76	7,90	5,95	48,1
PAN + 10% VCl_2	3,83	8,02	6,05	49,5
PAN + 20% VCl_2	3,89	8,10	6,11	49,4
PAN + 30% VCl_2	3,97	8,21	6,21	54,1
PAN + 40% VCl_2	4,06	8,36	6,34	56,6

[1]) a — aus spektroskopischen Daten
b — aus Brechungsindexmessungen

Ähnliche Ergebnisse wurden an PAN-Fasern erhalten, die mit unterschiedlichen Anteilen an Acrylsäuremethylester modifiziert worden waren [69].

Aussagen über den Anteil der Dispersionswechselwirkung im Vergleich mit anderen Wechselwirkungsarten lassen sich über Haftuntersuchungen an Systemen gewinnen, von denen sich ein Haftpartner mit unterschiedlicher Porosität herstellen läßt.

Gemäß Gl. (1.9.) und (1.10.) ist die aus der Dispersionswechselwirkung resultierende Energie zwischen makroskopischen Körpern der gleichen Art dem Quadrat der Molekülzahl pro Volumeneinheit, d. h. dem Quadrat der scheinbaren Dichte der Körper proportional. Liegt nur ein Haftpartner in unterschiedlicher Dichte vor, dann hängt die spezifische Haftenergie gemäß Gl. (1.12.) von der Dichte dieses Partners ab.

Diese Beziehungen gelten allerdings gemäß der LONDONschen Theorie nur dann, wenn der Durchmesser der Poren kleiner ist als die Wellenlänge des sichtbaren Lichtes. An Polyacrylnitrilfasern läßt sich durch die Wahl geeigneter Trockungsbedingungen die Porosität und damit die scheinbare Dichte relativ leicht variieren.

In Abb. 1.2. ist die photometrisch und gravimetrisch ermittelte Pigmenthaftung von PAN-Fasern als Funktion der scheinbaren Dichte dargestellt; die scheinbare Dichte wurde über die Bestimmung des spezifischen Porenvolumens (für Poren mit Durchmessern < 100 nm) durch Tieftemperaturgasadsorptions- und Quecksilberintrusionsmessungen ermittelt (vgl. [65]). Es ist ersichtlich, daß die Pigmentaufnahme, die der Haftkraft proportional ist, annähernd eine lineare Funktion der Faserdichte ist.

Die auf eine Dichte von Null extrapolierte Pigmentaufnahme ist unter der Voraussetzung, daß die elektrostatische Wechselwirkung bei der Pigmenthaftung keine Rolle

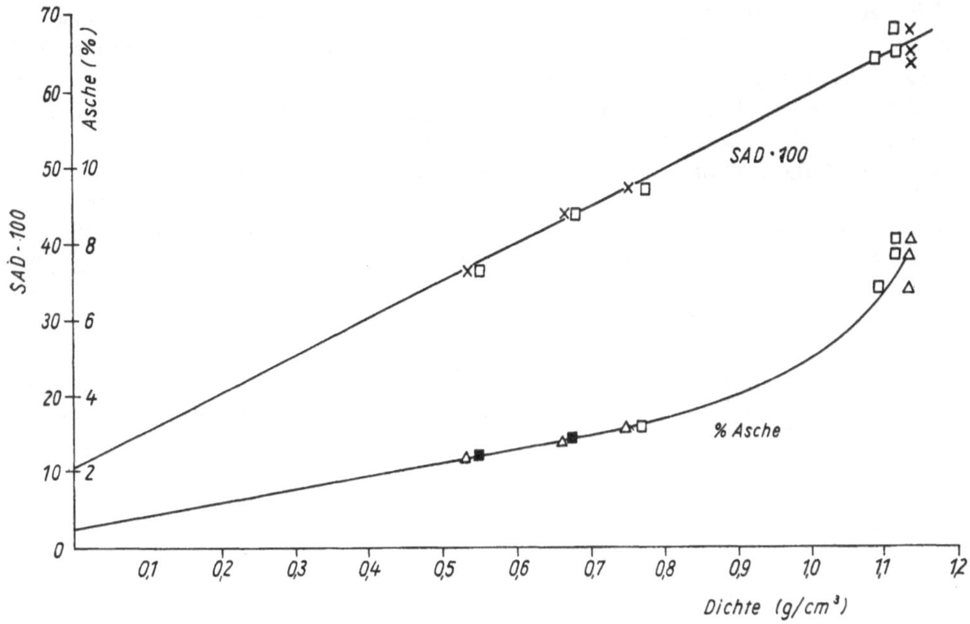

Abb. 1.2. Pigmenthaftung an Polyacrylnitrilfasern unterschiedlicher Porosität
□ ▽ = N_2-Adsorption × ■ = Hg-Hochdruckporosimetrie

spielt, polaren Kräften zuzuordnen. Die Pigmentaufnahme der unporösen Fasern wird dagegen durch polare und Dispersionskräfte verursacht. Durch den Vergleich zwischen Porositäts- und Haftmessungen läßt sich also die Größe beider Haftkomponenten abschätzen. Aussagen über die Art der polaren Gruppen an der Haftfläche lassen sich jedoch auf diese Art nicht gewinnen.

Die Voraussetzungen für die Anwendung dieser Methode sind, daß die Haftfläche unabhängig vom Porenvolumen ist, die Poren kleinere Durchmesser als 100 nm haben, die Porosität homogen über den Durchschnitt des einen Haftpartners verteilt ist.

1.2.2.2. Elektrostatische Wechselwirkung

Aus den Werten der Tab. 1.2. geht hervor, daß die durch Dispersions- und elektrostatische Wechselwirkung auftretenden Kräfte zwischen Adhärenden im Vakuum in der gleichen Größenordnung liegen können.

Von Krotova u. Mitarb. [79] wurde aus am System Halbleiter-Polymer durchgeführten Untersuchungen die nachfolgend aufgeführte Reihenfolge der Donator-Acceptor-Eigenschaften der in Polymeren enthaltenen funktionellen Gruppen aufgestellt:

$$-CN > =CO > -COOR > -C_6H_5 > -OR > -OH > -NH_2$$

Donator Acceptor

Von den gleichen Autoren wird weiterhin geschlossen, daß im Vakuum die elektrostatische Kraftkomponente dominierend für die Adhäsion von Polymeren ist. Es bleibt jedoch die Frage offen, ob dies auch für reale Haftsysteme, d. h. Haftpartner in feuchter Atmosphäre, gilt, da hier eine Ableitung der Ladungsträger möglich ist.

Eine Aussage über die Wirksamkeit elektrostatischer Kräfte bei der Haftung von Polymeren kann aus mößbauerspektroskopischen Messungen, die am System Faserstoff — Eisensalz durchgeführt wurden (vgl. [67]), gewonnen werden. So tritt im MÖSSBAUER-Spektrum von Cellulosefasern, die mit $^{57}Fe(NO_3)_3$-Lösung behandelt und anschließend getrocknet worden waren, eine für Chelatbindungen charakteristische Absorptionsbande $\left(Fe^{3+}(II)\right)$ auf, die sich durch eine hohe Quadrupolaufspaltung auszeichnet (Abb. 1.3.).

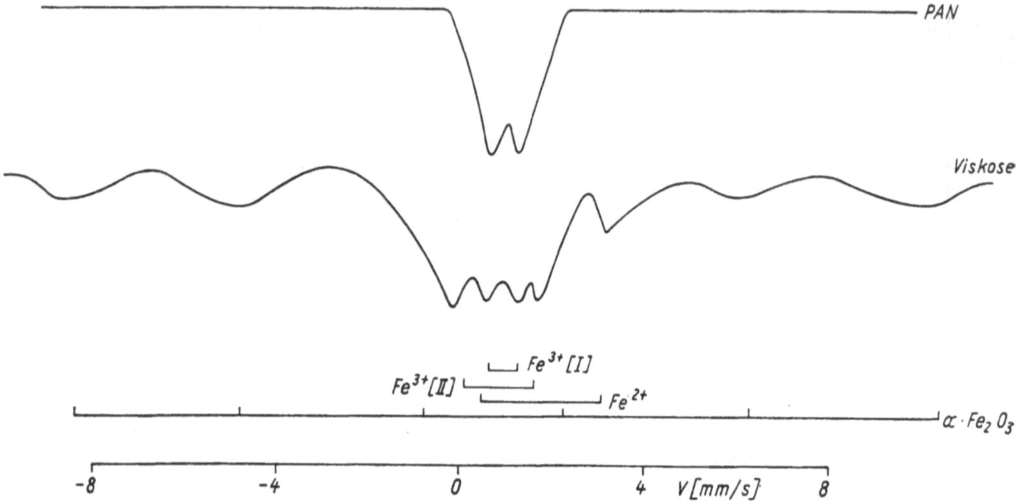

Abb. 1.3. MÖSSBAUER-Spektrum von mit $^{57}Fe(NO_3)_3$-Lösungen behandelten Viskose- und Polyacrylnitrilfasern

Derartig hohe Quadrupolaufspaltungen sind auch für Elektronen-Donator-Acceptor-Komplexe zu erwarten. Werden jedoch Polyacrylnitrilfasern mit $^{57}Fe(NO_3)_3$-Lösung behandelt und anschließend getrocknet, dann ist im MÖSSBAUER-Spektrum keine Absorptionsbande mit hoher Quadrupolaufspaltung nachweisbar. Da die CN-Gruppe der Polyacrylnitrilfasern einen Elektronendonator und die Fe^{3+}-Ionen einen Elektronenacceptor darstellen, kann vermutet werden, daß die elektrostatische Wechselwirkung in realen Systemen von untergeordneter Bedeutung ist.

Aus der bekannten Tatsache, daß sich Gegenstände aus hydrophoben Polymeren leicht elektrostatisch aufladen und dann entgegengesetzt aufgeladene Staubpartikel anziehen, wird häufig geschlossen, daß Synthesefaserstoffe mehr zur Pigmentanschmutzung neigen als die nicht so stark aufladbaren Naturfaserstoffe. Es sind jedoch keine Arbeiten bekannt, die diesen Zusammenhang eindeutig nachweisen. Von einigen Autoren wurden dagegen Untersuchungsergebnisse publiziert [68⋯71], in denen experimentell nachgewiesen wird, daß keine Korrelation zwischen der Schmutzhaftung und der elektrostatischen Aufladbarkeit besteht.

Diese experimentellen Befunde werden durch theoretische Betrachtungen von KRUPP [72] und LÖFFLER [73] zum Haftmechanismus kleiner Teilchen an Festkörperoberflächen unterstützt. Hiermit im Einklang steht auch die Tatsache, daß keine Antistatika im Handel sind, die die Schmutzaufnahme synthetischer Faserstoffe merklich verringern und daß Fußbodenbeläge aus permament antistatischen Faserstoffen nicht weniger zur Anschmutzung neigen als die gleichen Fußbodenbeläge aus nicht antistatisch modifizierten Faserstoffen. Die Auswertung der Literatur zum Zusammenhang zwischen Pigmentanschmutzung und elektrostatischer Aufladung führt zu der Annahme, daß bei der Betrachtung dieses Problems übersehen wird, daß die elektrostatische Aufladung von Textilien auf Grund der Schmutzanziehung das Schmutzangebot erhöht, die Schmutzhaftung jedoch nur unwesentlich beeinflußt. Die elektrostatische Aufladung erhöht demzufolge die Anschmutzung von stark bewegten oder geriebenen Textilien, die sich in staubiger Atmosphäre befinden. Bei der im Labor meist untersuchten Kontaktanschmutzung mit hohem Schmutzangebot ist dagegen zu erwarten, daß die elektrostatische Aufladbarkeit nur eine untergeordnete Rolle spielt.

1.2.2.3. Dipol-Wechselwirkung

Es ist bekannt, daß zur Erzielung ausreichender Haftfestigkeiten, z. B. in Polymerverbunden oder bei beschichteten Polymeren, die Dispersionswechselwirkung allein nicht genügt.

Zur Verbesserung der Haftung werden dann Polymermodifizierungen durchgeführt, die entweder auf dem Einsatz von Haftvermittlern, der Vergrößerung der Haftfläche oder der Einführung polarer Gruppen in die Polymeroberfläche durch hochenergetische (Plasmabehandlung, Glimmentladung) oder chemische (z. B. Behandlung mit Oxydationsmitteln) Einwirkungen beruhen. Im folgenden wird näher auf die Veränderung der Haftung durch das Vorhandensein polarer Gruppen an der Polymeroberfläche eingegangen. Zur Berechnung der spezifischen Haftkraft zwischen Festkörpern, die auf dem Vorhandensein permanenter oder induzierter Dipole an den Haftflächen resultiert, ist gemäß Gl. (1.2.) bis (1.5.) die Kenntnis der Anzahl der Dipole pro Flächeneinheit, ihres Moments und ihrer Orientierung, der Anzahl der polarisierbaren Moleküle pro Flächeneinheit und ihrer Polarisierbarkeit (die wiederum orientierungsabhängig ist) sowie des Haftabstandes notwendig. Die aus Tabellenwerken zu entnehmenden Dipolmomente bzw. Polarisierbarkeiten der das Polymere aufbauenden Molekülgruppen gestatten keine Aussage über die Polarität der Festkörperoberfläche, da diese Größe sowie die Orientierung an der Oberfläche andere Werte als im Festkörper haben. Es ist weiterhin zu berücksichtigen, daß die Adsorption von Wasser aus feuchter Atmosphäre sowie das Vorliegen von Verunreinigungen die Polarität der Oberfläche fester Polymerer beeinflussen.

Die hier aufgestellten Betrachtungen zur Wirkung polarer Kräfte berücksichtigen nicht Arbeiten von Fowkes [81] über das Auftreten einer Säuren-Basen-Wechselwirkung bei der Adhäsion und Benetzung. Nach Fowkes gehören zu den basischen Gruppen nucleophile und π-Elektronensysteme, zu den sauren Gruppen elektrophiler Kohlenstoff oder Stickstoff sowie das Wasserstoffatom in z. B. Hydroxyl-Gruppen. Da nach Meinung des Autors das vorliegende experimentelle Material noch nicht zur Beantwortung ausreicht, ob die an Polymeroberflächen auftretenden Nicht-Dispersionskräfte ausschließlich auf Säuren-Basen-Wechselwirkungen zurückzuführen sind, wird der Term „polare Kräfte", in den auch Säuren-Basen-Wechselwirkungen einzubeziehen sind, beibehalten.

Direkte Methoden zur Bestimmung der Polarität von Polymeroberflächen sind nicht bekannt, qualitative Aussagen lassen sich in gewissem Umfang über die Messung des polaren Anteils der freien Oberflächenenergie σ_s^p durch Randwinkelmessungen sowie über elektrokinetische Messungen gewinnen. Aus den Betrachtungen über den Zusammenhang zwischen freier Oberflächenenergie und Haftung geht hervor, daß die Kenntnis der freien Oberflächenenergie polymerer Werkstoffe Aussagen über deren Haftverhalten ermöglicht. So wurden auch von zahlreichen Autoren qualitative Zusammenhänge zwischen meßtechnisch erfaßbaren Haftparametern und der freien Oberflächenenergie nachgewiesen (vgl. Kap. 3.1.). Aus dem Verhältnis $\frac{\sigma_s^p}{\sigma_s}$ läßt sich demzufolge auch der Anteil der polaren Kräfte an der Gesamthaftkraft abschätzen. Die quantitative Ableitung von Zusammenhängen zwischen σ_s^p und dem polaren Haftkraftanteil ist jedoch aus folgenden Gründen nicht möglich:

- Die Bestimmung von σ_s^p über Randwinkelmessungen beruht auf dem Vorliegen spezifischer Wechselwirkungen (Wasserstoffbrückenbindungen, Dipolwechselwirkung) zwischen der Polymeroberfläche und dem Flüssigkeitstropfen. Diese Wechselwirkungskräfte sind im allgemeinen nicht identisch mit den polaren Kräften zwischen der Polymeroberfläche und einem anderen Haftpartner.
- In Gegenwart von Wasser (auch Wasserdampf) kann trotz hoher Beträge von σ_s^p der Haftpartner eine geringe Haftkraft gemessen werden, da hier die Adsorption von Wasser zu einer Verminderung der Haftfestigkeit führt (s. hierzu Kap. 1.2.3. und 2.3.3.4.).

Wie in Kap. 3.2. beschrieben, führt die Auswertung von elektrokinetischen Messungen an Faserstoffen, die im Vergleich mit Wasser- und Tensidadsorptionsmessungen sowie Untersuchungen zur Pigmenthaftung an Faserstoffen durchgeführt wurden, zu dem Schluß, daß an Polymeren, die in feuchter Atmosphäre unter Quellungserscheinungen Wasser aufnehmen, auch im lufttrockenen Zustand in einer Quellschicht H^+- und OH^--Ionen vorliegen, und daß diese Schicht auf Grund ihres polaren Charakters die Haftung beeinflußt.

Hydrophobe Polymere, die bei Feuchtigkeitseinwirkung nicht quellen, verfügen über diese Schicht nicht. Hier können nur Dipole, die in den Makromolekülen an der Oberfläche vorliegen, über polare Kräfte die Haftung beeinflussen.

An den Faserstoffen mit Quellschicht wird durch die Applikation kationaktiver Tenside bis zu Konzentrationen, die zu einem ζ-Potential von Null führen, die Polarität erniedrigt. Bei positiven Werten des ζ-Potentials, d. h. größeren Mengen aufgenommener kationaktiver Tenside, nimmt die Polarität der Faseroberfläche und damit auch die Haftung wieder zu. Aus der Verringerung der Haftung durch die Erniedrigung des ζ-Potentials auf Null läßt sich der polare Anteil der Haftung grob abschätzen. Absolute Werte können mit dem beschriebenen Verfahren nicht ermittelt werden, da nicht sicher ist, daß bei einem durch die Applikation kationaktiver Tenside erreichten ζ-Potential von Null auch die Polarität der Oberfläche gleich Null ist. Durch die Kombination der elektrokinetischen mit Tensid- und Wasserdampfsorptionsmessungen lassen sich jedoch, wie in Kap. 3.2. ausgeführt, Aussagen über die Natur der polaren Oberflächenschicht machen.

1.2.3. Einfluß von Wasser und von Tensiden auf die Haftung

Bei technologischen Prozessen haften polymere Werkstoffe aneinander bzw. an anderen festen Substanzen häufig in Gegenwart von Wasser (teils flüssig, teils gasförmig) und Tensiden, die in Verarbeitungshilfsmitteln vorliegen. Zur Reinigung von Polymeroberflächen, wie beispielsweise im textilen Waschprozeß, werden Tensidlösungen eingesetzt.

Der Einfluß von Wasser und Tensiden auf die Polymerhaftung ist nicht einheitlich zu beschreiben, da er sowohl von der Art und Konzentration der Tenside bzw. der Konzentration des Wassers, als auch von der chemischen Konstitution und Struktur der Haftpartner abhängt. Dabei wirken Wasser und Tenside sowohl auf die Haftfläche und den Haftabstand als auch auf die Größe der Wechselwirkungskräfte ein. Im folgenden werden einige Gesetzmäßigkeiten hierzu dargestellt, wobei jedoch die Faktoren, die die Stabilität von Polymerdispersionen bedingen, ausgeklammert werden.

1.2.3.1. Veränderung von Haftabstand und Haftfläche

Speziell die Aufnahme von Wasser aus feuchter Atmosphäre führt bei hydrophilen Polymeren zu Quellungserscheinungen und damit zur Verminderung der Härte der Oberflächenschicht. Das begünstigt den Kontakt zum Haftpartner, führt also zu einer Vergrößerung der Haftfläche und zur Verringerung des Haftabstandes und wirkt so der durch die Adsorption von Wasser verminderten Oberflächenenergie entgegen. Die Verminderung der Härte ist abhängig von der Hydrophilie und Struktur des Polymeren und der relativen Luftfeuchte. Eine mathematische Modellierung des Einflusses der Härte auf die Adhäsion wurde u. a. von KRUPP und SPERLING [74] sowie von DERJAGIN u. Mitarb. vorgenommen.

1.2.3.2. Ausbildung von Flüssigkeitsfilmen

Liegen zwischen Haftpartnern homogene Flüssigkeitsfilme mit Dicken > 10 nm vor, dann wird die Haftkraft, die zwischen Adhärenden wirkt, durch die Oberflächenspannung der Flüssigkeit und den sich ausbildenden Randwinkel bedingt. Ausführliche Berechnungen der Haftkräfte zwischen Festkörpern unterschiedlicher Geometrie, die durch Flüssigkeitsbrücken verbunden sind, führten PIETSCH und RUMPF [75] durch, wobei die unterschiedliche Benetzung der Haftpartner durch die Flüssigkeit berücksichtigt wurde.

1.2.3.3. Änderung der Wechselwirkungskräfte durch dritte Substanzen

Sowohl die mikroskopische als auch die makroskopische Theorie der durch Dispersionskräfte bewirkten Adhäsion bieten prinzipielle Möglichkeiten zur Berechnung des Einflusses von Adsorptionsschichten oder Immersionsmitteln auf die Haftung (Gl. (1.22.) ··· (1.29.)). Für die zusammengesetzte HAMAKER-Konstante von einigen Polymeren und Wasser liegen Literaturangaben vor [32]. Danach sind die Werte von A^x für die meisten Polymeren ca. eine Größenordnung niedriger als die entsprechenden A_{11}-Werte.

Für adsorbierte Tenside bzw. Tensidlösungen sind dagegen keine Werte der zur Berechnung der Dispersionswechselwirkungsenergie notwendigen Konstanten bekannt. Qualitative Aussagen über den Einfluß von Wasser und kationaktiven Tensiden auf die polare Haftkraftkomponente lassen sich, wie in Kap. 3.2. erwähnt, aus elektrokinetischen Untersuchungen in Verbindung mit Tensid- und Wasserdampfsorptionsmessungen gewinnen. Aus den Zusammenhängen zwischen der freien Oberflächenenergie und der Adhäsion einerseits und der freien Oberflächenenergie und der Adsorption andererseits können ebenfalls Aussagen über den Zusammenhang zwischen der Adsorption von Tensiden und anderen Substanzen durch Faserstoffe und ihren Adhäsionseigenschaften gewonnen werden (vgl. Kap. 3.1.).

Für anionaktive und nichtionogene Tenside ist eine starke Abhängigkeit der Haftkraftbeeinflussung von der Orientierung der Tensidmoleküle an der Oberfläche zu erwarten. Exakte Aussagen sind hierzu jedoch nicht bekannt. Von KISSA [76] wurden lediglich Untersuchungsergebnisse publiziert, wonach die Schmutzhaftung an textilen Faserstoffen um so stärker ist, je höher das Verhältnis von Viskosität zu Dielektrizitätskonstante der auf die Faserstoffe aufgebrachten Tenside ist.

Für die Beschreibung der Veränderung der Haftkraft durch Tenside und Wasser läßt sich eine einfache thermodynamische Betrachtung verwenden, die von der thermodynamischen Beschreibung des textilen Waschprozesses ausgeht, der ja eine Lösung von Adhäsionsverbindungen darstellt.

Nach einer Hypothese von FAVA und EYRING [77] besteht der Primärschritt des Waschprozesses darin, daß der Komplex Faserstoff — Schmutz, FS, durch die Adsorption von Tensiden in die Komplexe Faserstoff — Tensid, FT, und Schmutz — Tensid, ST, übergeführt wird, d. h.

$$FS + 2T \rightarrow FT + ST, \tag{1.64.}$$

wenn von molaren Mengen eines Tensids ausgegangen wird. Bei formaler Anwendung der Thermodynamik des chemischen Gleichgewichtes ergibt sich für diese „Reaktion“

$$\Delta G^0 = \sum_E G^0 - \sum_A G^0 = G^0_{FT} + G^0_{ST} - G^0_{FS} \tag{1.65.}$$

G^0 — Standardreaktionsenthalpie
$G^0_{FT,ST,FS}$ — Standardbildungspotential der Komplexe FT, ST, FS
G_T^0 — wird definitionsgemäß gleich Null gesetzt

Wegen

$$\Delta G^0 = -RT \ln K = -RT \ln \frac{a_{FT} \cdot a_{ST}}{a_{FS} \cdot a_T^2} \tag{1.66.}$$

K — Gleichgewichtskonstante
R — Gaskonstante
T — absolute Temperatur
$a_{FT,ST,FS,T}$ — Aktivitäten der „Reaktionsteilnehmer“ im Gleichgewicht

wird

$$-RT \ln \frac{a_{FT} \cdot a_{ST}}{a_{FS} \cdot a_T^2} = G^0_{FS} + G^0_{FT} - G^0_{ST}. \tag{1.67.}$$

Da G^0_{FT} bzw. G^0_{ST} gleich dem Standardpotential für die Tensidadsorption am Faserstoff bzw. an den Schmutzpigmenten sind, hängt das sich im Waschprozeß einstellende Gleichgewicht von der Adsorbierbarkeit der Tenside am Faserstoff ab. Für hydrophile Faserstoffe, die eine hohe Affinität zu Wasser aufweisen, sollte die Schmutzverdrängung durch die Adsorption von Wasser möglich sein.

Zur experimentellen Prüfung wurde die freie Adsorptionsenthalpie für Wasserdampf sowie für Nonylphenolpolyglykolether unterschiedlichen Oxethylierungsgrades und Natriumalkylsulfate unterschiedlicher Kettenlänge an Polyester- und Viskosefaserstoffen im Vergleich mit ihrer Waschwirkung bestimmt (s. Kap. 2. und 3.3.). Es wurden Ergebnisse erhalten, die die grundsätzliche Anwendbarkeit der angestellten Betrachtungen bestätigen. In den nachfolgenden Kapiteln wird detailliert auf diese Untersuchungsergebnisse eingegangen sowie über weitere Einflußfaktoren auf die Adhäsion von Polymeren berichtet.

Literatur

[1] MOELWYN-HUGHES, E. A.: *Physikalische Chemie*. Stuttgart: Thieme-Verlag 1970.
[2] MAHANTY, J., NINHAM, B. W.: *Dispersion Forces*. London—New York—Paris: Academic Press 1976.
[3] SCHWABE, K.: *Physikalische Chemie*. Berlin: Akademie-Verlag 1973.
[4] MACKE, W.: *Lehrbuch der Theoretischen Physik*. Elektromagnetische Felder. Leipzig: Geest u. Portig 1965.
[5] PARTRICK, R. L.: *Treatise on Adhesion and Adhesives*. New York: Marcel Dekker 1967.
[6] LONDON, F.: Z. f. Physik **63** (1930), S. 245.
[7] DE BOER, I. H.: Trans. Faraday Soc. **32** (1936), S. 21.
[8] HAMAKER, H. C.: Physica **4** (1937), S. 1058.
[9] LIFSHITZ, E. M.: Ž. eksperiment. i. theoret. fiz. (JETP) **29** (1955), S. 94.
[10] DZYALOSHINSKI, I. E., LIFSHITZ, E. M., PITAJEVSKI, L. P.: Ž. eksperiment. i. theoret. fiz. **37** (1959), S. 229.
[11] OVERBEEK, J. Th. G., VAN SILFHOUT, A.: *Study week on molecular forces, Pontificiae academia e scientiarum scripta varia* (1966), Bd. 31.
[12] BERTHELOT, D.: Compt. rend. **126** (1898), S. 1703, 1857.
[13] RICHMOND, P.: Colloid Sci. **2** (1975), S. 130—172.
[14] RYTOV, V. S. M.: *Theorie der elektrischen Fluktuationen und der Wärmestrahlung*. Moskva: Izd. Akad. Nauk SSSR, 1953.
[15] CASIMIR, H. B. G., POLDER, D.: Nature **158** (1946), S. 787.
[16] SONNTAG, H., STRENGE, K.: *Koagulation und Stabilität disperser Systeme*. Berlin: VEB Deutscher Verlag der Wissenschaften 1970.
[17] VOLD, M. I.: J. Colloid Sci. **16** (1961), S. 1.
[18] BECHER, P.: J. Coll. Interface Sci. **42** (1973), S. 645/646.
[19] BECHER, P., TAHARA, S.: *Chemie, Physikalische Chemie und Anwendungstechnik grenzflächenaktiver Stoffe*. Berichte vom VI. Internationalen Kongreß für grenzflächenaktive Stoffe, Zürich 1972, Bd. II/2, S. 519—534. München: Carl Hanser-Verlag 1973.
[20] EISENSCHITZ, R., LONDON, F.: Z. Phys. **60** (1930), S. 491.
[21] SLATER, I. C., KIRKWOOP, I. G.: Phys. Rev. **37** (1931), S. 682.
[22] GREGORY, I.: Advances Coll. Interface Sci. **2** (1970), S. 396.
[23] TABOR, D., WINTERTON, R. H. S.: Proc. Roy. Soc., Ser. *A*., **312** (1969), S. 435.
[24] RENNE, M. J., NIJBOER, B. R. A.: Chem. Phys. Letters **1** (1967), S. 317.
[25] FOWKES, F. M.: *In Chemistry and Physics of Interfaces*. Washington: Amer. Chem. Soc. Publ. 1967, S. 1—12.
[26] PARTRIDGE, R. H.: J. Chem. Phys. **47** (1967), S. 4223.
[27] KRUPP, H., SCHNABEL, W., WALTER, G.: J. Coll. Interface Sci. **39** (1972), S. 421—423.
[28] CARTER, I. G., JELINEK, T. M., HAMM, R. N., BIRCKHOFF, R. D.: J. Chem. Phys. **44** (1966) S. 2266.
[29] NINHAM, B. V., PARSEGIAN, V. A.: J. Chem. Phys. **52** (1970), S. 4578.
[30] NIR, S., REIN, R., WEISS, L.: J. Theor. Biol. **34** (1972), S. 135.
[31] KRUPP, H.: Particle Adhesion, Theory an Practice. Advances Coll. Interface Sci. **1** (1967), S. 111—239.
[32] VISSER, J.: Advances Coll. Interface Sci. **3** (1972), S. 331—363.
[33] JACOBASCH, H.-J., FREITAG, K.-H.: Acta Polymerica **30** (1979), S. 453—469.
[34] RINNE, R., BEREK, M.: *Anleitung zu optischen Untersuchungen mit dem Polarisationsmikroskop*. Leipzig: Verlag Dr. Max Janecke 1934.
[35] ANGAD GAUR, H., DE VRIES, H.: J. Polymer Sci., Polymer Physics Ed. **13** (1975), S. 835—850.
[36] DE VRIES, H.: Ann. Sci. Textile Belges **4** (1955), S. 286—303.
[37] GRINDSTAFF, T. M.: Textile Res. J. **39** (1969), S. 958—962.
[38] LANDOLT-BÖRNSTEIN: *Zahlenwerte und Funktionen*. Bd. 6 B Berlin/Heidelberg/Göttingen: Springer 1950.
[39] OWENS, D. I., WENDT, R. C.: J. appl. Polymer Sci. **31** (1969), S. 1741—1747.
[40] GOEBEL, K. H.: Dissertation AdW der DDR 1975.
[41] SKINNER, S. M.: J. appl. Physics **26** (1955), S. 498, 509.

[42] Morant, M. J.: J. appl. Physics **25** (1954), S. 1053.
[43] Derjagin, B. V., Smilga, V. P.: Dokl. Akad. Nauk SSSR **121** (1958), S. 877.
[44] Sandomirskij, V. B., Smilga, V. P.: Fiz. tverdovo tela **1** (1959), S. 307.
[45] Derjagin, B. V., Smilga, V. P.: III. Int. Kongreß grenzflächenakiver Stoffe, Köln 1960, 2, Sekt. B., S. 349.
[46] Derjagin, B. V., Smilga, V. P.: J. appl. Physics **38** (1967), 12, S. 4609–4616.
[47] Schlegel, H.: Plaste u. Kautschuk **20** (1973), S. 420–423.
[48] Novak, I., Romanov, A.: Chem. Listy **30** (1976), S. 250–267.
[49] Gardon, J. L. in Patrick, R. L.: *Treatise on Adhesion and Adhesives*. New York: Marcel Dekker Inc. 1967.
[50] Flath, H.-J.: Vergleichende Untersuchungen zur Struktur der Polyacrylfaserstoffe. Hab.-Schrift TU Dresden 1969, Fakultät f. Naturwiss. u. Mathematik.
[51] Tabor, P., Winterton, R. H. S.: Nature **219** (1968), S. 1120–1124.
[52] Beischer, D.: Kolloid-Z. **89** (1939), S. 214.
[53] McFarlane, J. S., Tabor, D.: Proc. Roy. Soc. *A* **202** (1950), S. 224.
[54] Jordan, D. W.: J. appl. Physics. Suppl. *3*, **5** (1954), S. 194.
[55] Gillespie, T.: J. Colloid Sci **10** (1955), S. 281.
[56] Larsen, R. I.: Amer. Ind. Hyg. Assoc. J. **19** (1958), S. 265.
[57] Corn, M., Silvermann, L.: Amer. Ind. Hyg. Assoc. J. **22** (1962), S. 337.
[58] Derjagin, B. V., Simon, A. D.: Kolloid Ž. **23** (1961), S. 544.
[59] Cremer, E., Conrad, R., Kraus, Th.: Angew. Chemie **64** (1952), S. 10.
[60] Bayley, A. I.: In „*Haftsystem und Haftfestigkeit*". Dechema-Monographie **51** (1964), S. 21.
[61] van Voorst-Vaader, F., Dekker, H.: *Chemie, Physikalische Chemie und Anwendungstechnik grenzflächenaktiver Stoffe*. Berichte vom VI. Intern. Kongreß für grenzflächenaktive Stoffe. Zürich 1972, Bd. II/2, S. 735–745.
[62] Šhukin, E. D., Jusupov, R. K., Amelina, E. A., Rehbinder, P. A.: Kolloid. Ž. **31** (1969), S. 913.
[63] Rabinovič, I. J., Derjagin, B. V.: Vortrag auf dem Kolloidchem. Kolloquium, Berlin 1976.
[64] Jacobasch, H.-J., Freitag, K.-H.: Unveröffentl. Ergebnisse.
[65] Jacobasch, H.-J.: Dissertation (B) AdW der DDR 1977.
[66] Krotova, N. A., Stefanovič, N. N., Vilensky, A. I., Chrustalev, Ju. A.: J. Adhesion **3** (1972), S. 325–331.
[67] Jacobasch, H.-J., Meisel, W., Mehner, H., Flath, H.-J.: Faserforsch. u. Textiltechnik/Z. Polymerforsch. **25** (1974), S. 367–375.
[68] Rydzewska, D.: Prace Inst. Wlokienn. **14** (1964), S. 61–73.
[69] Reichle, A.: Melliand Textilber. **50** (1969), S. 1081–1088.
[70] Jacobasch, H.-J., Flath, H.-J.: Faserforsch. u. Textiltechnik **20** (1969) S. 338–346.
[71] Voronkov, M. G., Ivanova, G. V., Ternjaeva, T. G.: Z. prikl. Chimii **46** (1973), S. 1766.
[72] Krupp, H.: Dechema-Monographie **51** (1964), S. 15–19.
[73] Löffler, F.: Staub, Reinhaltung d. Luft **28** (1968), S. 456–461.
[74] Krupp, H., Sperling, G.: J. appl. Physics **37** (1966), S. 4176–4180.
[75] Pietsch, W., Rumpf, H.: Chemie-Ing.-Technik **39** (1967), S. 885–893.
[76] Kissa, E.: Textile Res. J. **43** (1973), S. 86–95.
[77] Fava, A., Eyring, H.: J. appl. Chem. **5** (1954), S. 890–898.
[78] Derjagin, B. V., Toporov, J. P., Aleinikova, I. N., Barta-Gapanovitch: J. Adhesion **4** (1972), S. 65–71.
[79] Krotova, N. A.: Vortrag zur internationalen Tagung „Triboemission und -chemie" Berlin 1968
[80] Mittal, K. L.: Pure & appl. Chem. **52** (1980), S. 1295–1305.
[81] Fowkes, F. M.: in Mittal K. L. (Hrgb.): *Physicochemical Aspects of Polymer Surfaces*. New York–London: Plenum Press 1983.
[82] Mittal, K. L. (Hrsg.): *Adhesion Measurements of Thin Films, Thick Films and Coatings*. Philadelphia, ASTM Publ. 1978.
[83] Israelachvili, J. N., Adams, G. E.: J. Chem. Soc. Faraday Trans, I **74** (1978), S. 975.
[84] Derjagin, B. V., Muller, V. B., Toporov, Yu. P.: J. Colloid Interface Sci. **53** (1975), S. 314.

2. Die Wechselwirkung zwischen Polymeren und Gasen

Die Untersuchung der Wechselwirkung zwischen festen Polymeren und Gasen ist von außerordentlicher Bedeutung sowohl für die Charakterisierung der Struktur und Morphologie der Polymeren als auch für die wissenschaftliche Durchdringung technologischer Prozesse der Polymerverarbeitung. So werden zur Bestimmung der spezifischen Oberfläche und der Porositätsparameter vorwiegend Gassorptionsmessungen angewendet. Die Absorption von Gasen, speziell Wasserdampf, läßt Aussagen über die Feinstruktur zu. Weiterhin sind Polymere in jedem realen System Wasserdampf ausgesetzt, der je nach molekularer und übermolekularer Struktur der Polymeren und in Abhängigkeit von der relativen Luftfeuchte unterschiedlich aufgenommen wird. Durch die Wasseraufnahme werden im allgemeinen Quellungserscheinungen und Strukturveränderungen verursacht, die ihrerseits zu Veränderungen technologisch wichtiger Parameter führen. Alle Trocknungsvorgänge hängen von der Wechselwirkung zwischen dem zu trocknenden Stoff und den Flüssigkeitsdämpfen ab.

Speziell für textile Faserstoffe kann die Adsorption und Desorption gasförmigen Wassers das bekleidungsphysiologische Verhalten beeinflussen.

Für die wissenschaftliche Durchdringung der Prozesse, die durch die Aufnahme oder Abgabe von Gasen beeinflußt werden, sowie zum Studium der damit verbundenen Eigenschaftsänderungen sind insbesondere Kenntnisse zu folgenden Komplexen erforderlich:

- Mechanismus der Ad- und Desorption,
- Abhängigkeit der Wechselwirkungsenergie zwischen Festkörper und Gas von der chemischen Konstitution beider Komponenten,
- Zusammenhänge zwischen der Sorptionskapazität und -geschwindigkeit und der chemischen und physikalischen Struktur der Polymeren.

2.1. Methodik und Theorie von Gassorptionsmessungen

Die Adsorption von Gasen an Festkörperoberflächen, d. h. die Erhöhung der Konzentration der Moleküle des Gasraumes an der Phasengrenze fest/gasförmig beruht auf der Wechselwirkung der Gasmoleküle (Adsorptiv) mit den Molekülen der Festkörperoberfläche (Adsorbens). Während bei der Chemisorption kovalente Bindungen zwischen dem Adsorbens und den adsorbierten Molekülen (Adsorbat) auftreten, wird die physikalische Adsorption durch Dispersions- und polare Kräfte verursacht, wozu auch die Wechselwirkung über Wasserstoffbrückenbindungen zu rechnen ist. Für die Gassorption an faserbildenden Polymeren ist, abgesehen von Sonderfällen (z. B. Reaktionen polymerisationsfähiger Gase an Oberflächen, die freie Radikale enthalten), nur eine physikalische Adsorption zu erwarten, so daß im folgenden nur die Gesetzmäßigkeiten dieser Adsorption betrachtet werden. Für faserbildende Polymere, die meist teilkristalline Substanzen darstellen, ist charakteristisch, daß der Adsorption eine Absorption, d. h. ein Lösen der Gasmoleküle in der festen Phase überlagert ist, so daß bei der Interpretation von Sorptionsvorgängen beide Teilvorgänge betrachtet werden müssen.

Eine allgemeingültige Sorptionstheorie, die es gestattet, auf molekulartheoretischer Grundlage die eingangs genannten Abhängigkeiten rechnerisch zu ermitteln, existiert noch nicht.

Man ist daher darauf angewiesen, aus einer Fülle experimentell ermittelter Kenngrößen verallgemeinernde Regeln für das Sorptionsverhalten spezieller Substanzklassen abzuleiten. Diese Kenngrößen werden allgemein dadurch ermittelt, daß bei gegebenem Feststoff und Adsorptiv die sorbierte Gasmenge als Funktion des Gasdruckes bzw. des relativen Dampfdruckes, der Zeit oder der Temperatur bestimmt wird oder die bei der Sorption auftretenden Wärmetönungen gemessen werden. Durch Variation des Feststoffes bzw. seiner Struktur und des Adsorptivs lassen sich dann verallgemeinerungsfähige Aussagen gewinnen, die, wenn auch keine molekulartheoretische Modellierung, so doch eine qualitative Beschreibung zulassen, die auf analoge Stoffgruppen übertragen und zur Deutung technologischer Prozesse verwendet werden kann. Die zur Charakterisierung des Adsorptionsverhaltens anorganischer kristalliner Materialien angewendeten spektroskopischen Methoden (LEED, AUGER-Spektroskopie u. a.) sind zur Untersuchung der Adsorption an organischen Polymeren bisher kaum angewendet worden.

2.1.1. Methodik

Zur Bestimmung der von Festkörpern aufgenommenen oder abgegebenen Gasmengen werden vorwiegend volumetrische oder gravimetrische Meßmethoden angewendet (vgl. [1···6]). Bei den erstgenannten Methoden wird die adsorbierte Gasmenge aus der Änderung des Gasvolumens, im zweiten Falle mit Hilfe einer Mikrowaage direkt bestimmt. Die gravimetrische Meßmethode bietet gegenüber der volumetrischen die Vorteile des geringeren manuellen Aufwandes und der höheren Empfindlichkeit. So entspricht die mit handelsüblichen elektronischen Mikrowaagen erfaßbare Massedifferenz von 1 µg einer von einer Stickstoff-Monoschicht belegten Fläche von ca. 35 cm^2, d. h. es sind mit dieser Methodik auch an Stoffen mit relativ kleiner spezifischer Oberfläche, wie sie Faserstoffe darstellen, Gassorptionsmessungen weit unterhalb einer Monoschichtbedeckung durchführbar. Der Aufbau eines handelsüblichen Gerätes zur Durchführung von Gassorptionsmessungen ist in Abb. 2.1. dargestellt.

Die Sorption von Dämpfen organischer Lösungsmittel kann mit Hilfe elektronischer Mikrowaagen nur dann untersucht werden, wenn Proben- und Wägeraum getrennt sind, da sonst durch die Lösungsmitteldämpfe die Drahtisolationen des elektrischen Wägeteils angegriffen werden. Für derartige Untersuchungen werden spezielle Wägesysteme angeboten [7, 8].

2.1.2. Sorptionsisothermen

Die bei konstanter Temperatur als Funktion des Adsorptivdruckes von Festkörpern adsorbierte Gasmenge, d. h., der Verlauf der Adsorptionsisotherme, hängt von einer Vielzahl von Faktoren ab, von denen als wichtigste die Wechselwirkungsenergie zwischen

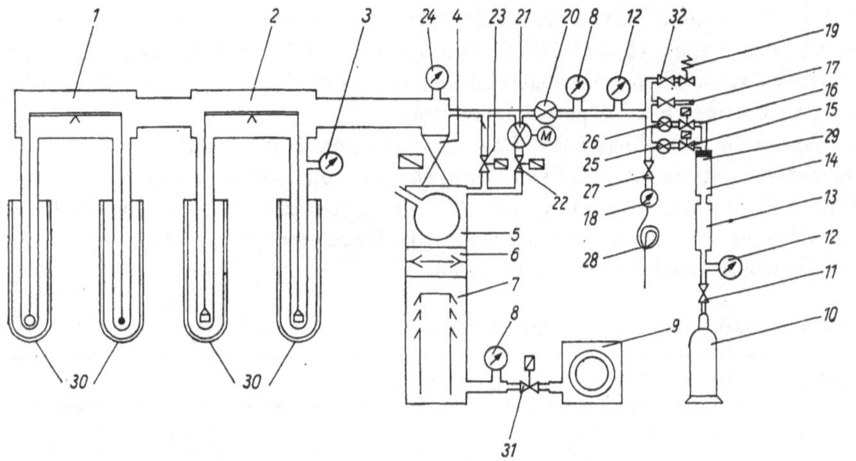

Abb. 2.1. Aufbau des gravimetrischen Universalmeßgerätes „Gravimat" der Fa. Sartorius-Werke GmbH, Göttingen/BRD

1 – Auftriebsmanometer; *2* – Gewichtsmessung; *3* – Ionisationsvakuumeter; *4* – Hauptventil; *5* – Stickstoffkühlfalle; *6* – Thermoelektrisches Baffle; *7* – Öldiffusionspumpe; *8* – Piranivakuumeter; *9* – Drehschieberpumpe; *10* – Stickstoffdruckbehälter; *11* – Reduzierventil; *12* – Röhrenfedermanometer; *13* – Adsorptionsturm; *14* – Trockenturm; *15* – Einlaßventil 1; *16* – Einlaßventil 2; *17* – Einlaßventil 3; *18* – Dampfdruckmanometer; *19* – Überdruck-Sicherheitsventil; *20* – Verbindungsventil; *21* – Varioventil; *22* – Evakuierventil 1; *23* – Evakuierventil 2; *24* – Ionisationsvakuumeter; *25* – Einlaßventil 1; *26* – Einlaßventil 2; *27* – Manometerventil; *28* – Meßfühler des Dampfdruckmanometers; – *29* Sintermetallfilter; *30* – Dewargefäße; *31* – Absperrventil; *32* – Absperrventil zum Überdruckventil

Adsorbens und Adsorbat, die Wechselwirkung der Sorbatmoleküle untereinander, das Vorliegen von Poren, Oberflächenheterogenitäten, und die Beweglichkeit der Sorbatmoleküle genannt seien.

Qualitative Aussagen über die Wechselwirkungsenergien und das Auftreten von Poren lassen sich aus der Form der Adsorptions-Isothermen gewinnen. Nach BRUNAUER, DEMING, DEMING und TELLER [9] existieren fünf prinzipielle Isothermen-Typen (Abb. 2.2.).

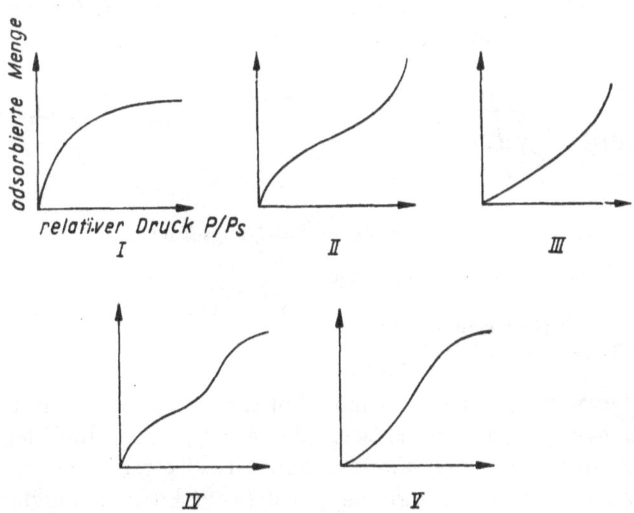

Abb. 2.2. Typen von Adsorptionsisothermen nach [9]

Der Typ I ist für eine relativ starke Adsorption, die zu einer Monoschicht führt, charakteristisch, die Typen II und III deuten auf eine Mehrschichtenadsorption mit stärkerer (II) bzw. schwächerer Wechselwirkung (III) hin. Isothermen der Typen IV und V werden an porösen Festkörpern beobachtet.

Unter der Annahme verschiedenster Randbedingungen wurden auf molekulartheoretischer oder thermodynamischer Basis eine Anzahl von Isothermengleichungen für monomolekulare Bedeckung abgeleitet (Tab. 2.1.), in denen der Bedeckungsgrad θ eine Funktion des Gleichgewichtsdruckes p ist (vgl. [2]). Diese sind jedoch als in der Praxis selten voll realisierbare Grenzfälle zu betrachten.

Tabelle 2.1. Mathematische Beschreibung einiger Adsorptionsmodelle nach [2]

Beschreibung des adsorbierten Filmes	Isothermen-Gleichung	
Beweglicher Film – keine Wechselwirkung im Adsorbat (zweidimensionales ideales Gas)	$p = K\theta$	HENRY-Gleichung
Beweglicher Film – keine Wechselwirkung	$p = K\frac{\theta}{1-\theta}\exp\left(\frac{\theta}{1-\theta}\right)$	VOLMER-Gleichung
Beweglicher Film mit Wechselwirkung	$p = K\frac{\theta}{1-\theta}\exp\left(\frac{\theta}{1-\theta} - \frac{2\alpha\theta}{kT\beta}\right)$	zweidimensionale VAN DER WAALS-Gleichung
Unbeweglicher Film – keine Wechselwirkung	$p = K\frac{\theta}{1-\theta}$	LANGMUIR-Gleichung
Unbeweglicher Film mit Wechselwirkung	$p = K\frac{\theta}{1-\theta}\exp - \left(\frac{c\omega\theta}{kT}\right)$	FOWLER-GUGGENHEIM-Gleichung

$K = f(U_{ads})$, U_{ads} = flächenbezogene Adsorptionsenergie
α,β = Konstanten (analog den Konstanten für die VAN DER WAALSsche Gasgleichung)
$c\omega$ = Wechselwirkungskonstante

Die zur Beschreibung der Adsorption von Gasen an Festkörpern am häufigsten angewendete Isothermengleichung ist die von BRUNAUER, EMMET und TELLER (BET) abgeleitete Beziehung (vgl. [2]), die eine Mehrschichtenadsorption voraussetzt.

$$m_a = \frac{m_m C \cdot p}{(p_s - p)\left[1 + (C-1)\frac{p}{p_s}\right]} \tag{2.1.}$$

m_a – die beim relativen Druck $\frac{p}{p_s}$ adsorbierte Gasmenge (p_s = Sättigungsdruck)
m_m – die für eine Monoschichtbildung erforderliche Gasmenge
C – $\exp(E_1 - E_2)/RT$
E_1 – Adsorptionswärme für die erste adsorbierte Schicht
E_2 – Kondensationswärme des Gases

Diese Beziehung, die unter Verwendung vereinfachender Annahmen abgeleitet wurde (die Oberfläche ist energetisch homogen, für die Adsorption in der zweiten und den darauf folgenden Schichten werden die Moleküle durch dieselben Kräfte gebunden, die auch für die Kondensation verantwortlich sind), wird insbesondere zur Bestimmung der spezifischen Oberfläche von Festkörpern durch Gassorptionsmessungen verwendet (s. Kap. 2.2.).

Für die meisten Polymeren, die sich im Kontakt mit Wasserdampf oder mit den Dämpfen organischer Substanzen befinden, ist der Adsorption an der Oberfläche eine Absorption im Inneren überlagert. Die freie Mischungsenthalpie ΔG_M, die das Maß für die Triebkraft der Absorption bzw. Quellung ist, läßt sich für vernetzte Polymere nach der FLORY-HUGGINS-Theorie [10, 11, 12] berechnen.

Danach gilt

$$\frac{p}{p_s} = V_a \cdot \exp\left[(1 - V_a) + \varkappa(1 - V_a)^2 + \frac{\varrho_a \cdot V}{M_a}(1 - V_a)\frac{1}{3}\right] \qquad (2.2.)$$

V_a — Volumenanteil des adsorbierten Stoffes in den amorphen Bereichen
$\varkappa = f(\Delta G_M)$ — Wechselwirkungsparameter nach FLORY-HUGGINS
ϱ_a — Dichte des amorphen Polymerbereiches
V — Molvolumen des adsorbierten Stoffes
M_a — Molmasse des Polymeranteils zwischen zwei Vernetzungsstellen

Da die für die Ableitung der FLORY-HUGGINS-Theorie getroffenen Annahmen (vernetzte Polymere, ausschließliches Auftreten von Dispersionskräften) für Faserstoffe nicht streng gelten, wird häufig eine vereinfachende Beziehung angewendet:

$$\frac{p}{p_s} = V \cdot \exp\left[(1 - V) + \varkappa'(1 - V)^2\right]. \qquad (2.3.)$$

V — Volumenanteil des adsorbierten Stoffes
$\varkappa'$ — halbempirischer Wechselwirkungsparameter

Ein anderes Konzept für die Beschreibung der Struktur gequollener Polymerer beruht auf den Grundlagen der BET-Theorie. Dabei wird angenommen, daß in den Polymeren eine Anzahl von Zentren für eine relativ starke Bindung des Adsorbats vorliegt. Zusätzlich befinden sich andere Sorbatmoleküle im Zustand hoher Beweglichkeit, quasi als Flüssigkeit, im Polymeren.

Die quantitative Beschreibung ergibt (vgl. [12]):

$$\frac{A}{\beta} = \frac{\frac{p}{p_s} \cdot D}{\left(1 - \frac{p}{p_s}\right)\left(1 - \frac{p}{p_s} + D\frac{p}{p_s}\right)} \qquad (2.4.)$$

A — Anzahl der adsorbierten Moleküle
β — Anzahl der stark adsorbierenden Zentren
D — Verhältnis der Anzahl der stark zur Anzahl der schwach gebundenen Moleküle

2.2. Aussagen von Gassorptionsmessungen

Aus dem Vergleich zwischen experimentell ermittelten Sorptionsisothermen und den theoretisch abgeleiteten Typen ergeben sich die Möglichkeiten zur Bestimmung der in Tab. 2.1. enthaltenen Parameter bzw. der in Gl. (2.1.) ··· (2.3.) enthaltenen Kenngrößen. Es ist also eine Bestimmung der thermodynamischen Größen für die Adsorption, die ein Maß für die Wechselwirkungsenergie zwischen Adsorbens und Adsorbat sowie für den Ordnungszustand des Adsorbats darstellen, möglich, da die Konstante K eine Funktion dieser thermodynamischen Größen ist (vgl. [9]), m_m, C, $\varkappa$ bzw. $\varkappa'$ sind in Gl. (2.1.) ··· (2.3.) enthalten.

Wegen der Vielzahl der Einflußfaktoren auf die Form der Isotherme sollte eine Auswertung nur nach einer sorgfältigen Untersuchung der bei der Sorption ablaufenden Teilschritte vorgenommen werden. Über entsprechende Ergebnisse wird unter Kap. 2.3.3. berichtet. Eine kritische Sichtung der umfangreichen Literatur zur Absorption von Dämpfen durch Polymere läßt den Schluß zu, daß speziell für Faserstoffe eine Errechnung der in Gln. (2.2.)···(2.4.) enthaltenen Größen aus den Ergebnissen von Sorptionsmessungen und ihre molekulartheoretische Interpretation wenig sinnvoll sind, so daß im folgenden die phänomenologische Beschreibung von Sorptionsvorgängen bevorzugt wird.

Weitere über Gassorptionsmessungen zu erhaltende Größen stellen die partielle molare (isostere) Adsorptionswärme sowie das spezifische Porenvolumen bzw. die Porengrößenverteilung dar.

Für die partielle molare Adsorptionswärme $\bar{Q}_{ad}$, die ein Maß für die Temperaturabhängigkeit der Adsorption ist, ergibt sich die Bestimmung aus der Definitionsgleichung

$$\left(\frac{\delta \ln p}{\delta T}\right)_m = -\frac{\bar{Q}_{ad}}{RT^2} \qquad (2.5.)$$

bzw.

$$\left(\frac{\delta \ln m}{\delta T}\right)_p = \frac{\bar{Q}_{ad}}{RT^2} \qquad (2.6.)$$

m — adsorbierte Gasmenge

$\bar{Q}_{ad}$ kann also bestimmt werden, indem der einer konstanten Adsorbatmenge zugehörige Druck als Funktion der Temperatur gemessen und $\ln p$ gegen $1/T$ aufgetragen wird. Die Steigerung der Geraden ergibt $-\bar{Q}_{ad}R$.

Aussagen über die Porosität von Festkörpern lassen sich aus Gassorptionsmessungen auf Grund der Tatsache gewinnen, daß in kleinen Poren bereits bei Drücken unterhalb des Sättigungsdampfdruckes Kondensation eintritt. Der Zusammenhang zwischen dem Radius zylindrischer Poren und dem Dampfdruck darin befindlicher Flüssigkeiten wird durch die Kelvin-Gleichung beschrieben.

Danach gilt

$$RT \ln \frac{p}{p_0} = -\frac{2\sigma V}{r} \cos \theta \qquad (2.7.)$$

p — Dampfdruck der fein verteilten Flüssigkeit
p_0 — Dampfdruck der kompakten Flüssigkeit
σ bzw. V — Oberflächenspannung bzw. Molvolumen der Flüssigkeit
θ — Kontaktwinkel zwischen Flüssigkeit und Kapillarwand
r — Kapillarradius

Bezüglich der kalorimetrischen Bestimmung von Adsorptionsenthalpien sei auf die Literatur verwiesen [2, 4].

2.3. Untersuchungen an Faserstoffen

2.3.1. Bestimmung der spezifischen Oberfläche und Charakterisierung poröser Strukturen

Die Größe der spezifischen Oberfläche und des damit in Verbindung stehenden Porenvolumens ist insbesondere für textile Faserstoffe von Bedeutung. Durch diese Parameter werden wichtige Gebrauchseigenschaften, wie das bekleidungsphysiologische Verhalten, die Anschmutzungsneigung, die Wärmeleitfähigkeit u. ä., aber auch wichtige Verarbeitungseigenschaften, wie die Aufnahmekapazität und -geschwindigkeit für Farbstoffe und Textilhilfsmittel, beeinflußt. Weiterhin können die Strukturzustände naßersponnener Faserstoffe (PAN, Viskose) in den einzelnen Verarbeitungsstufen charakterisiert werden, wenn es gelingt, diese Strukturzustände beispielsweise durch Lösungsmittelaustausch der Fällbadflüssigkeit oder Gefriertrocknung zu fixieren und die spezifische Oberfläche und die Porosität zu ermitteln. Auch lassen sich Strukturveränderungen an Polymeren als Folge der Aufnahme quellender Flüssigkeiten nach einer Fixierung des gequollenen Zustandes durch Porositätsmessungen bestimmen.

Die wichtigsten Untersuchungsmethoden zur Bestimmung der spezifischen Oberfläche sind Messungen der Adsorption inerter Gase (N_2, Ar, Kr) bei tiefen Temperaturen und Auswertungen der Isothermen nach der BET-Beziehung (Gl. (2.1.)).

Nach dieser Beziehung kann m_m ermittelt werden, indem m_a im relativen Druckbereich $p/p_s = 0{,}05$ bis 0,25 als Funktion des relativen Druckes bestimmt und gemäß Gl. (2.1.) m_m bstimmt wird (vgl. [6]).

Die spezifische Oberfläche A_s ergibt sich dann zu

$$A_s = \frac{m_m \cdot N_L \cdot F_M}{M \cdot E}. \tag{2.8.}$$

N_L – LOSCHMIDTsche Zahl
F_M – Platzbedarf eines adsorbierten Gasmoleküls
M – relative Molmasse des Sorbats
E – Masse des Probenmaterials

Die Werte von F_M, die in der Literatur stark schwanken, werden am häufigsten mit $16{,}2 \cdot 10^{-20}$ m² für N_2, $16{,}7 \cdot 10^{-20}$ m² für Ar und $26 \cdot 10^{-20}$ m² für Kr angegeben. Demzufolge entsprechen 1 μg adsorbiertes Gas 34,8 cm² für N_2 und 25,2 cm² bzw. 18,7 cm² für Ar bzw. Kr. Da die Reproduzierbarkeit von Sorptionswägungen mit Hilfe herkömmlicher elektronischer Mikrowaagen nicht besser als $\pm$ 1μg und die anwendbare Probenmasse nicht größer als 1 g ist, lassen sich selbst bei sorgfältigster Ausführung der Messungen (z. B. Berücksichtigung des Auftriebs) Meßwerte für spezifische Oberflächen nicht genauer als auf $\pm$ 35 cm²/g reproduzieren. Es ist neben den Unsicherheiten der BET-Theorie weiterhin zu berücksichtigen, daß der Platzbedarf der Sorbatmoleküle nicht exakt bekannt ist und daß die Messungen bei 77 K bzw. 90 K durchgeführt werden. Demzufolge werden durch Tieftemperaturgasadsorptionsmessungen nach BET Meßwerte erhalten, die mit der wahren spezifischen Oberfläche bei Raumtemperatur in Zusammenhang stehen, diese jedoch nicht voll wiedergeben. Methodische Details von Gasadsorptionsmessungen zur Bestimmung der spezifischen Oberfläche sowie weiterer Methoden hierzu sind der Spezialliteratur [1, 5, 6, 13] zu entnehmen.

Aussagen über die Porosität von Festkörpern werden aus Gassorptionsmessungen auf Grund der durch Gl. (2.7.) dargestellten Gesetzmäßigkeiten erhalten. Danach lassen sich aus den Adsorptions- oder Desorptionsisothermen von Stickstoff oder Argon bei Temperaturen des flüssigen Stickstoffs oder Sauerstoffs Aussagen über die Porositätsparameter von Festkörpern treffen, wobei Poren mit Radien zwischen ca. 2 und 30 nm charakterisiert werden können. Kleinere Poren können durch Gassorptionsmessungen unter Anwendung der Theorie von Dubinin und Mitarb. (vgl. [13]), größere durch Quecksilberintrusionsmessungen charakterisiert werden.

Für die Beschreibung der Porosität fester Körper interessieren insbesondere folgende Parameter:

1. das spezifische Porenvolumen V_s,
2. die Porenvolumenverteilung $V_p = f(\bar{r}_p)$, d. h. das im Adsorptions- oder Desorptionsintervall aufgenommene bzw. abgegebene Volumen flüssigen Sorbats ΔV_p als Funktion des zugehörigen mittleren Porenradius $\bar{r}_p$,
3. die differentielle Porengrößenverteilung $\frac{\Delta V_p}{\bar{r}_p} = f(\bar{r}_p)$.

Qualitative Informationen über Porenform und -größe sind aus der Hysterese zwischen Adsorptions- und Desorptionsisothermen sowie aus der Sorptionsgeschwindigkeit zu erhalten.

Das spezifische Porenvolumen V_s wird aus der beim relativen Druck $p/p_s = 1$ adsorbierten Sorbatmenge bestimmt, indem durch die Dichte des flüssigen Sorbats dividiert und auf die Einwaage bezogen wird.

Zur Bestimmung der Porengrößen- und Porenvolumenverteilung existieren mehrere Verfahren, die sich hinsichtlich der Annahmen über die Porenform und die Existenz von Sorbatwandfilmen in den Poren unterscheiden.

Von Flath [14] und in eigenen Arbeiten [15] wurde zur Bestimmung der Porengrößenverteilung von Polyacrylnitrilfasern ein von Pierce [16] publiziertes Verfahren verwendet. Hierbei wird von der beim relativen Druck $p/p_s = 1$ aufgenommenen Sorbatmenge ausgegangen und das Sorbat in kleinen Druckintervallen desorbiert. Aus der bei jedem Druckintervall registrierten Masseabnahme wird das freigesetzte Flüssigkeitsvolumen durch Division mit der Dichte des flüssigen Stickstoffs errechnet. Dieses Flüssigkeitsvolumen setzt sich aus dem aus den Poren entsprechender Größe desorbierten Kondensatvolumen und dem Volumen, das aus der Verringerung der Wandfilmdicke des Sorbats in den größeren Poren mit abnehmendem Druck resultiert, zusammen. Unter Berücksichtigung beider Volumina läßt sich dann die Porengrößen- bzw. Porenvolumenverteilung ermitteln. Die diesem und ähnlichen Verfahren anhaftenden Unsicherheiten liegen darin, daß

- nicht exakt zutreffende Annahmen über die Porenformen gemacht werden,
- die Dicke des Wandfilms als Funktion des relativen Dampfdruckes nicht genau bekannt ist,
- die Benetzbarkeit der Kapillaren durch das Kondensat nicht bekannt ist, so daß $\cos\theta$ im allgemeinen gleich 1 gesetzt wird,
- von einer bei tiefen Temperaturen ermittelten Porencharakteristik auf das Volumen bei höheren Temperaturen geschlossen wird,
- geschlossene Poren nicht erfaßt werden.

Das durch mikrogravimetrische Gassorptionsmessungen reproduzierbar bestimmbare Porenvolumen von Faserstoffen liegt bei ca. 0,1 mm^3/g.

Eine Zusammenstellung von Arbeiten zur Oberflächencharakterisierung von polymeren Werkstoffen, speziell Faserstoffen [17], zeigt eine starke Streuung der an den einzelnen Faserstoffen ermittelten Werte für die spezifische Oberfläche. So werden für Baumwolle spezifische Oberflächen zwischen 0,60 m^2/g und 19 m^2/g angegeben, für Viskose- und PAN-Fasern schwanken die Werte zwischen < 1 m^2/g und ca. 300 m^2/g bzw. 200 m^2/g. Für schmelzersponnene Faserstoffe liegen die spezifischen Oberflächen zwischen 0,3 und 11 m^2/g. Eine kritische Auswertung der Literatur zeigt, daß die gemessenen spezifischen Oberflächen außerordentlich stark von der Vorbehandlung der Faserstoffe und auch von der Meßmethode abhängen.

Bezüglich der Meßmethode gilt folgendes: die vor 1970 durchgeführten Untersuchungen wurden vorwiegend mit Hilfe einer volumetrischen Bestimmung der adsorbierten Gasmenge vorgenommen. Diese Meßmethode läßt sich lediglich für die Untersuchung von Festkörpern mit spezifischen Oberflächen > 1 m^2/g anwenden, d. h., die angegebenen Werte < 1 m^2/g sind außerordentlich unsicher. An naßersponnenen sowie an hydrophilen Faserstoffen sind dagegen die Herstellungsbedingungen bzw. die Vorbehandlung von entscheidendem Einfluß auf die spezifische Oberfläche und die Porencharakteristik.

In Tab. 2.2. sind die gravimetrisch ermittelten spezifischen Oberflächen einiger handelsüblicher Faserstoffe aufgeführt (vgl. [5]), die nach längerem Evakuieren der Proben bei einem Druck von $7 \cdot 10^{-4}$ Pa und einer Temperatur von 25 °C bzw. 60 °C bestimmt wurden [15].

Es ist ersichtlich, daß die gemessenen spezifischen Oberflächen annähernd der geometrischen Oberfläche entsprechen, d. h. die untersuchten Faserstoffe zeigen keine wesentliche Rauhigkeit oder Porosität. Die geringe Erhöhung der spezifischen Oberfläche durch die Temperatursteigerung beim Evakuieren beruht auf der Abgabe von Wasser oder Resten organischen Lösungsmittels (Viskose und PAN) bzw. auf der Sublimation von Oligomeren (Polyester).

Tabelle 2.2. Spezifische Oberfläche von Faserstoffen

Lfd. Nr.	Faserstoff		spez. Oberfläche (m^2/g)
1	Viskosefasern, *b*-Typ, 0,33 tex,	bei 25 °C evakuiert	0,32
2	wie 1	bei 60 °C evakuiert	0,41
3	Polyesterfasern (Grisuten), *w*-Typ, 0,44 tex,	bei 25 °C evakuiert	0,21
4	wie 3	bei 60 °C evakuiert	0,23
5	Polyamid-6-Fasern (Dederon), *w*-Typ, 0,44 tex,	bei 60 °C evakuiert	0,22
6	PAN-Faser (Wolpryla 65), *w*-Typ, 0,34 tex,	bei 25 °C evakuiert	0,27
7	wie 6	bei 60 °C evakuiert	0,29

Besonders an PAN-Faserstoffen lassen sich durch Variation der chemischen Zusammensetzung des Copolymerisats und der Trocknungsbedingungen sowie durch Zusatz von mit Polyacrylnitril nicht mischbaren Polymeren poröse Strukturen erhalten [18, 19]. Gleiches läßt sich auch durch den Zusatz hochsiedender Flüssigkeiten zum Spinnbad und deren Extraktion aus dem ersponnenen Faden erreichen [20]. Weiterhin wirken sich die Spinnbadtemperatur und auch das Molekulargewicht auf die Porosität aus [21]. FLATH [14] konnte nachweisen, daß die spezifische Oberfläche von PAN-Copolymerisatfasern (91,5% Acrylnitril, 7% Acrylsäureethylester, 1,5% Natriumallylsulfonat) stark von den Entwässerungsbedingungen abhängt. Eine Gefriertrocknung führte zu einer spezifischen Oberfläche von 143 m^2/g, eine Trocknung durch Lösungsmittelaustausch dagegen zu einer spezifischen Oberfläche von 126 m^2/g. Durch eine Trocknung bei höheren Temperaturen entstehen Fasern mit spezifischen Oberflächen $< 1\ m^2/g$. Durch eine Gefrier- oder Lösungsmittelaustausch-Trocknung gelingt es also, eine mit dem Zustand der Gelfasern im Zusammenhang stehende Größe, d. h. die vom Fällmedium eingenommenen Hohlräume, zu fixieren. Messungen der Porositätscharakteristik an unterschiedlich gereckten und durch Lösungsmittelaustausch getrockneten Wolpryla-65-Gelfasern zeigen, daß durch die Reckung der Fasern eine Verringerung des spezifischen Porenvolumens und eine Verschiebung der Maxima der Porenvolumenverteilung zu kleineren Radien hin erfolgt. Eine intensive Trocknung führt zu kleinen Porenvolumina (Tab. 2.3.).

Tabelle 2.3. Spezifisches Porenvolumen unterschiedlich gereckter und getrockneter PAN-Fasern (Wolpryla 65)

Fasercharakteristik	Porenvolumen (mm^3/g)			
	Tief-temperatur-gasadsorption $r = 2{,}5$ bis 50 nm	Hg-Intrusionsmessungen Bereich I $r = 6{,}8$ bis 340 nm	Bereich II $r = 340$ bis $5 \cdot 10^3$ nm	I + II
ungereckt, durch LM-Austausch getrocknet	981	954	35	989
nach dem 1. Reckbad entnommen, durch LM-Austausch getrocknet	614	605	118	719
nach dem 2. Reckbad entnommen, durch LM-Austausch getrocknet	459	421	290	712
nach dem 2. Reckbad entnommen, 3 h bei 60 °C im Vakuum getrocknet	1,8	40	174	214
nach dem 2. Reckbad entnommen, 3 h bei 105 °C getrocknet	0,5	50	184	234
nach dem 2. Reckbad entnommen, 3 h bei 130 °C getrocknet	0,6	32	140	172

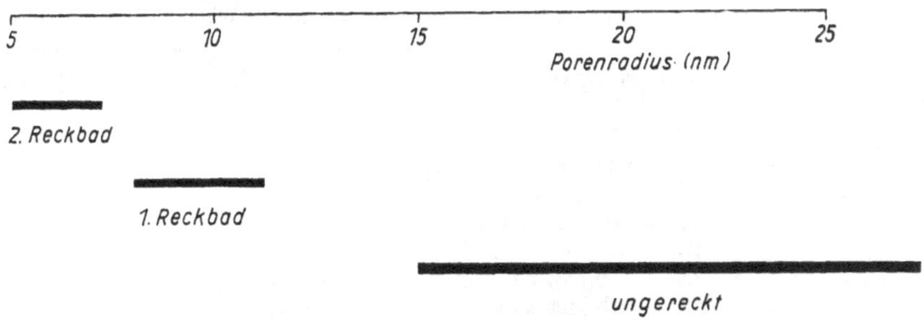

Abb. 2.3. Einfluß der Reckung auf die Porengrößenverteilung von Polyacrylnitrilfasern

Ähnliche Strukturuntersuchungen durch Tieftemperaturgasadsorptionsmessungen wurden von Craig u. Mitarb. [22] sowie Flath [14] vorgenommen. Analoge Untersuchungsergebnisse zur Charakterisierung des Quellungszustandes hydrophiler Faserstoffe sind in [17] aufgeführt.

Eine Erhöhung des Estergehaltes bei gleichzeitiger Senkung des Natriumallylsulfonatanteils im Polymeren führt dazu, daß die große spezifische Oberfläche, d. h. eine hohe Porosität, erhalten bleibt [23] (Tab. 2.4.). Andere aus der Patentliteratur bekannte Verfahren zur Herstellung poröser PAN-Faserstoffe [18, 20] bewirken die Ausbildung relativ großer Hohlräume, so daß keine nennenswerte Erhöhung der spezifischen Oberfläche an derart hergestellten Fasern gemessen wird [21].

Tabelle 2.4. Spezifisches Porenvolumen von PAN-Fasern mit unterschiedlichem Natriumallylsulfonat-(NaAS)- und hohem Acrylsäuremethylestergehalt (15%)

% NaAS	spez. Porenvolumen (mm^3/g)
0	555
0,15	410
0,30	350
0,75	100

Mikrogravimetrische Tieftemperaturgasadsorptionsmessungen zur Bestimmung der spezifischen Oberfläche ergeben auch Rückschlüsse auf die durch technologische Einflüsse bewirkte Änderung der Faseroberflächenstruktur (Tab. 2.5.).

Die durch die Gelfärbung von PAN-Fasern bewirkte Vergrößerung der spezifischen Oberfläche erklärt beispielsweise die erhöhte Präparationsmittelaufnahme gefärbter Fasern. Auch die durch eine Behandlung mit relativ verdünnten NaOH-Lösungen verursachte Aufrauhung von Polyesterfaserstoffen kann zur Deutung des Mechanismus der Anschmutzungsverminderung durch eine Alkalibehandlung herangezogen werden [24]. Die in Tab. 2.5. aufgeführten Änderungen der spezifischen Oberfläche sind so gering, daß sie sich im allgemeinen in elektronen- oder rasterelektronenmikroskopischen Aufnahmen nicht ausweisen. Das beweist den hohen Stellenwert mikrogravimetrischer Tieftemperaturgasadsorptionsmessungen, die allerdings zur Erfassung der aufgeführten geringen Differenzen mit höchster Sorgfalt durchgeführt werden müssen (vgl.[5]).

Tabelle 2.5. Spezifische Oberfläche unterschiedlich behandelter Faserstoffe

Lfd. Nr.	Faserstoff, Behandlung	spez. Oberfläche (m^2/g)
1	PAN-Versuchsfaser, ungefärbt	0,62
2	wie 1, gelgefärbt	0,77
3	PAN-Versuchsfaser, Abquetschdruck der Abzugswalzen $3 \cdot 9{,}81 \cdot 10^4$ Pa	0,58
4	wie 3, Abquetschdruck $4 \cdot 9{,}81 \cdot 10^4$ Pa	0,67
5	wie 3, Abquetschdruck $5 \cdot 9{,}81 \cdot 10^4$ Pa	0,76
6	wie 3, Abquetschdruck $6 \cdot 9{,}81 \cdot 10^4$ Pa	0,77
7	Polyesterfaser, unbehandelt	0,21
8	wie 7, 30 min bei 90 °C mit 0,5%iger NaOH-Lösung behandelt	0,28

2.3.2. Charakterisierung der Wechselwirkungsenergie zwischen Polymeren und inerten Gasen

Die an Faserstoffen durchgeführten Tieftemperaturgasadsorptionsmessungen zur Bestimmung der spezifischen Oberfläche sollten sich auch zur Abschätzung der Wechselwirkungsenergie zwischen den Faserstoffen und den verwendeten Meßgasen verwenden lassen, um dann Rückschlüsse auf die Wechselwirkungsenergie zu anderen kontaktierenden Substanzen ziehen zu können.

Gemäß Gl. (2.1.) geht in die Konstante C der BET-Gleichung die Differenz von Adsorptions- und Verdampfungsenergie ein. Experimentelle Prüfungen ergaben, daß an anorganischen Substanzen die aus der BET-Gleichung ermittelte Adsorptionswärme allgemein geringer ist als die direkt ermittelte [4]. Dieser Befund steht in Übereinstimmung mit der allgemein verbreiteten Ansicht, daß der theoretische Hintergrund der BET-Isotherme unsicher ist.

Tabelle 2.6. Adsorptionsenergie von N_2 an Faserstoffen nach BET im Vergleich mit der HAMAKER-Konstanten A und der freien Oberflächenenergie

Faserstoff	$E_1 - E_2$ (kJ/mol)	E_1[a])	A (10^{-20})	σ_s^d	σ_s^P (mN/m)	σ_s
PAN + 5% VCl_2[b])	2,60	8,03	3,76	22,9	21,8	44,7
PAN + 10% VCl_2	2,61	8,04	3,83	25,0	23,0	48,0
PAN + 20% VCl_2	2,78	8,21	3,89	23,5	24,3	47,8
PAN + 30% VCl_2	2,45	7,88	3,97	24,7	23,0	47,7
PAN + 40% VCl_2	2,33	7,76	4,06	22,9	19,4	41,4
PAN + 15% ASME[c])	3,16	8,59		20,2	19,4	39,6
PAN + 15% ASME + 0,5% NaAS[d])	3,26	8,69		21,0	21,2	42,2
PAN + 15% ASME + 1% NaAS	3,16	8,59		20,1	20,0	40,1
PAN + 15% ASME + 2,0% NaAS	2,94	8,37		19,7	27,8	47,5
PAN + 15% ASME + 2,5% NaAS	2,60	8,03		19,1	28,4	47,5
PETP	2,66	8,09		28,0	9,8	37,8
PETP alkalisch behandelt	2,97	8,40		30,7	2,1	32,8

a) Die Kondensationsenergie des Stickstoffs beträgt 5,43 kJ/mol [14]
b) Copolymerisation von Acrylnitril mit Vinylidenchlorid
c) Copolymerisation mit Acrylsäuremethylester
d) Copolymerisation mit Acrylsäuremethylester und Natriumallylsulfonat

Von WAGNER [56] wurde aus C die Differenz der Adsorptions- und der Kondensationswärme von N_2 für unterschiedlich behandelte Baumwolle (Mercerisation, Extraktion) bestimmt und mit praxisnahen Kenngrößen, die auf die Oberflächenkräfte der Fasern zurückgehen, verglichen. Es wurde dabei eine annähernde Übereinstimmung zwischen dem durch die Oberflächenkräfte verursachten Haftverhalten und der Differenz von Adsorptions- und Kondensationswärme festgestellt.

In Tab. 2.6. sind die Differenzen beider Wärmetönungen, die für einige Faserstoffe aus den Ergebnissen von eigenen Tieftemperaturgasadsorptionsmessungen (N_2) bestimmt wurden, im Vergleich mit anderen Parametern, die die Oberflächenkräfte wiedergeben, aufgeführt. Es ist ersichtlich, daß die Übereinstimmung zwischen den einzelnen Meßgrößen unbefriedigend ist, so daß auch keine Korrelation zwischen der Adsorptionsenergie von Stickstoff an Faserstoffen und technologisch relevanten Oberflächenparametern erwartet werden kann.

2.3.3. *Wasserdampfsorptionsmessungen*

Die Wechselwirkung zwischen textilen Faserstoffen und Wasserdampf stellt die bisher am intensivsten untersuchte Art der Wechselwirkung zwischen Polymeren und gasförmigen Stoffen dar. Vorwiegend an Baumwolle, Wolle und Cellulose-Regeneratfaserstoffen wurden bereits vor dem zweiten Weltkrieg zahlreiche Untersuchungen zur Wasserdampfsorption als Funktion der relativen Luftfeuchte, der Zeit, der Temperatur und der Faservorbehandlung, zur Ermittlung thermodynamischer Parameter aus Sorptionswerten, sowie zum Einfluß der Wasseraufnahme auf Verarbeitungs- und Gebrauchseigenschaften durchgeführt und Versuche zur Deutung des Sorptionsmechanismus und der Bindung von Wasser an bzw. im Faserstoff vorgenommen (vgl. [25, 26]). Entsprechend der Entwicklung der Produktion der Synthesefaserstoffe wurden diese Untersuchungen in neuerer Zeit auch auf diese ausgedehnt und empfindlichere Methoden zur Erfassung der Menge des sorbierten Wassers (Mikrowägetechnik) angewendet, auch wurden modernere Analysen- und Strukturuntersuchungsmethoden zur Deutung des Bindungsmechanismus (z. B. IR-, NMR-Spektroskopie, dielektrische Relaxation) eingesetzt. Die außerordentliche Fülle der zur Wasserdampfsorption an Synthesefaserstoffen durchgeführten Arbeiten wird auch dadurch verständlich, daß das unbefriedigende bekleidungsphysiologische Verhalten vieler Textilien aus Synthesefaserstoffen verschiedentlich auf die relativ geringe Wasseraufnahme zurückgeführt wird, und in allen Industrieländern z. Z. Forschungsarbeiten zur Erhöhung der Wasseraufnahme von Synthesefaserstoffen durchgeführt werden.

Da es in dem gewählten Rahmen nicht möglich ist, einen umfassenden Überblick über die zum Komplex „Wasserdampfsorption“ publizierten Arbeiten zu geben, werden im folgenden nur einige prinzipielle Aspekte zum Bindungsmechanismus von Wasser an faserbildende Polymere, zur Abhängigkeit der Wasseraufnahme von der chemischen und physikalischen Struktur von Faserstoffen, und zur technologischen Auswirkung der Wasserdampfsorption behandelt, wobei vorwiegend über eigene Arbeitsergebnisse berichtet wird.

2.3.3.1. *Zur Bindung von Wasser an faserbildende Polymere*

Für die Bindung von Wasser an Makromoleküle sind prinzipiell folgende Wechselwirkungsarten verantwortlich:

- Wasserstoffbrückenbindungen insbesondere zu OH-, NH- und NH_2-Gruppen,
- induzierte Dipolkräfte,
- Dispersionswechselwirkung,
- Ion-Molekül-Wechselwirkung (Hydratisierung ionogener Molekülgruppen).

Eine Diffusion von Wasserdampf in feste Polymere kann dann eintreten, wenn Poren vorliegen, in denen Kapillarkondensation stattfinden kann, oder daß entsprechend der FLORY-HUGGINS-Theorie bei der Wechselwirkung der Polymeren mit Wasser eine Abnahme der freien Enthalpie eintritt, so daß in Gegenwart von Wasserdampf eine Quellung des Faserstoffes, die eine partielle Lösung von Makromolekülen darstellt, möglich ist.

Aus den in Kap. 1. dargestellten Gesetzmäßigkeiten der zwischenmolekularen bzw. zwischenpartikularen Wechselwirkungen läßt sich ableiten, daß die Bindungsenergie in der Reihung Hydratisierung von Ionen > Wasserstoffbrückenbindungen > Dispersionswechselwirkung = induzierte Dipolkräfte abnimmt. Bei Kenntnis der chemischen Konstitution der faserbildenden Polymeren sind also Aussagen über die Hydrophilie (= Affinität gegenüber Wasser) der Makromoleküle möglich. Hieraus lassen sich nicht in jedem Falle Ableitungen hinsichtlich der Adsorption an der Oberfläche bzw. der Absorptionskapazität (= Hygroskopizität) treffen. Einmal muß die chemische Struktur der Faseroberfläche nicht gleich der im Inneren sein, andererseits lassen sich nur in wenigen Fällen exakte Aussagen über die Quellbarkeit von Faserstoffen in Wasserdampf machen. Da auch die Porencharakteristik von Faserstoffen nicht theoretisch vorhersagbar ist, sind zur Charakterisierung der Wechselwirkung zwischen Wasserdampf und Faserstoffen, d. h. der Adsorption an der Oberfläche und der Absorption im Inneren, sowie zur Beschreibung der durch diese Wechselwirkung zu erwartenden Änderungen im Verarbeitungs- und Gebrauchsverhalten experimentelle Arbeiten erforderlich.

2.3.3.2. *Sorptionsuntersuchungen im Druckbereich $p/p_s = 1 \cdot 10^{-5}$ bis $p/p_s = 0{,}5$*

Zur Untersuchung der Bindungsverhältnisse von Wasser an die wasserfreie Faseroberfläche ist es erforderlich, das bei normaler Luftfeuchte auf dem Faserstoff befindliche Wasser zu entfernen und die Adsorption bei sehr kleinen Partialdrücken zu untersuchen. Aus der Druckabhängigkeit und der Kinetik der Adsorption lassen sich dann Aussagen über die Bindungsverhältnisse treffen. Entsprechende Untersuchungen wurden an den wichtigsten Synthesefaserstoffen im Vergleich mit den hydrophilen Viskosefaserstoffen unter Verwendung einer elektronischen Sorptionsmikrowaage durchgeführt (vgl. [5]).

In Tab. 2.7. sind Aussagen zum zeitlichen Verlauf der Desorption von Wasserdampf für die einzelnen Faserstoffe bei verschiedenen Temperaturen und Drücken dargestellt, wobei Proben untersucht wurden, die bei 55% relativer Luftfeuchte gelagert waren. Die aufgeführten Desorptionszeiten stellen dabei nur Relativwerte dar, da sie sowohl von der aufgenommenen Wassermenge als auch von der Einwaage und der Saugleistung des Vakuumsystems abhängen.

Tabelle 2.7. Desorption von Wasserdampf von Faserstoffen

Faserstoff	Druckverminderung	Temp. (°C)	Masseverlust (%)	Zeit bis zur Gleichgewichtseinstellung
Viskose	10^5 Pa → 1 Pa	25	10,34	ca. 24 h
	1 Pa → $5 \cdot 10^{-2}$ Pa	25	0,18	ca. 8 h
	$5 \cdot 10^{-2} \rightarrow 1 \cdot 10^{-3}$ Pa	25	0,01	ca. 2 h
	$1 \cdot 10^{-3}$ Pa	60	0,03	< 5 min
Polyester (Grisuten)	10^5 Pa → 1,2 Pa	25	0,13	ca. 2 h
	1,2 Pa → $2{,}7 \cdot 10^{-1}$ Pa	25	0,007	ca. 10 min
	$2{,}7 \cdot 10^{-1}$ Pa → $1 \cdot 10^{-3}$ Pa	25	0	
	$1 \cdot 10^{-3}$ Pa	60	> 0,1	nach 8 h noch keine Gleichgewichtseinstellung
Polyacrylnitril (Wolpryla 65)	10^5 Pa → 1 Pa	25	0,66	ca. 6 h
	1 Pa → $5 \cdot 10^{-3}$ Pa	25	0,01	ca. 5 h
	$5 \cdot 10^{-3}$ Pa	60	> 0,02	nach 1 h noch keine Gleichgewichtseinstellung
Polyamid-6 (Dederon)	10^5 Pa → 1 Pa	25	2,154	ca. 10 h
	1 Pa → $5 \cdot 10^{-3}$ Pa	25	> 0,023	} nach 5 h noch keine Gleichgewichtseinstellung
	$5 \cdot 10^{-3}$ Pa	60	> 0,027	

Es ist ersichtlich, daß die Wasserdesorption an den untersuchten Faserstoffen unterschiedlich verläuft. So wird an Viskosefasern der Hauptteil des gebundenen Wassers bei einem Druck von 1 Pa desorbiert, wobei die Desorption relativ langsam verläuft. Bei niedrigeren Drücken bzw. höheren Temperaturen werden dann noch geringe Wassermengen abgegeben, wobei insbesondere bei höheren Temperaturen die Desorption sehr schnell erfolgt. Dies deutet darauf hin, daß bei intensiven Trocknungsbedingungen nur noch oberflächlich gebundenes Wasser desorbiert wird, während bei milderer Trocknung das im Faserinneren befindliche Wasser abgegeben wird. Ein Evakuieren bei Temperaturen > 100 °C führt zu weiteren geringen Masseverlusten, wobei eine Verfärbung der Faserprobe eintritt. Dies deutet auf eine Zersetzung der Makromoleküle hin. Von Polyesterfasern wird dagegen Wasser schon vollständig bei einem Druck von 0,5 Pa desorbiert, ein Erwärmen auf 60 °C im Hochvakuum führt dann zur Sublimation von Oligomeren.

Das von PAN-Fasern gebundene Wasser wird ebenfalls überwiegend bei einem Druck von 1 Pa und einer Temperatur von 25 °C desorbiert. Bei Druckverminderung bzw. Temperaturerhöhung werden dann jeweils noch geringe Masseverluste registriert. Aus der Tatsache, daß bei höherer Desorptionstemperatur auch nach längerer Evakuierungszeit keine Gleichgewichtseinstellung erreicht wird, kann auf die Abgabe relativ hochsiedender Substanzen aus dem Faserstoffinneren geschlossen werden.

Für Polyamidfaserstoffe läßt sich aus dem Desorptionsverlauf schließen, daß auch hier neben der Desorption von Wasser die Sublimation von Oligomeren oder anderen Faserbegleitstoffen stattfindet.

Wird an den unterschiedlich behandelten Faserstoffen die Wasseraufnahme mikrogravimetrisch untersucht, so ergeben sich hinsichtlich der sorbierten Menge und der Sorptionskinetik als Funktion des Wasserdampfdruckes gravierende Unterschiede zwischen den einzelnen Faserstoffen, außerdem wirkt sich die Vorbehandlung auf die Sorption aus (Tab. 2.8., Abb. 2.4.···Abb. 2.9.).

Tabelle 2.8. Wasserdampfsorptionskinetik an Faserstoffen bei unterschiedlichen Wasserdampfdrücken

Faserstoff, Evakuierungsparameter	Wasserdampfdruck (Pa)	Zeit bis zur Gleichgewichtseinstellung
Viskose, $1 \cdot 10^{-3}$ Pa, 25 °C	$\leqq 50$	< 15 min
	130···500	ca. 4 h
	> 500	ca. 15 min
Viskose, $1 \cdot 10^{-3}$ Pa, 60 °C	$\leqq 1$	15 min
	1···500	2···3 Tage
	> 500	1···2 h
Polyester, $1 \cdot 10^{-3}$ Pa, 25 °C	$1{,}3 \cdot 10^{-1} \cdots 1{,}3 \cdot 10^{3}$	< 10 min
Polyester, $1 \cdot 10^{-3}$ Pa, 60 °C	$\leqq 130$	< 10 min
	130···400	ca. 2 h
	> 400	ca. 10 min
Polyamid-6, $1 \cdot 10^{-3}$ Pa, 60 °C	$\leqq 30$	< 5 min
	80···400	ca. 12 h
	> 700	< 2 h
Polyacrylnitril, $1 \cdot 10^{-3}$ Pa, 60 °C	$\leqq 60$	< 5 min
	250···400	12 h
	> 400	5···10 min

An der nicht ausgeheizten Viskosefaserprobe beginnt eine feststellbare Wasserdampfsorption bei Drücken > 10 Pa, an der bei 60 °C ausgeheizten Probe dagegen bereits bei einem Wasserdampfdruck $< 0{,}1$ Pa. Die Isotherme der ausgeheizten Probe zeigt außerdem einen steileren Anstieg, auch geht hier die Adsorption langsamer vor sich. Es kann in Übereinstimmung mit den Ergebnissen der Desorptionsmessungen geschlossen werden, daß die schnell verlaufende Adsorption bei kleinen Wasserdampfdrücken auf die Faseroberfläche begrenzt ist. Da an der nicht ausgeheizten Probe sich bereits Wasser auf der Faseroberfläche befindet, ist die Bindungsenergie gegenüber neu hinzukommenden Wassermolekülen geringer als zwischen der zumindest teilweise dehydratisierten Oberfläche der ausgeheizten Fasern und den Wassermolekülen, so daß an der nicht ausgeheizten Faserprobe die Wasserdamfsorption bei höheren Wasserdampfdrücken beginnt.

Die relativ langsam verlaufende Gleichgewichtseinstellung im Druckbereich zwischen 130 und 500 Pa bzw. 1 und 500 Pa deutet auf die Diffusion von Wasserdampf ins Faserinnere und damit verbundene Quellungserscheinungen hin. Die schnellere Gleichgewichtseinstellung bei Drücken > 500 Pa beweist eine bessere Zugänglichkeit der bereits gequollenen Fasern für Wasserdampf. Da die Wasserdampfsorption an der bei 60 °C evakuierten Probe bei mittleren und höheren Wasserdampfdrücken langsamer als an der bei 25 °C evakuierten Probe vor sich geht, kann geschlossen werden, daß durch die intensivere Trocknung eine Strukturverdichtung eintritt.

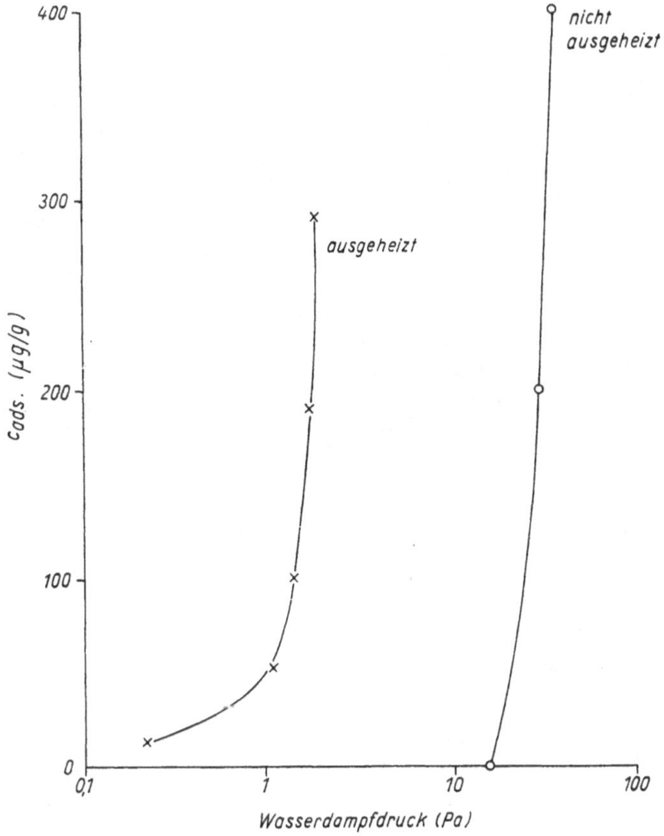

Abb. 2.4. Wasserdampfsorption an Viskosefasern zwischen 0,1 und 100 Pa bei 25 °C

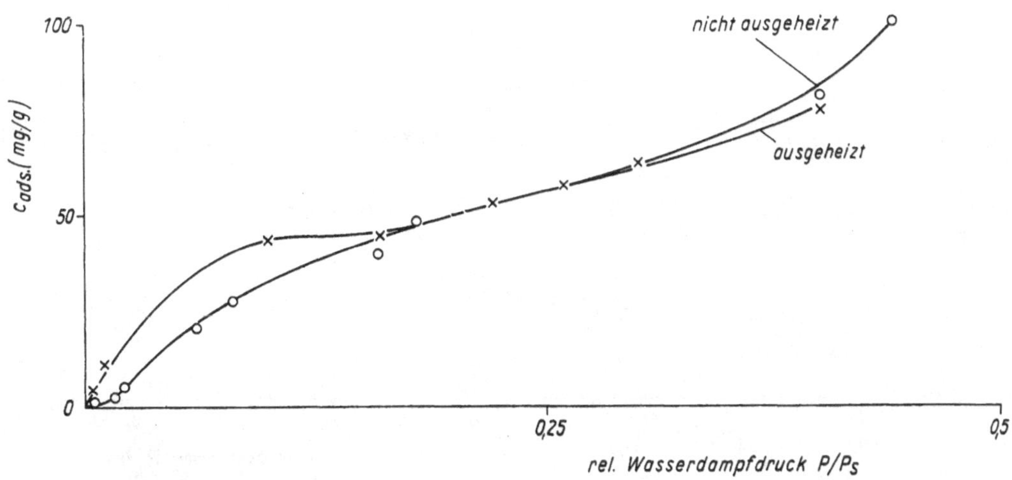

Abb. 2.5. Wasserdampfsorption an Viskosefasern im Druckbereich $p/p_s = 1 \cdot 10^{-5} \cdots 0{,}5$ bei 25 °C

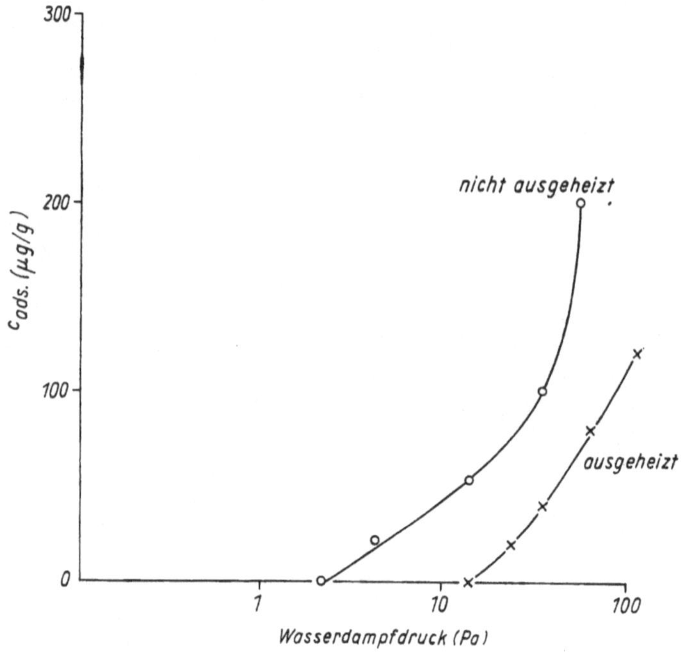

Abb. 2.6. Wasserdampfsorption an Polyesterfasern zwischen 0,1 und 100 Pa bei 25 °C

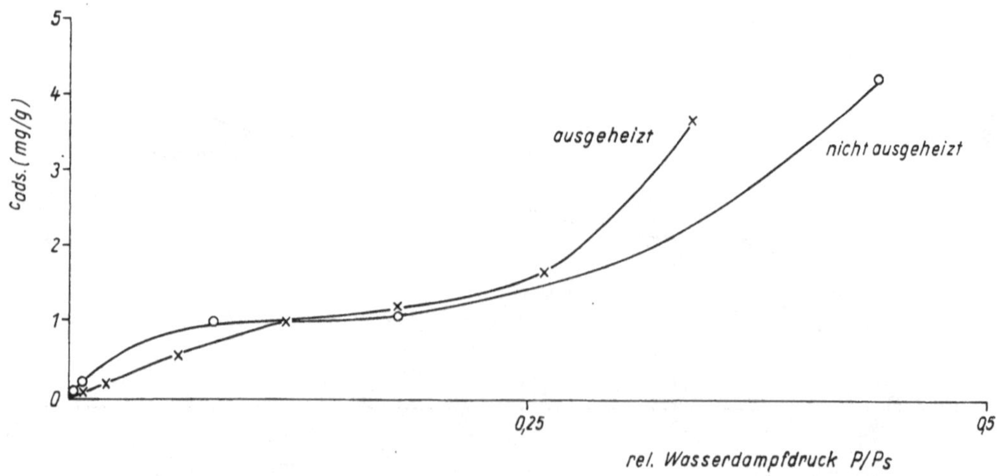

Abb. 2.7. Wasserdampfsorption an Polyesterfasern im Druckbereich $p/p_s = 1 \cdot 10^{-5} \ldots 0{,}5$

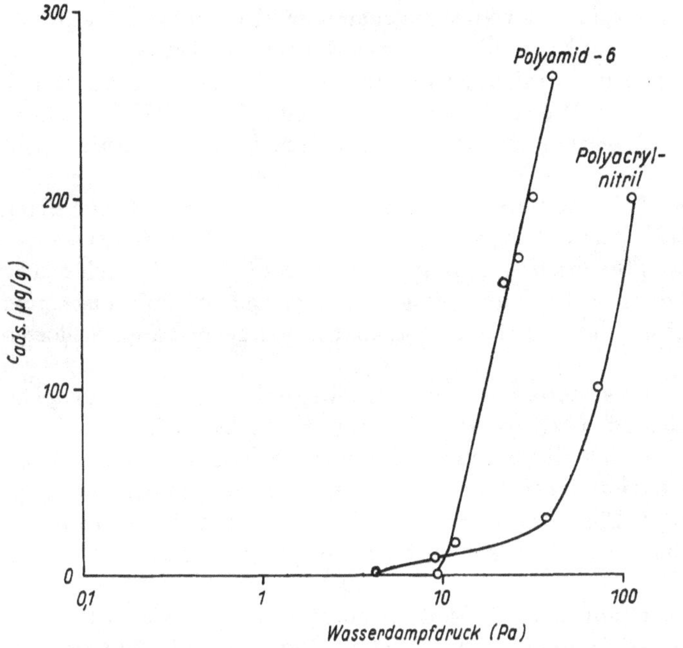

Abb. 2.8. Wasserdampfsorption an Polyacrylnitril- und Polyamidfasern (bei 60 °C ausgeheizt) zwischen 0,1 und 100 Pa bei 25 °C

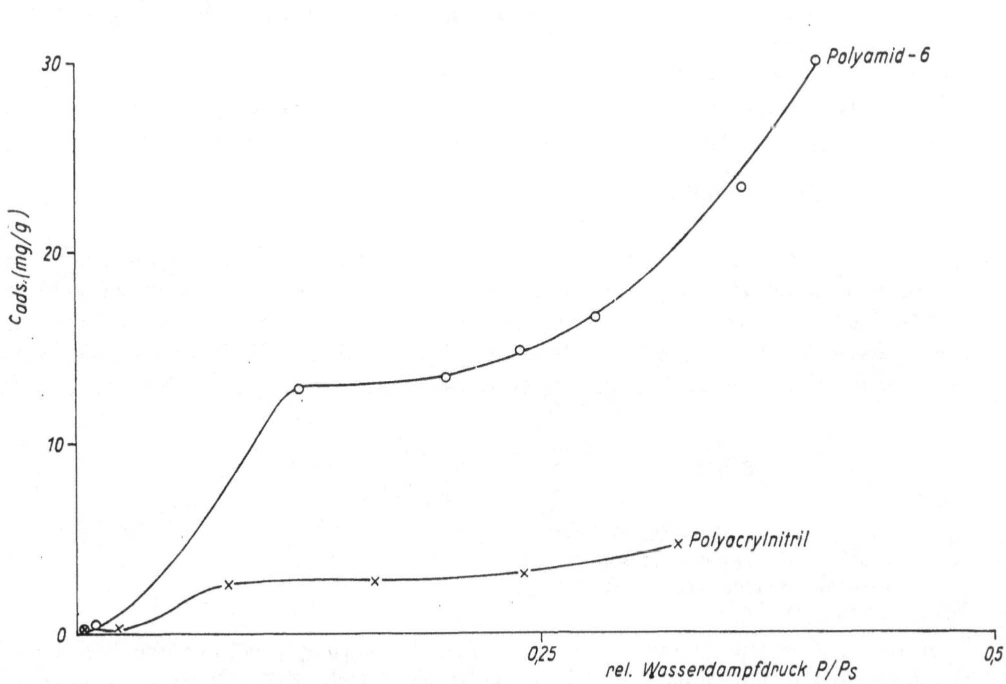

Abb. 2.9. Wasserdampfsorption an Polyacrylnitril- und Polyamidfasern (bei 60 °C ausgeheizt) im Druckbereich $p/p_s = 1 \cdot 10^{-5} \ldots 0{,}5$

Die Abhängigkeit der Sorptionskinetik vom Wasserdampfdruck deutet auf eine Druckabhängigkeit des Sorptionsmechanismus hin und erklärt auch die Tatsache, daß bei niederen Wasserdampfdrücken die Isothermenauswertung nach FLORY-HUGGINS (Gl. (2.2.) bzw. (2.3.)) und bei höheren Drücken die nach der modifizierten BET-Gleichung (Gl. (2.4.)) die bessere Übereinstimmung zwischen Experiment und Theorie ergibt [11, 12].

An der nicht ausgeheizten Polyesterfaserprobe, die im Vergleich mit der ausgeheizten Probe bereits bei niedrigeren Wasserdampfdrücken adsorbiert, geht im Gegensatz zu Viskosefasern die Wasserdampfsorption im gesamten untersuchten Druckbereich relativ schnell vor sich. Dies deutet ebenso wie die geringe Sorbatmenge auf eine Adsorption an der Faseroberfläche hin; Quellungserscheinungen können weitgehend ausgeschlossen werden.

Die bei 60 °C evakuierten Polyesterfasern zeigen bei Wasserdampfdrücken zwischen 130 und 400 Pa einen Bereich mit vergleichsweise langsamer Gleichgewichtseinstellung. Vermutlich tritt in diesem Bereich eine Kondensation von Wasserdampf in den durch die Oligomerensublimation entstandenen Poren ein, die sich auch durch eine Unstetigkeit in der Isotherme ausweist. Eine qualitative Beschreibung der Kapillarkondensation ist jedoch für die diesem Druckbereich entsprechenden kleinen Porenradien nicht möglich.

Ein ähnlicher Isothermenverlauf und eine ähnliche Sorptionskinetik wie an den ausgeheizten Polyesterfaserstoffen werden auch an PAN- und Polyamid-6-Fasern beobachtet. Die im Druckbereich zwischen 80 und 400 Pa bzw. 250 und 400 Pa auftretende starke und langsam verlaufende Sorption muß jedoch hier, da durch Tieftemperaturgasadsorptionsmessungen keine nennenswerte Porosität festzustellen ist, einer Quellung des Faserstoffes zugeordnet werden.

Zur Charakterisierung der Affinität zwischen der Faserstoffoberfläche und Wasserdampf wurde gemäß Gl. (2.8.) die Änderung der freien Standardenthalpie bei der Ausbildung einer Adsorbatmonoschicht auf der Faseroberfläche berechnet:

$$\Delta G^0 = -RT \ln \frac{p}{p_s} \tag{2.8.}$$

p_s entspricht dem Sättigungsdampfdruck des Wassers bei der Meßtemperatur, p dem Wasserdampfdruck im Wägeraum, bei dem die Ausbildung einer Wassermonoschicht auf der Faseroberfläche angenommen werden kann. Dieser Dampfdruck wird aus der Adsorptionsisotherme als der Druck bestimmt, bei dem die von der Faseroberfläche aufgenommene Wassermenge W_m erreicht ist, die sich nach der folgenden Beziehung

$$W_m = \frac{A_s \cdot M}{p \cdot N_L} \tag{2.9.}$$

ergibt.

A_s — spezifische Oberfläche des Faserstoffes
M — relative Molmasse des Wassers
P — Platzbedarf eines Wassermoleküls
N_L — LOSCHMIDTsche Zahl

In Tab. 2.9. ist die Änderung der freien Standardenthalpie bei der oberflächlichen Wasserdampfsorption aufgeführt. Es ist ersichtlich, daß die Affinität zwischen Wasserdampf und der Faseroberfläche in der Reihenfolge Viskose (bei 60 °C ausgeheizt) > Polyamid-6 > PAN, PE (bei 60 °C ausgeheizt) abnimmt.

Tabelle 2.9. Änderung der freien Standardenthalpie bei der Adsorption von Wasserdampf an der Faseroberfläche

Faserstoff, Evakuierungsbedingungen	W_m (µg/g)	p (Pa)	$\Delta G°$ (kJ/mol)
Viskose, bei 25 °C evakuiert	91	13	−13,7
Viskose, bei 60 °C evakuiert	116	$9 \cdot 10^{-1}$	−18,6
Polyester, bei 25 °C evakuiert	59	13	−13,7
Polyester, bei 60 °C evakuiert	65	33	−11,4
Polyacrylnitril, bei 60 °C evakuiert	82	31	−11,6
Polyamid-6, bei 60 °C evakuiert	62	85	−14,8

Diese Reihenfolge korreliert nur grob mit der Wasseraufnahme der Faserstoffe im Normklima (65% relative Feuchte, 20···22 °C). Trotz annähernd gleicher Affinität von PAN- und ausgeheizten Polyesterfasern gegenüber Wasserdampf unterscheiden sich beide Faserstoffe deutlich in der Wasserdampfaufnahme (s. Tab. 2.10.), da die Zugänglichkeit der Faserstoffe für Wasserdampf auf Grund der unterschiedlichen übermolekularen Struktur nicht gleich ist. Aus den Werten der Tab. 2.9. geht weiterhin hervor, daß der Gehalt an relativ hydrophilen Polyester-Oligomeren sich stark auf die Affinität zwischen der Faseroberfläche und Wasser auswirkt. Die aufgeführten Untersuchungsergebnisse beweisen, daß die Oberfläche aller untersuchten Faserstoffe eine Affinität zu Wasserdampf besitzt, die aus der chemischen Konstitution der faserbildenden Polymeren allein nicht ableitbar ist. Die Moleküle an der Oberfläche besitzen also einen anderen energetischen Zustand als die im Inneren des Faserstoffes. Weiterhin wird deutlich, daß bei allen Kontakten zwischen Faserstoffen und beliebigen anderen Substanzen in realer Atmosphäre mit Wasserschichten an der Oberfläche bzw. Quellschichten in der Oberflächenregion zu rechnen ist.

2.3.3.3. *Einfluß der chemischen Konstitution und der physikalischen Struktur auf die Wasserdampfsorption von Faserstoffen*

Die in der Literatur (z. B. [12, 27, 28]) angegebenen Werte der Wasserdampfaufnahme im Normklima (Tab. 2.10.) können nur als grobe Richtwerte betrachtet werden, da sich eine Vielzahl chemisch und physikalisch modifizierter Faserstoffe auf dem Markt befindet und die Modifizierungen zu Abweichungen in der Wasserdampfsorption gegenüber den Standardtypen führen. Es ist weiterhin bekannt, daß die bei der Faserstoffverarbeitung und -veredlung anfallenden Operationen die Wasseraufnahme im zeitlichen Gleichgewicht und auch die Sorptionskinetik verändern können. Im folgenden wird ein kurzer Überblick über die wichtigsten Einflußfaktoren gegeben.

2.3.3.3.1. *Sorption im zeitlichen Gleichgewicht*

Die Wasseraufnahme von Faserstoffen wird erwartungsgemäß durch das Vorhandensein ionogener oder zur Wasserstoffbrückenbindung geeigneter Molekülgruppen stark beeinflußt. So steigt die Wasseraufnahme bei gegebenem Wasserdampfpartialdruck beispielsweise

— von Polyamidfaserstoffen mit dem Gehalt an Aminoendgruppen [30] und innerhalb homologer Reihen mit der Verkürzung der Monomereneinheit,

Tabelle 2.10. Wasserdampfaufnahme von Faserstoffen bei 65% rel. Feuchte und 21 °C

Faserstoff		Wasserdampf-aufnahme (%)	Literatur
Wolle		13···15	[27]
Cellulose	Baumwolle	7···8	[12, 27]
	Viskose	13	[27]
	Kupfer-Regeneratseide	11	[28]
	2 1/2-Acetat	6	[27]
	Polyamid-6	3,5···5	[27]
	Polyamid-6,6	4,2···4,5	[27]
	Polyester	0,4···0,8	[12, 27]
Poly-acrylnitril	Wolpryla 65	1,1	[29]
	Orlon	1,5	[12]
	Dynel	0,4	[12]
	Polypropylen	0,01	[12]

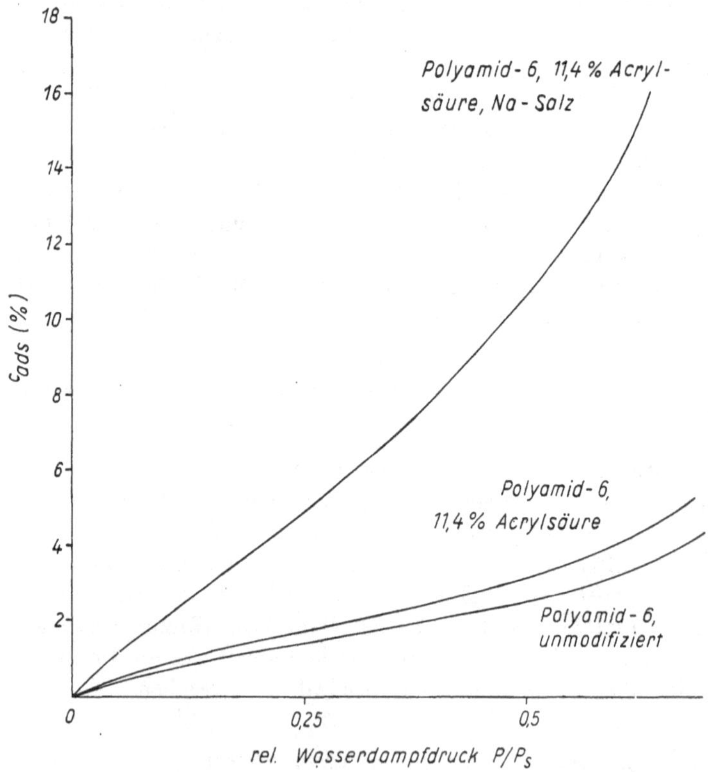

Abb. 2.10. Wasserdampfsorption an unmodifizierten und strahlenchemisch mit Acrylsäure gepfropften Polyamid-6-Faserstoffen bei 25 °C

— beliebiger Synthesefaserstoffe durch eine Pfropfung mit hydrophilen Monomeren, wie Acrylamid, Acrylsäure oder Polyethylenglykolderivaten; dabei führt z. B. bei der Pfropfung mit Acrylsäure die Natriumsalzform zu einer höheren Wasseraufnahme als die Säureform (Abb. 2.10.),

Tabelle 2.11. Wasserdampfsorption von Acrylnitril-Copolymerisaten bei verschiedenen relativen Luftfeuchten [34]

Comonomeren-Anteil	sorbierte Menge (%)	
	65% rel. Feuchte	93% rel. Feuchte
0[a])	1,3	3,0
29,6% Styren[a])	1,25	2,0
81,6% Styren[a])	0,2	0,3
2,25% Natriumallylsulfonat, 5% Vinylidenchlorid[b])	1,4	2,9
2,25% Natriumallylsulfonat, 20% Vinylidenchlorid[b])	1,1	2,25
2,25% Natriumallylsulfonat 40% Vinylidenchlorid[b])	0,8	1,6
1,1% Natriumallylsulfonat 5,4% Acrylsäuremethylester[b])	0,6	2,3
1,1% Natriumallylsulfonat 11,7% Acrylsäuremethylester[b])	0,5	2,1

a) Pulver
b) Fasern

- durch die Copolymerisation mit Monomeren, die stark polare oder ionogene Gruppen enthalten (Tab. 2.11.),
- durch Cokristallisation speziell von Polyesterfaserstoffen mit hydrophilen Oligomeren.

Zur Bindung des Wassers an die entsprechenden Molekülgruppen s. [30···33].

Andererseits wird beispielsweise durch eine Veresterung hydrophiler Gruppen, wie die Acetylierung cellulosischer OH-Gruppen, die Wasserdampfsorption erniedrigt (Abb. 2.11.).

Nicht dissoziierende und auch nicht zu Wasserstoffbrückenbindungen befähigte Molekülgruppen führen zu geringer Wasserdampfsorption. In Tab. 2.11. ist die Wasseraufnahme von PAN-Copolymerisaten bei verschiedenen relativen Feuchten [34] dargestellt. Es ist ersichtlich, daß steigende Anteile von Styren, Vinylidenchlorid und Acrylsäuremethylester die Wasserdampfsorption erniedrigen, dabei ist jedoch nicht bekannt, ob dies auf eine verminderte Affinität der entsprechenden Molekülgruppen gegenüber Wasser oder auf Strukturveränderungen zurückzuführen ist.

Die Wasserdampfsorption wird bei gleicher chemischer Konstitution der faserbildenden Polymeren stark durch die Faserfeinstruktur und das Vorhandensein von Poren beeinflußt. So zeigt dekristallisierte Baumwolle eine deutlich stärkere Wasseraufnahme als unbehandelte (Abb. 2.12.).

Auch die Wasserdampfsorption ungereckter Faserstoffe ist höher als die gereckter, d. h. höher geordneter Faserstoffe (Abb. 2.13.). Entsprechend den Grundlagen der Flory-Huggins-Theorie kann die erhöhte Wasserdampfsorption auf die Erhöhung des Volumenanteils der amorphen Bereiche und die Änderung von ΔG_M infolge geänderter Mischungsenthalpie und -entropie zurückgeführt werden.

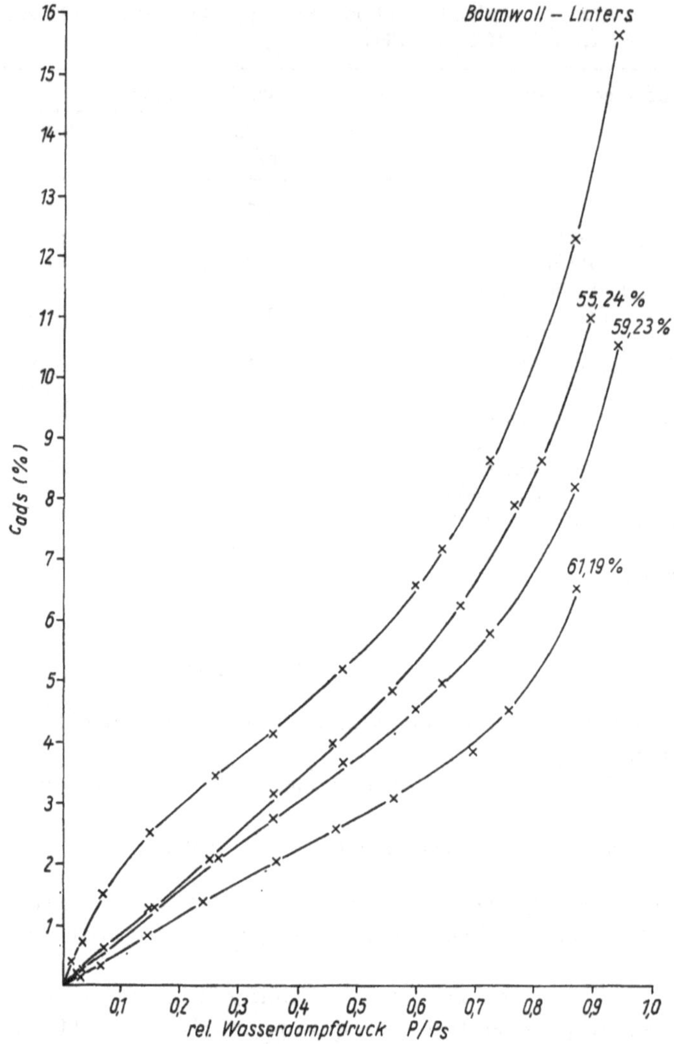

Abb. 2.11. Wasserdampfsorption an unterschiedlich acetylierter Cellulose bei 25 °C

Einen deutlichen Einfluß auf die Wasserdampfsorption übt ein hoher Anteil kleiner Poren aus. In Abb. 2.14. ist die nach der KELVIN-Gleichung (Gl. (2.6.)) zu erwartende Abhängigkeit der Kapillarkondensation vom Porenradius dargestellt, dabei wurde vollständige Benetzung der Poren durch das kondensierte Wasser ($\cos \theta = 1$) angenommen. Es ist ersichtlich, daß bei einer relativen Feuchte von 90% Kapillarkondensation bei einem Porenradius von ca. 10 nm eintritt, bei kleineren Poren bei entsprechend niedrigerer Luftfeuchte Wasserdampf kondensiert wird. Von verschiedenen Autoren [35, 36] durchgeführte Untersuchungen bestätigen die erhöhte Wasserdampfsorption poröser PAN-Fasern (Abb. 2.15.).

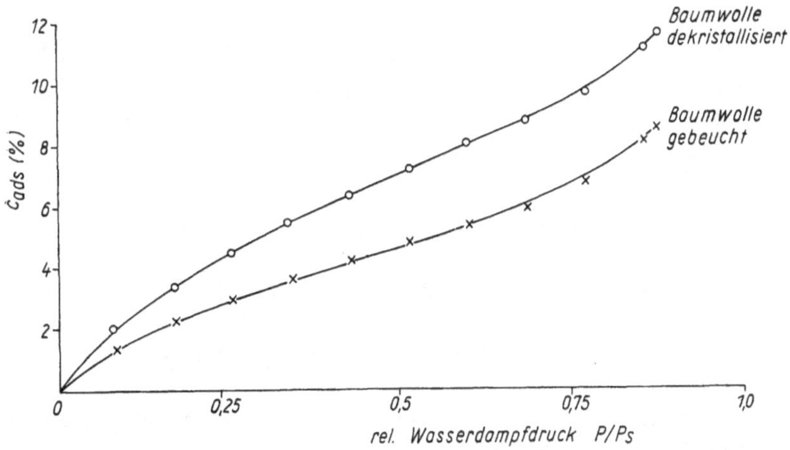

Abb. 2.12. Wasserdampfsorption an gebeuchter und dekristallisierter Baumwolle

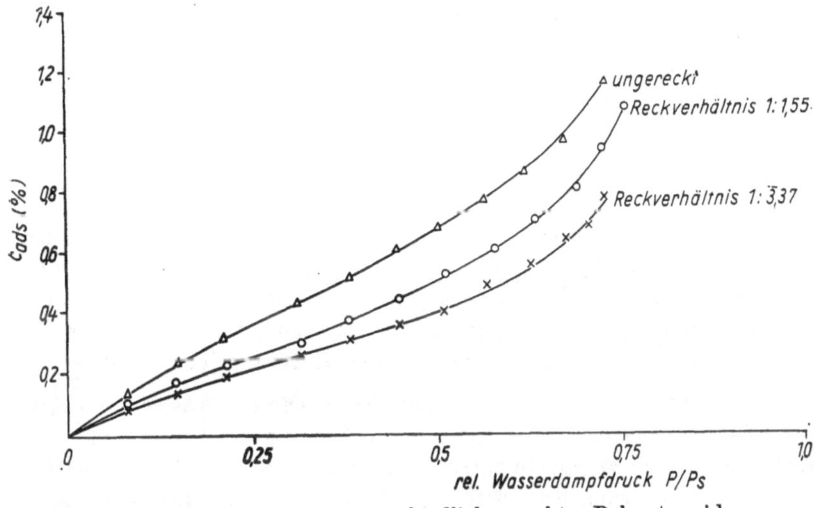

Abb. 2.13. Wasserdampfsorption unterschiedlich gereckter Polyesterseide

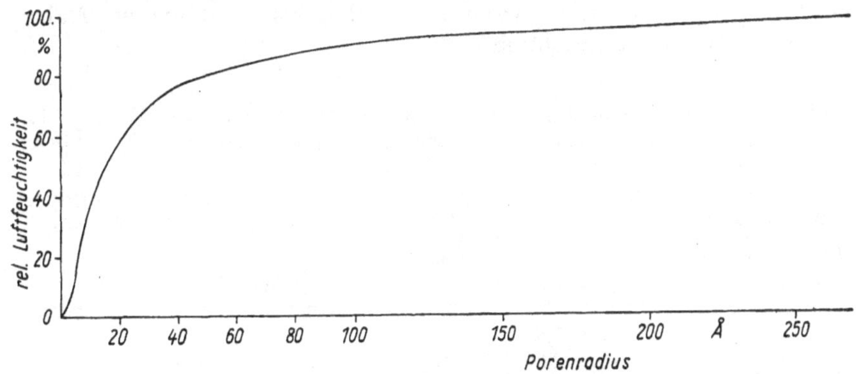

Abb. 2.14. Abhängigkeit der Wasserdampfkondensation vom Porenradius bei 25 °C nach der KELVIN-Gleichung

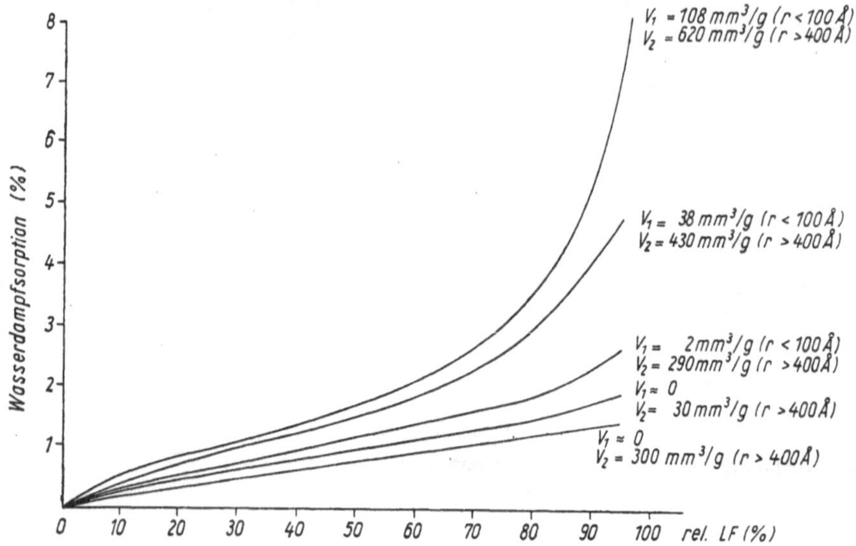

Abb. 2.15. Wasserdampfsorption von PAN-Faserstoffen unterschiedlicher Porosität

2.3.3.3.2. Sorptionskinetik

Die Geschwindigkeit der Wasseraufnahme hängt außer von geometrischen Faktoren vom Bindungsmechanismus des Wassers an die Makromoleküle bzw. an die Faseroberfläche, vom Ordnungsgrad und von der Porosität der Faserstoffe ab. Aus Tab. 2.8. geht weiterhin hervor, daß die Sorptionsgeschwindigkeit stark von der relativen Feuchte bzw. deren Änderung abhängt. Es gelten folgende Tendenzen für die Sorptionskinetik:

1. An Faserstoffen mit geringer Wasseraufnahme, an denen also das Wasser vorwiegend an der Faseroberfläche adsorbiert ist, stellt sich das Gleichgewicht sehr schnell ein. Führt die Wasseraufnahme zu Quellungserscheinungen, dann wird das Gleichgewicht erst nach langer Lagerung bei bestimmter Feuchte erreicht, allerdings ist die pro Zeiteinheit aufgenommene Wassermenge im allgemeinen deutlich höher als bei den wenig sorbierenden Faserstoffen (Abb. 2.16.). Eine hohe Ordnung der Makromoleküle erschwert die Gleichgewichtseinstellung.

Tabelle 2.12. Duchschnittliche Wasserdampfsorptionsgeschwindigkeit an unterschiedlich porösen PAN-Versuchsfasern bei Änderung der relativen Luftfeuchte um 5% (zwischen 20 und 65% relativer Luftfeuchte)

Porencharakteristik		Sorptionsgeschwindigkeit
V_1 ($r < 10$ nm) (mm³/g)	V_2 ($r > 40$ nm) (mm³/g)	(min/0,1%)
0	30	12
2	290	6
3,8	430	2,5
108	620	2

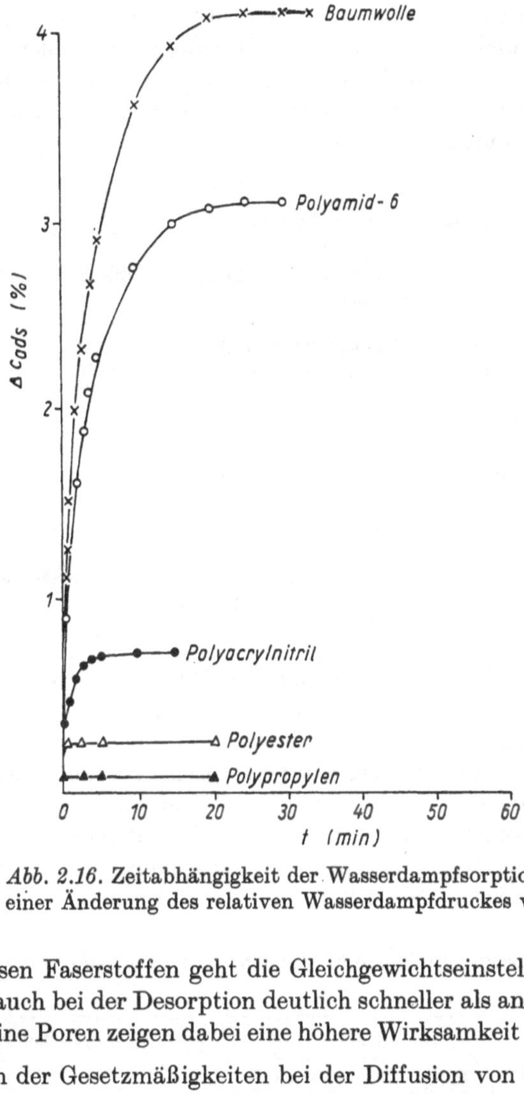

Abb. 2.16. Zeitabhängigkeit der Wasserdampfsorption an Faserstoffen bei 25 °C und einer Änderung des relativen Wasserdampfdruckes von $p/p_s = 0{,}3$ auf $p/p_s = 0{,}75$

2. An porösen Faserstoffen geht die Gleichgewichtseinstellung sowohl bei der Adsorption als auch bei der Desorption deutlich schneller als an kompakten Faserstoffen vor sich, kleine Poren zeigen dabei eine höhere Wirksamkeit als große [36], (Tab. 2.12.).

Bezüglich der Gesetzmäßigkeiten bei der Diffusion von Gasen, insbesondere Wasserdampf, in Polymeren sei auf die Spezialliteratur verwiesen [12, 37].

2.3.3.4. Auswirkungen der Wasserdampfsorption auf das Verarbeitungs- und Gebrauchsverhalten von Faserstoffen

Durch die Aufnahme von Wasserdampf aus feuchter Atmosphäre werden sowohl eine Reihe textilphysikalischer als auch eine Reihe von Oberflächeneigenschaften beeinflußt, die ihrerseits Änderungen im Verarbeitungs- und Gebrauchsverhalten bewirken.

Insbesondere an den Faserstoffen mit hoher Feuchtigkeitsaufnahme hängen die Dimensionen, Festigkeit, Dehnung, elastisches Verhalten usw. von der relativen Luftfeuchtigkeit ab. Bezüglich experimentellen Materials und theoretischer Ableitungen sei auf die Literatur verwiesen [12, 25, 26, 38]. Ausführlicher wird auf die Änderung von

Oberflächeneigenschaften durch die Wasseraufnahme eingegangen, wobei insbesondere die Komplexe „Adhäsion" und „elektrostatische Aufladbarkeit" behandelt werden. Dabei wird auch der Einfluß flüssigen Wassers diskutiert. Weiterhin werden mögliche Zusammenhänge zwischen der Wasserdampfaufnahme und dem bekleidungsphysiologischen Verhalten von Faserstoffen dargestellt.

2.3.3.4.1. Wasseraufnahme und Adhäsion

Wie unter 1.2.2.3. dargestellt, können Adhäsionsvorgänge an Faserstoffen durch die Aufnahme von Wasserdampf in vielfältiger Form

- durch Quellungserscheinungen und die Ausbildung von Wasserpolyschichten kann die Kontaktfläche zwischen Faserstoffen und anderen festen Adhärenden erhöht und damit die Adhäsion verstärkt werden,
- die Dispersionswechselwirkung zwischen dem Faserstoff und anderen festen Substanzen kann verändert werden,
- polare und Dispersionskräfte gegenüber kontaktierenden Substanzen werden durch die Quellung des Faserstoffes verändert,
- die Adsorption von Wasser an der Faserstoffoberfläche führt zur Veränderung der polaren Wechselwirkung,
- es kann eine Konkurrenzadsorption zwischen Wasserdampf und adhärierenden Partikeln stattfinden, wodurch die spezifische Haftkraft vermindert wird.

beeinflußt werden.

Wegen der Vielfalt der aufgeführten Faktoren, die in Abhängigkeit von der Struktur der Faserstoffe und der relativen Feuchte in unterschiedlichem Maße wirksam sind, ist eine umfassende Beschreibung des Einflusses der Wasseradsorption auf die Adhäsion nicht möglich. So werden dann auch für verschiedene Faserstoffe unterschiedliche Abhängigkeiten, z. B. der Pigmenthaftung, von der relativen Luftfeuchte festgestellt [39, 40]. Der starke Einfluß der Adsorption von Wasser auf die Pigmentschmutzhaftung geht aus den Ergebnissen von Anschmutzungs- und Waschversuchen im wasserfreien und wäßrigen Medium hervor [41], (Tab. 2.13.).

Tabelle 2.13. Naßanschmutzung von Faserstoffen in Wasser und wasserfreiem Pentan (SAD · 100*)

Faserstoff	Anschmutzung		Schmutzauswaschbarkeit in Wasser
	H_2O	Pentan	
Viskose	13,4	48,1	13,0
PAN (Wolpryla-65)	10,5	62,6	63,0
Polyamid-6	42,3	40,4	40,1
Polyester	60,7	66,9	66,4

*) $\text{SAD} = \log \frac{\text{Reflexionsgrad der unangeschmutzten Probe}}{\text{Reflexionsgrad der angeschmutzten Probe}}$

Bestimmt man die Aufnahme von Rußpigmenten durch Faserstoffe, die durch eine Behandlung mit wasserfreiem Ethanol und wasserfreiem Pentan absolut getrocknet wurden, in wasserfreiem Pentan, dann stellt man fest, daß sowohl die Cellulosefasern als auch synthetische Faserstoffe stark Ruß aufnehmen. Eine Behandlung der angeschmutzten Fasern mit Wasser führt lediglich bei den Cellulosefasern zu einer Aufhellung, d. h. es tritt nur hier eine Verdrängung der Rußpigmente durch die Aufnahme von Wasser ein. Diese Verdrängung ist offensichtlich der unter 3.3.4. dargestellten Verdrängung von Schmutzpigmenten durch die Adsorption von Tensiden analog, d. h., die schmutzverdrängende Wirkung des Wassers ist der freien Adsorptionsenthalpie für Wasser an der Faseroberfläche proportional.

An den synthetischen Faserstoffen überwiegt offensichtlich die Bindung der Rußpartikel gegenüber der Bindung von Wasser an die Faseroberfläche. Wird die Anschmutzung mit Ruß in wäßriger Dispersion vorgenommen, dann zeigen neben den Cellulose- auch die PAN-Fasern eine geringe Anschmutzung, hier verläuft also die Rußverdrängung durch Wasser nicht reversibel.

Die Aussagen der Tab. 2.13. zeigen, daß die in der Praxis häufig beobachtete ungünstige Waschbarkeit sowie die Vergrauungsneigung synthetischer Faserstoffe auf die geringe Affinität dieser Faserstoffe gegenüber Wasser zurückzuführen ist. Faserstoff-Modifizierungen zur Erzielung einer verbesserten Schmutzauswaschbarkeit (soil-release-Modifizierung) beruhen daher überwiegend auf einer Hydrophilierung des Faserstoffes bzw. der Faserstoffoberfläche [42, 43]. Diese Modifizierungen vermindern dagegen die Haftung trockenen Pigmentschmutzes meist nicht, da sowohl eine Änderung der Wechselwirkungskräfte als auch der Haftfläche eintritt.

Über den direkten Zusammenhang zwischen der Feuchtebeständigkeit von Glasseiden-Duroplast-Laminaten und der freien Adsorptionsenthalpie von Wasserdampf an den unterschiedlich behandelten Glasseiden wird von WIEDEMANN [44] berichtet (s. Tab. 2.14.). Auch die Naßfestigkeit von Glasseidengeweben, die der Haftfestigkeit der Einzelfäden aneinander entspricht, ist dem OH-Gruppengehalt an der Oberfläche, d. h. der Hydrophilie der Glasseidenoberfläche umgekehrt proportional (vgl. [45]).

Tabelle 2.14. Änderung der freien Standardenthalpie bei der Adsorption von Wasserdampf an unterschiedlich veredelten Glasseiden im Vergleich mit der Feuchtebeständigkeit daraus hergestellter Werkstoffe*)

Veredlungsmittel	ΔG° (kJ/mol)	Feuchtebeständigkeit
Unifinish R	−10,5	gut
Unifinish K	− 9,2	gut
modif. Aminosilan	−11,3	gut
Aminosilan	−14,2	mittel
Methacrylsäure-Chromkomplex	−22,2	schlecht

*) Verbundgüte eines glasseidenverstärkten Duroplast-Werkstoffes nach hydrothermischer Beanspruchung

2.3.3.4.2. *Wasserdampfsorption und elektrostatische Aufladbarkeit*

Aus der Tatsache, daß die Natur- und Regeneratfaserstoffe mit starker Wasserdampfsorption im Vergleich mit den wenig hygroskopischen Synthesefaserstoffen nur eine geringe Neigung zur elektrostatischen Aufladung besitzen, könnte abgeleitet werden, daß die Wasserdampfsorption und die Neigung zur elektrostatischen Aufladung gegensinnig verlaufen. Detaillierte Untersuchungen an strahlenchemisch modifizierten Polyamid- und Polyesterfaserstoffen zeigen jedoch, daß diese Annahme nicht gilt (vgl. [46]).

Aus den Werten der Tab. 2.15. geht hervor, daß durch eine Pfropfung von Polyamid-6-Faserstoffen mit Acrylsäure und anschließende Bildung des Natriumsalzes die Wasserdampfsorption bei 65% relativer Feuchte auf den Wert von Baumwolle angehoben werden kann. Der flächenbezogene Widerstand und die Klebzeit der Proben an einem Reibkörper, die ein Maß für die elektrostatische Aufladung darstellen [47], werden durch die Pfropfung stark erniedrigt. Wird jedoch aus dem Natriumsalz das Calciumsalz gebildet, dann ist zwar die Wasserdampfaufnahme deutlich höher als die der unmodifizierten Probe, die für die elektrische Aufladbarkeit charakteristischen Werte gleichen sich jedoch wieder denen der unmodifizierten Faserstoffe an. Auch eine Pfropfung mit Acrylamid führt zur Erhöhung der Wasserdampfsorption, ohne die elektrische Aufladbarkeit zu vermindern. Die aufgeführten Ergebnisse beweisen, daß eine hohe Wasserdampfsorption von Faserstoffen allein nicht für antielektrostatische Eigenschaften ausreichend ist, offensichtlich müssen in der Quellschicht des Faserstoffes bewegliche Ladungsträger vorhanden sein. So ist auch bekannt, daß der Salzgehalt nichtpermanenter Antistatika ihre antistatische Wirksamkeit begünstigt. Es ist z. Z. noch unklar, auf welcher Grundlage die hohe Leitfähigkeit der hydrophilen Naturfaserstoffe beruht, d. h. ob die Ladungsträger aus der Dissoziation entsprechender Molekülgruppen wie OH- oder COOH-Gruppen oder adsorbierten Wassers oder aus dem Vorliegen ionogener Verunreinigungen resultieren.

Tabelle 2.15. Wasserdampfsorption, elektrischer Widerstand und Klebzeit modifizierter textiler Flächengebilde aus Polyamid-6-Seide

Lfd. Nr.	Modifizierung	Wasserdampfsorption bei 65% rel. Feuchte (%)	elektr. Widerstand ($\Omega \cdot cm$)	Klebzeit (s)
1	unmodifiziert	3,2	$3{,}0 \cdot 10^{14}$	> 600
2	wie 1 mit Acrylsäure (6%) gepfropft	3,3	$2{,}0 \cdot 10^{14}$	> 600
3	wie 2 Natriumsalz	8,1	$2{,}8 \cdot 10^{10}$	3
4	wie 2 Calciumsalz	5,3	$1{,}9 \cdot 10^{14}$	> 600
5	wie 1 mit Acrylamid (10%) gepfropft	5,4	$1{,}0 \cdot 10^{14}$	> 600

Bezüglich weiterer Details zur elektrostatischen Aufladung von Polymeren sei auf spezielle Literatur verwiesen [47···50].

2.3.3.4.3. *Wasserdampfsorption und bekleidungsphysiologische Eigenschaften*

Textilien aus Synthesefaserstoffen werden von vielen Trägern im Hinblick auf ihr bekleidungshygienisches Verhalten im hautnahen Bereich ungünstiger als Naturfasertextilien empfunden. Eine Auswertung der neueren Literatur [51···57] zeigt, daß dies mehr auf subjektives Vorurteil der Träger und nicht zweckentsprechende Garn- und Textilkonstruktion als auf polymerimmanente Unterschiede zurückzuführen ist. So ist die in den 50er Jahren vielfach geäußerte Ansicht, daß die im Vergleich zu Naturfasern niedrige Wasserdampfsorption von Synthesefasern zu ungünstigen bekleidungsphysiologischen Verhalten führen müsse, nicht mehr haltbar.

In verschiedenen Institutionen wurde an Hand theoretischer und experimenteller

Untersuchungsergebnisse eine Wichtung des Einflusses der Wasserdampfsorption im Vergleich mit anderen, das bekleidungsphysiologische Verhalten von Textilien bestimmenden Faktoren, wie z. B. der Wärmeisolierung, der Aufnahmekapazität für flüssiges Wasser, der Benetzbarkeit der Einzelfäden bzw. Garne, dem konstruktionsbedingten Feuchtedurchgangswiderstand der Textilien vorgenommen (vgl. [51···57]). Diese Arbeiten zeigen übereinstimmend, daß die Wasserdampfsorption der Faserstoffe eine vergleichsweise geringe Rolle spielt, da die Art des Garns und die Konstruktion der Flächengebilde den Feuchtetransport und damit das Wohlbehagen weit stärker beeinflussen als der Feuchtegehalt bzw. das Feuchteaufnahmevermögen der Fasern selbst [56]. Es ist also möglich, auch aus Synthesefaserstoffen mit geringer Wasserdampfaufnahme Textilien mit hohem Tragekomfort herzustellen. Für den Fall, daß wegen modischer Belange die Textilkonstruktion einen hohen Transport nicht gewährleistet oder infolge stärkerer körperlicher Belastung, oder nicht vorhandenen thermischen Gleichgewichtes zwischen Körper und Umgebung eine starke Wasserdampfabgabe durch den Körper erfolgt, beeinflußt eine hohe Sorptionsfähigkeit der Faserstoffe das bekleidungsphysiologische Verhalten günstig.
Dabei sind sowohl die Sorptionskapazität im zeitlichen Gleichgewicht, die Kinetik der Ad- und Desorption sowie die mit der Sorption verbundenen thermischen Effekte von Bedeutung. Es liegt jedoch z. Z. noch zu wenig experimentelles Material vor, um eine Faserstoffmodifizierung angeben zu können, die die genannten Parameter in optimaler Größe gewährleistet.

2.3.4. Sorption organischer Dämpfe durch Faserstoffe

Obwohl eine Reihe von Prozessen der Faserstoffverarbeitung und Textilpflege (z. B. Lösungsmittelveredlungen, Chemischreinigungs-Operationen) in Gegenwart organischer Lösungsmittel durchgeführt wird, sind relativ wenig systematische Untersuchungen zur Wechselwirkung zwischen Lösungsmitteldämpfen und faserbildenden Polymeren bzw. Faserstoffen bekannt. Eine Literaturauswertung (vgl. [12, 37]) zeigt, daß von hydrophilen Faserstoffen im Vergleich mit Wasser relativ wenig Lösungsmitteldampf aufgenommen wird (Tab. 2.16.).

Tabelle 2.16. Sorption von Lösungsmitteldämpfen durch Cellulose-Fasern in % nach [12]

Flüssigkeit	Baumwolle rel. Dampfdruck		Viskosefasern rel. Dampfdruck	
	20%	90%	20%	90%
Wasser	2,2	10,1	7,0	28,8
Methanol	0,6	7,5	0,3	13,3
Ethanol	0,5	4,7	—	—
n-Propanol	0,2	0,85	0,15	1,2
n-Butanol	0,0	0,0	0,0	0,0
Diethylether	0,37	0,37	0,15	0,5
Aceton	0,04	0,30	0,7	1,3
Essigsäure	0,14	10,8	0,0	0,3
Benzen	1,0	1,2	0,8	0,5
Chloroform	0,91	1,1	0,0	0,5

Dies ist aus der Tatsache zu erklären, daß die Bindungsenergie (korrekter ist freie Enthalpie der Bindung) zwischen den Makromolekülen und dem Lösungsmittel dem Betrag nach geringer ist als die entsprechenden Größen für die Wechselwirkung Makromoleküle—Wasserdampf.

Literatur

[1] GREGG, S. J., SING, K. S. W.: *Adsorption, Surface Area and Porosity.* London—New-York: Academic Press 1968.
[2] ROSS, S., OLIVIER, J. P.: *On physical Adsorption.* New-York—London—Sydney: Interscience Publ. 1964.
[3] YOUNG, D. M., CROWELL, A. D.: *Physical Adsorption of Gases.* London: Butterworth 1962.
[4] FLOOD, E. A. (Hrsg.): *The Solid-Gas Interface.* New-York: Marcel Dekker 1967.
[5] JACOBASCH, H.-J.: Faserforsch. u. Textiltechnik/Z. Polymerforsch. **29** (1978), S. 184—189.
[6] ROBENS, E., SANDSTEDE, G.: Z. Instrumentenkunde **75** (1967), S. 167—178.
[7] Firmenschriften der Fa. Sartorius-Werke GmbH., Göttingen/BRD.
[8] Firmenschriften der Fa. Bodenseewerk Perkin-Elmer u. Co. GmbH., Überlingen/BRD.
[9] BRUNAUER, S., DEMING, L. S., DEMING, W. E., TELLER, F.: J. Amer. Chem. Soc. **62** (1940), S. 1723.
[10] ELIAS, H.-G.: *Makromoleküle.* Basel—Heidelberg: Hüthig u. Wepf 1975.
[11] KLOPFER, H.: *Wassertransport durch Diffusion in Feststoffen.* Wiesbaden u. Berlin: Bauverlag GmbH 1974.
[12] VALKO, E. J. in MARK, H., WOODING, N. S., ATLAS, S. M.: *Chemical Aftertreatment of Textiles.* New York—London—Sydney—Toronto: Wiley-Interscience 1971.
[13] SCHWABE, K.: *Physikalisch-chemische Meßverfahren.* Leipzig: Geest u. Portig K.-G. 1973.
[14] FLATH, H.-J.: Habilitationsschrift TU Dresden 1969.
[15] JACOBASCH, H.-J.: Dissertation (B), Akademie der Wissenschaften der DDR 1977.
[16] PIERCE, C.: J. phys. Chem. **37** (1953), S. 149—152.
[17] FLATH, H.-J., KÜHNE, Ch.: Faserforsch. u. Textiltechnik **19** (1968), S. 265—272.
[18] DD-PS 132505
[19] DE-OS 2901778
[20] DE-OS 2607659, 2607829, 2607996
[21] GROSSE, I., JACOBASCH, H.-J.: Unveröffentlichte Meßergebnisse
[22] CRAIG, J. P., KNUDSEN, J. P., HOLLAND, V. F.: Textile Res. J. **32** (1962), S. 435—448.
[23] DD-PS 138430
[24] GROSSE, I., JACOBASCH, H.-J.: Faserforsch. u. Textiltechnik/Z. Polymerforsch. **29** (1978), S. 336—342.
[25] VALKO, E.: *Kolloidchemische Grundlagen der Textilveredlung.* Berlin: Springer-Verlag 1937.
[26] HEARLE, J. W. S., PETERS, R. H.: *Moisture in Textiles.* Manchester u. London: The Textile Institute — Butterworths Scientific Publ. 1960.
[27] RATH, W.: *Lehrbuch der Textilchemie.* Berlin—Heidelberg—New York: Springer-Verlag 1972.
[28] MONCRIEFF, R. W.: *Man-made Fibres.* London—New-York: Heywood Books; John Wiley & Sons 1966.
[29] GROSSE, I.: Unveröffentlichte Meßergebnisse.
[30] PUFFR, R., SEBENDA, J.: J. Polymer Sci. Part *C* **16** (1967), S. 79—93.
[31] CHABERT, J.: Bull. Inst. Textil France **20** (1966), S. 335—377 und 553—608.
[32] STARKWEATHER, H. W. jr.: Macromolecules **8** (1975), S. 476—749.
[33] BULIK, St.: Polimery, Warszawa **18** (1973), S. 469—473 und 504—507.
[34] HERMEL, G., JACOBASCH, H.-J., LUDWIG, J.: Unveröffentlichte Meßergebnisse
[35] FLATH, H.-J.: Faserforsch. u. Textiltechnik **21** (1970), S. 430—434.
[36] JACOBASCH, H.-J., GROSSE, I.: Acta Polymerica **30** (1979), S. 525.
[37] CRANK, W., PARK, G. (Hrsg.): *Diffusion in Polymers.* New York—London: Academic Press 1968.
[38] SOMMER, H., WINKLER, F.: *Die Prüfung der Textilien.* Berlin—Göttingen—Heidelberg: Springer-Verlag 1960.

[39] MÖNCH, R.: Mitt. Inst. Textiltechnol. Chemiefasern (Rudolstadt) **6**, S. 322–327, **7** (1963) 4, S. 210–216, **5**, S. 241–254.
[40] VAUCK, W.: Spezitex Inform. **26** (1970), S. 15–25.
[41] JACOBASCH, H.-J.: Textilveredlung **5** (1970), S. 385–391.
[42] JACOBASCH, H.-J., GROSSE, I.: Textiltechnik **28** (1978), S. 98–103.
[43] RANNEY, M. W.: *Soil Resitant Textiles.* Park Ridge: Noyes Data Corp. 1970.
[44] WIEDEMANN, G.: Vortrag zur 15. Öffentlichen Jahrestagung der Arbeitsgemeinschaft „Verstärkte Kunststoffe" e. V. — Internationale Tagung über Verstärkte Kunststoffe, Freudenstadt 1978.
[45] WIEDEMANN, G., JACOBASCH, H.-J.: Faserforsch. u. Textiltechnik **23** (1972), S. 261–266.
[46] GROSSE, I.: Unveröffentlichte Ergebnisse
[47] Autorenkollektiv: *Statische Elektrizität bei der Verarbeitung von Chemiefasern.* Leipzig: Fachbuchverlag 1963.
[48] HERSH, S. P. in SCHICK, M. J.: *Surface Charakteristics of Fibers and Textiles.* New York —Basel: Marcel Dekker Inc. 1975.
[49] LÖBEL, W.: Textiltechnik **29** (1979), S. 289–291.
[50] PETERSEN, H.: Textil-Praxis **35** (1980), S. 448–454.
[51] BOBETH, W., GROSSE, I., MALLY, A.: Bekleidung u. Maschenware **19** (1980), S. 88–90, 108 bis 111.
[52] WELFERS, E.: Melliand Textilber. **59** (1978), S. 505–507.
[53] MECHEELS, J.: Melliand Textilber. **58** (1977), S. 773–776, 857–860, 942–946.
[54] BEHMANN, F. W.: Dissertation TH Aachen 1970.
[55] HAASE, J.: Textiltechnik **30** (1980), S. 314–318.
[56] KLARE, H.: Sitzungsberichte der Akademie der Wissenschaften der DDR 1978.
[57] KLARE, H.: Textiltechnik **31** (1981), S. 401–407.

3. Wechselwirkung zwischen den Oberflächen fester Polymerer und Flüssigkeiten

3.1. Benetzungsvorgänge

3.1.1. Die freie Oberflächenenergie — theoretische Vorstellungen

Die Benetzbarkeit fester Körper durch Flüssigkeiten wird durch die Grenzflächenspannungen der beteiligten Komponenten gegeneinander bedingt.

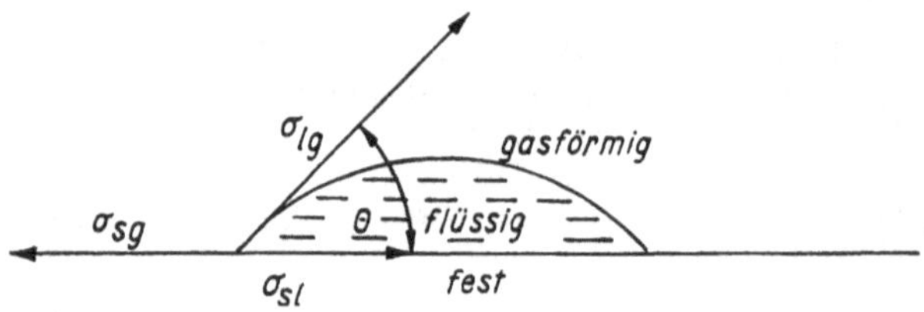

Abb. 3.1. Grenzflächenspannungen am Flüssigkeitstropfen

Es gilt

$$\sigma_{sg} = \sigma_{sl} + \sigma_{lg} \cos \theta \tag{3.1.}$$

σ_{sg} — Grenzflächenspannung fest—gasförmig
σ_{sl} — Grenzflächenspannung fest—flüssig
σ_{lg} — Grenzflächenspannung flüssig—gasförmig
θ — Rand-oder Kontaktwinkel

Der sich ausbildende Randwinkel ist also ein Maß für die Benetzbarkeit. Da Fragen der Benetzung von außerordentlicher Bedeutung für die Durchführung technologischer Prozesse (z. B. Waschen, Kleben, Veredlungsvorgänge) und die Gebrauchseigenschaften polymerer Werkstoffe (z. B. Hydrophilie, Oleophobie) sind, ist die Kenntnis der Grenzflächenspannung von Polymeren gegenüber Flüssigkeiten und der Möglichkeiten ihrer Veränderung von hoher Wichtigkeit. Weiterhin lassen sich bei Kenntnis der Grenzflächenspannung σ_{sg} Aussagen über die Wechselwirkung gegenüber beliebigen kontaktierenden Substanzen machen. Das Wesen der Grenzflächenspannung von Flüssigkeiten und Festkörpern gegenüber dem umgebenden Medium läßt sich aus molekulartheoretischer und thermodynamischer Sicht verständlich machen (vgl. [1···3]).

Im Inneren kondensierter Phasen treten in den drei Raumrichtungen zwischen allen Molekülen gleiche Wechselwirkungskräfte auf. Demgegenüber sind die Moleküle, die sich in der Oberflächenschicht befinden, gleichen Wechselwirkungskräften nur mit den im Phaseninneren und in der Oberflächenschicht befindlichen Molekülen unterworfen (Abb. 3.2.). Es muß also eine Arbeit gegen die zwischenmolekulare Wechselwirkung geleistet werden, um Moleküle aus dem Phaseninneren an die Oberfläche zu bringen. Be-

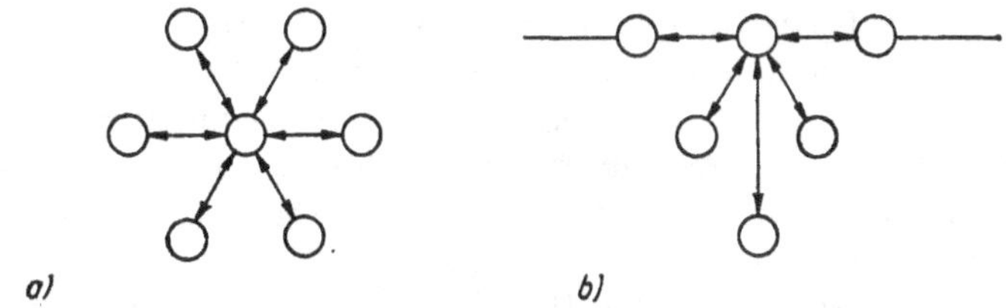

Abb. 3.2. Schematische Darstellung der Wechselwirkungskräfte zwischen Molekülen im Phaseninneren (a) bzw. an der Phasengrenze (b)

finden sich zwei kondensierte Phasen 1 und 2 im Kontakt miteinander, dann müssen für den Übergang der Moleküle 1 und 2 in 1 cm² der Grenzschicht die Energien W_1 und W_2 aufgebracht werden. Es wird jedoch die Wechselwirkungsenergie W_{12} frei, d. h., die Energiebilanz ergibt sich pro Flächeneinheit zu

$$W = W_1 + W_2 - 2W_{12} \tag{3.2.}$$

Die Wechselwirkungsenergie zwischen den Molekülen der Oberflächenschicht und den Molekülen einer umgebenden Gasphase ist im allgemeinen vernachlässigbar klein gegenüber den Wechselwirkungskräften im Inneren kondensierter Phasen, so daß die Oberflächenenergie σ_s bzw. σ_l gleich der Grenzflächenenergie σ_{sg} bzw. σ_{lg} gesetzt werden kann.

Vom thermodynamischen Standpunkt aus ist die Oberflächenenergie gleich der reversiblen Arbeit, die notwendig ist, um die Oberfläche einer von ihrem Dampf umgebenen kondensierten Phase um die Flächeneinheit 1 cm² zu vergrößern. Diese reversible Arbeit ist bei konstantem Volumen und konstanter Temperatur gleich dem Oberflächenkoeffizienten der freien Energie F bzw. bei konstantem Druck und konstanter Temperatur gleich dem Oberflächenkoeffizienten der freien Enthalpie G, d. h.

$$\sigma = \left(\frac{\delta F}{\delta O}\right)_{V,T} \approx \left(\frac{\delta G}{\delta O}\right)_{p,T}. \tag{3.3.}$$

Allgemein wird σ als freie Oberflächenenergie bezeichnet. Die Änderung der freien Energie bzw. der freien Enthalpie bei der Bildung einer Grenzfläche zwischen den Substanzen 1 und 2 ergibt sich dann pro Flächeneinheit zu

$$\Delta F = \sigma_1 + \sigma_2 - 2\sigma_{12} \tag{3.4.}$$

bzw.

$$\Delta G = \sigma_1 + \sigma_2 - 2\sigma_{12}. \tag{3.5.}$$

Nach Fowkes [4] läßt sich die freie Oberflächenenergie in Terme aufspalten, die sich aus den verschiedenen Wechselwirkungsmöglichkeiten ergeben:

$$\sigma = \sigma^d + \sigma^p + \sigma^x$$

σ^p – Dispersionsanteil der freien Oberflächenenergie
σ^d – polarer Anteil
σ^x – weitere Anteile, z. B. metallische Bindung

Allgemein werden im polaren Anteil die Dipol-Wechselwirkungen und Wasserstoffbrückenbindungen zusammengefaßt. Neuerdings wird von FOWKES [71] der polare Term der freien Oberflächenenergie von Polymeren ausschließlich auf Säure-Basen-Wechselwirkungen zurückgeführt. Diese Ansicht wird im folgenden jedoch nicht übernommen, es wird ein „polarer Term" der freien Oberflächenenergie beibehalten, in dem mögliche Säuren-Basen-Wechselwirkungen einbezogen sind.

Entsprechend den Gesetzmäßigkeiten für die zwischenmolekulare Wechselwirkung läßt sich die Größe der einzelnen Anteile abschätzen.

So gilt für den Dispersions-Term (vgl. [4])

$$\sigma_s{}^d = \frac{\pi N^2 \alpha_0{}^2 h\nu_v}{8r^2}, \tag{3.6.}$$

N — Anzahl der Moleküle pro Volumeneinheit
α_0 — statische elektronische Polarisierbarkeit
$h\nu_v$ — Ionisierungsenergie
r — Molekülabstand

Der polare Anteil könnte bei Kenntnis von Dipolmoment und -orientierung sowie der Polarisierbarkeit der einzelnen Molekülgruppen und der Anzahl der Moleküle pro Flächeneinheit errechnet werden.

Da die meisten der angeführten Größen nur ungenau bekannt sind, läßt sich σ auch nur ungenau berechnen.

Umgekehrt können bei bekannten Anteilen der freien Oberflächenenergie molekulare Parameter wie die LONDONsche Konstante und auch die HAMAKER-Konstante (vgl. Kap. 1.1.3.5.1.) berechnet und der Anteil der polaren im Vergleich mit der Dispersionswechselwirkung erfaßt werden, wobei jedoch die Fehler recht groß sind.

In Bezug auf die freie Oberflächenenergie bzw. ihre Bestimmung zeigen Festkörper gegenüber Flüssigkeiten wesentliche Unterschiede:

— Die Oberfläche einer Flüssigkeit ist energetisch homogen, die Atome oder Moleküle an der Festkörperoberfläche sind dagegen energetisch nicht gleichwertig.
— Während für Flüssigkeiten die Energie, die zur Vergrößerung der Oberfläche benötigt wird, direkt gemessen werden kann, ist das für Festkörper nicht möglich. Es können nur indirekte Bestimmungsmethoden angewendet werden.

Da diese Einschränkungen auch für feste Polymere gelten, ist zu erwarten, daß für diese Substanzklasse nur angenäherte Werte der freien Oberflächenenergie, die zudem nur Mittelwerte für die energetisch inhomogene Oberfläche darstellen, erhalten werden können.

3.1.2. Methoden zur Bestimmung der freien Oberflächenenergie von Polymeren

Zur Bestimmung der freien Oberflächenenergie fester Polymerer werden vorwiegend zwei Methoden angewendet:

— Bestimmung der Oberflächenspannung der Schmelze bei verschiedenen Temperaturen und Extrapolation auf die interessierende Temperatur,
— Berechnung aus den Ergebnissen von Randwinkelmessungen.

Zur Bestimmung der Oberflächenspannung von Polymerschmelzen werden die für

Flüssigkeiten allgemein anwendbaren Methoden, wie z. B. der kapillaren Steighöhe, der ruhenden oder rotierenden Blase und des hängenden Tropfens, genutzt (vgl. [5, 6]). Gegenüber niedermolekularen Flüssigkeiten treten bei Messungen an Polymerschmelzen Schwierigkeiten auf, die durch die hohe Viskosität, die begrenzte Thermostabilität und die hohe Meßtemperatur bedingt sind. Speziell die hohe Viskosität führt zum langsamen Erreichen des hydrodynamischen Gleichgewichtes. Bevorzugt wird allgemein die Methode des hängenden Tropfens. Obwohl hiermit reproduzierbare Werte der Oberflächenspannung von Polymerschmelzen erhalten werden, ist die Übertragbarkeit auf feste Polymere nur mit Vorbehalten möglich. Es gelten folgende Einschränkungen:

— Die Temperaturfunktion der freien Oberflächenenergie kann für die gleiche Substanz im festen und im flüssigen Zustand unterschiedlich sein.
— Polymere Festkörper sind allgemein teilkristallin, und die Makromoleküle besitzen in Abhängigkeit von den Herstellungsbedingungen eine Vorzugsorientierung. Demgegenüber liegen die Makromoleküle in der Schmelze weitgehend ungeordnet vor. Die freie Oberflächenenergie ist vom Ordnungsgrad und von der Orientierung abhängig.
— Polymerschmelzen unterliegen bei den relativ langen Meßzeiten (10···45 min) häufig einem thermischen Abbau, der zu Verfälschungen der Werte der freien Oberflächenenergie führt.

Die zweite, für feste Polymere überwiegend angewendete Methode zur Bestimmung der freien Oberflächenenergie beruht auf der Messung des Randwinkels zwischen dem zu untersuchenden Festkörper und Flüssigkeiten mit bekannter Oberflächenspannung. Zu dieser Methodik wurden vor allem von Zisman, Good, Fowkes und Neumann sowie ihren Mitarbeitern zahlreiche experimentelle und theoretische Arbeiten durchgeführt, die wesentlich zum Verständnis der Oberflächenerscheinungen an Polymeren beigetragen haben. Nach einem von Zisman (vgl. [7]) erstmalig angewandten Verfahren werden an Oberflächen niedriger Energie (als solche werden Festkörper mit einer freien

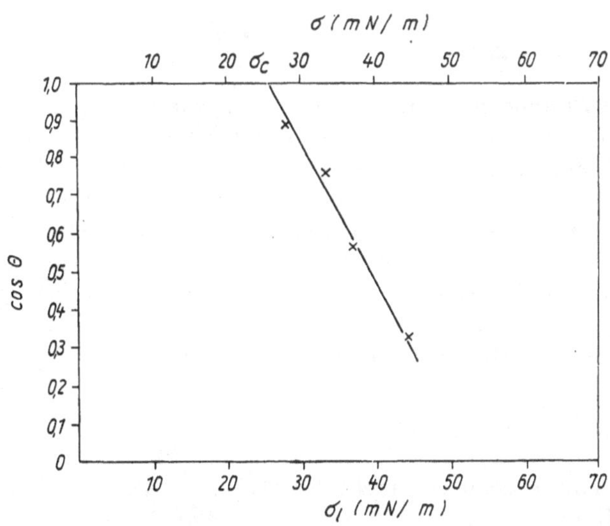

Abb. 3.3. Bestimmung von σ_c nach Zisman

Oberflächenenergie < 72 mN/m bezeichnet – hierunter fallen die organischen Polymeren –) „kritische Oberflächenspannungen der Benetzung" σ_c erhalten, wenn man den Cosinus des Randwinkels von Flüssigkeiten einer homologen Reihe gegen den Festkörper als Funktion der Flüssigkeitsoberflächenspannung darstellt und auf $\cos\theta = 1$, d. h. den Zustand völliger Spreitung extrapoliert.

Von Wolfram [8] und Gray [9] wurde $\sigma_c = \sigma_s$ gesetzt. Eine von zahlreichen Autoren ([10]···[14]) durchgeführte Prüfung dieses Zusammenhangs führte zu dem Ergebnis, daß lediglich beim ausschließlichen Vorliegen von Dispersionswechselwirkungen zwischen dem Festkörper und den Meßflüssigkeiten $\sigma_c \approx \sigma_s$ ist.

Ähnliches gilt auch für das von Neumann u. Mitarb. abgeleitete Verfahren, nach dem σ_s durch Extrapolation der Funktion $\cos\theta = f(\sigma_l \cos\theta)$ auf $\cos\theta = 1$ erhalten wird [15] bzw. σ_s durch die Beziehung (Gl. 3.7.) gegeben ist und durch eine Randwinkelmessung mit einer Flüssigkeit bekannter Oberflächenspannung bestimmbar sein soll [16].

$$\cos\theta = \frac{(0{,}015\sigma_s - 2)\sqrt{\sigma_l\sigma_s} + \sigma_l}{\sigma_l - 0{,}015\sqrt{\sigma_l\sigma_s} - 1}. \tag{3.7.}$$

Untersuchungen von Bagda [17] an Glasseiden, die mit Silanen behandelt worden waren, ergaben, daß bei Verwendung von Meßflüssigkeiten unterschiedlicher Polarität verschiedene Werte von σ_s unter Anwendung von Gl. (3.7.) erhalten werden. An perfluorierten Verbindungen wurden dagegen auch bei Randwinkelmessungen mit unterschiedlich polaren Flüssigkeiten übereinstimmende Werte von σ_s errechnet [16].

Die Arbeiten von Good u. Mitarb. (vgl. [18, 19]) sowie Fowkes [4] ermöglichen auch die Bestimmung der Oberflächenspannung von Festkörpern, die nicht nur durch Dispersionskräfte mit Meßflüssigkeiten in Wechselwirkung treten.

Von Good u. Mitarb. wurde unter Anwendung des Prinzips des geometrischen Mittels, das aussagt, daß die Wechselwirkungskräfte zwischen unterschiedlichen Molekülen gleich dem geometrischen Mittel der Wechselwirkungskräfte zwischen den gleichen Molekülen sind, aus Gl. (3.5.) die folgende Beziehung abgeleitet:

$$\sigma_{12} = \sigma_1 + \sigma_2 - 2(\sigma_1\sigma_2)^{\frac{1}{2}} \tag{3.8.}$$

Die experimentelle Prüfung ergab, daß Gl. (3.8.) nur dann gültig ist, wenn ähnliche Wechselwirkungskräfte zwischen den Molekülen der Substanzen 1 und 2 auftreten, wie sie zwischen den Molekülen 1 bzw. 2 untereinander wirken. Zur Beschreibung der Grenzflächenenergie beim Vorhandensein unterschiedlicher Wechselwirkungskräfte wurde von Good ein Wechselwirkungsparameter Φ eingeführt, der für Wechselwirkungskräfte der gleichen Art gleich 1 ist und für ungleiche Wechselwirkungen zwischen 0,5 und 0,8 liegt. Beim Auftreten von Wasserstoffbrücken-Bindungen zwischen den angrenzenden Phasen kann Φ auch > 1 sein [20].

Gl. (3.8.) geht durch die Einführung von Φ in Gl. (3.9.) über:

$$\sigma_{12} = \sigma_1 + \sigma_2 - 2\Phi(\sigma_1\sigma_2)^{\frac{1}{2}} \tag{3.9.}$$

Die Größe von Φ kann molekulartheoretisch interpretiert werden. Eine annähernde Berechnung ist bei Kenntnis des Dipolmoments, der Polarisierbarkeit und der Ionisationsenergie der Moleküle 1 und 2 möglich [18, 21].

Durch Verknüpfung der Beziehungen Gl. (3.1.) und Gl. (3.9.) ergibt sich für die Bestimmung der freien Oberflächenenergie fester Körper

$$\cos\theta = 2\Phi \frac{\sqrt{\sigma_s}}{\sqrt{\sigma_l}} - 1, \tag{3.10.}$$

so daß bei Kenntnis von Φ σ_s durch eine einzige Randwinkelmessung bestimmbar ist.

Nach OWENS und WENDT [14] gilt für Flüssigkeiten und Festkörper mit einem polaren Anteil der freien Oberflächenenergie

$$\sigma_{sl} = \sigma_s + \sigma_l - 2\sqrt{\sigma_s^d \sigma_l^d} - 2\sqrt{\sigma_s^p \sigma_l^p}, \tag{3.11.}$$

so daß sich bei Verwendung der YOUNGschen Gleichung (3.1.)

$$\frac{1+\cos\theta}{2} \cdot \frac{\sigma_l}{\sqrt{\sigma_l^d}} = \sqrt{\sigma_s^d} + \sqrt{\sigma_s^p}\sqrt{\frac{\sigma_l - \sigma_l^p}{\sigma_l^d}} \tag{3.12.}$$

ergibt.

Durch Randwinkelmessungen mit mindestens zwei Flüssigkeiten, deren Dispersions- und polarer Anteil an der Oberflächenspannung bekannt sind, lassen sich so diese Terme der freien Oberflächenenergie von Festkörpern bestimmen.

Von WU [22] wurde nachgewiesen, daß die Beziehung (Gl. 3.12.) nur dann gilt, wenn sich die Ionisierungsenergien der Moleküle der Festkörper und der Meßflüssigkeit nicht wesentlich unterscheiden. Unter der Voraussetzung, daß die Polarisierbarkeit der in Wechselwirkung befindlichen Molekülgruppen annähernd gleich sind, gilt nach WU

$$\sigma_{sl} = \sigma_s + \sigma_l - \frac{4\sigma_l^d \cdot \sigma_s^d}{\sigma_s^d + \sigma_l^d} - \frac{4\sigma_l^p \cdot \sigma_s^p}{\sigma_l^p + \sigma_s^p} \tag{3.13.}$$

bzw.

$$\frac{1+\cos\theta}{4}\sigma_l = \frac{\sigma_l^d \cdot \sigma_s^d}{\sigma_l^d + \sigma_s^d} + \frac{\sigma_l^p \cdot \sigma_s^p}{\sigma_s^p + \sigma_l^p}. \tag{3.14.}$$

Tabelle 3.1. Dispersions- und polarer Anteil der freien Oberflächenenergie von Flüssigkeiten (mN/m) bei 20 °C

Flüssigkeit	σ_l^d	σ_l^p	σ_l	Literatur
Wasser	21,8	51,0	72,8	[4]
	22,1	50,7	72,8	[6]
Methyleniodid	48,5	2,3	50,8	[4]
	49,5	1,3	50,8	[14]
	44,1	6,7	50,8	[6]
Tricresylphosphat	39,2	1,7	40,9	[4]
Glycerin	37,0	26,4	63,4	[4]
Anilin	33,1	10,3	43,4	[38]
Formamid	39,5	19,7	58,2	[4]
	32,3	26,0	58,3	[64]
n-Hexadecan	27,6	0,0	27,6	[30]
Ethylenglykol	29,3	18,2	47,5	[30]
Toluen	28,1	0,0	28,1	[4]
Aceton	18,1	5,6	23,7	[30]
Ethylacetat	21,0	2,5	23,5	[30]

Die Werte für σ_l^d und σ_l^p für einige der gebräuchlichsten Meßflüssigkeiten sind in Tab. 3.1. angegeben.

Diese Werte werden in der Literatur häufig unterschiedlich angegeben (vgl. [23, 24]), so daß die Differenzen in den Literaturwerten von σ_s auch auf die unterschiedlichen Werte von σ_l^d bzw. σ_l^p zurückzuführen sind.

Im allgemeinen werden die Terme der Flüssigkeitsoberflächenspannung durch Randwinkelmessungen gegen Paraffinplatten ($\sigma_s^p = 0$) und anschließende Berechnung nach Gl. (2.1.) und Gl. (2.8.) ermittelt.

3.1.3. Methoden zur Bestimmung des Randwinkels zwischen festen Polymeren und Flüssigkeiten

Je nach der Art der Kontaktgebung zwischen Flüssigkeit und Festkörper unterscheidet man Vorrück- (der trockene Festkörper wird genetzt) und Rückzugswinkel (es wird vom bereits benetzten Festkörper ausgegangen). Beide Randwinkel unterscheiden sich im allgemeinen (Randwinkelhysterese). Für die Bestimmung der freien Oberflächenenergie ist der Vorrückwinkel zu verwenden.

Tabelle 3.2. Methoden zur Bestimmung des Randwinkels von Flüssigkeiten an Festkörpern

Methoden-bezeichnung	Meßprinzip	Erläuterungen
Direkte Messung	s. Abb. 3.1.	Der Randwinkel wird mikroskopisch mit Hilfe eines Winkelmeßokulars oder nach Vergrößerung durch Projektion direkt gemessen
WILHELMY-Methode	s. Abb. 3.5.	Berechnung gemäß Gl. (3.15.) aus dem Umfang des eintauchenden Festkörpers, der Masse der adhärierenden Flüssigkeit und deren Oberflächenspannung
Berechnung aus der Form des liegenden Tropfens	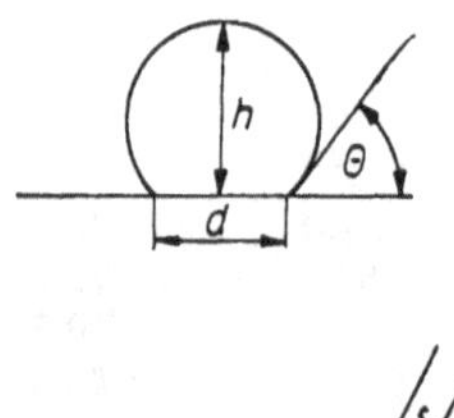	Für kleine Flüssigkeitstropfen ($V = 10^{-4}$ ml), für deren Gestalt der Einfluß der Gravitation vernachlässigt werden kann, gilt $\tan \theta/2 = 2\,h/d$. Für größere Tropfen sind kompliziertere Berechnungen erforderlich.
Geneigte Platte	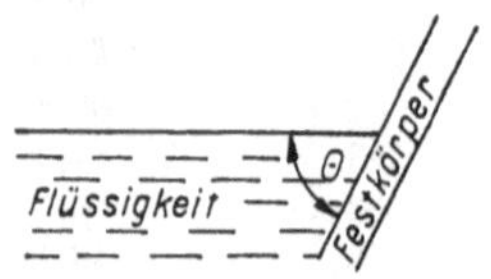	Der Festkörper wird in der Flüssigkeit so geneigt, daß der Meniskus horizontal anliegt.
Steighöhe in Kapillaren	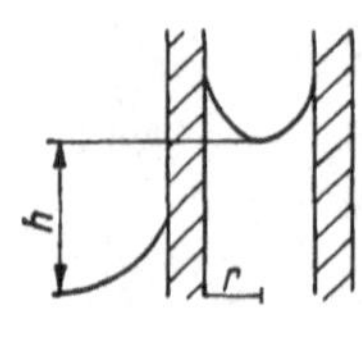	$\sigma_l \cdot \cos \theta = \varrho \cdot g \cdot r \cdot h$ ϱ = Dichte der Flüssigkeit g = Erdbeschleunigung

Die bekannten Methoden zur Bestimmung des Randwinkels, wie die Tropfenmethode, die Methode der geneigten Platte oder die Steighöhenmethode (vgl. [2]) sind gut für Messungen an Polymerplatten und -folien geeignet (Tab. 3.2.). Mit Hilfe dieser Methoden lassen sich die Randwinkel z. T. besser als auf $\pm 1°$ reproduzieren.

Für Faserstoffe sind diese Methoden wegen der kleinen Kontaktfläche nicht oder nur in abgewandelter Form anwendbar. Von GRINDSTAFF [25, 26] wurde eine auf dem Prinzip der geneigten Platte beruhende mikroskopische Methode publiziert, nach der sich Randwinkel auch an Einzelfäden höchster Feinheit mit einer Genauigkeit von ca. $\pm 2°$ bestimmen lassen sollen (Abb. 3.4.).

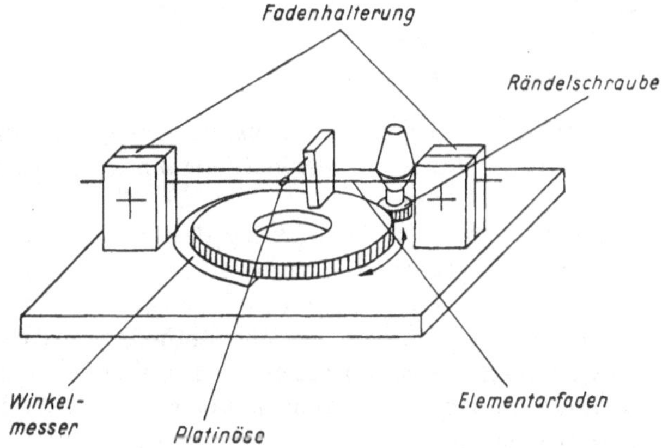

Abb. 3.4. Meßprinzip zur Bestimmung des Randwinkels von Flüssigkeiten an Elementarfäden nach GRINDSTAFF [25]

Zur Messung wird der zu untersuchende Elementarfaden horizontal durch die Platinöse gezogen und in den beiden gegenüberliegenden Halterungen befestigt. In die Platinöse, die drehbar angeordnet ist, wird ein Tropfen der Meßflüssigkeit gegeben und die Kontaktfläche zwischen dem Faden und der Meßflüssigkeit durch ein Mikroskop beobachtet. Die Platinöse wird dann so lange gedreht, bis die Flüssigkeitsoberfläche ohne Krümmung am Faden anliegt; der an der Meßskala abgelesene Wert ist gleich dem Randwinkel. Diese Methode ist nur für Randwinkel $> 15°$ anwendbar.

Eine von A. W. NEUMANN als „generalisierte WILHELMY-Platten-Methode" bezeich-

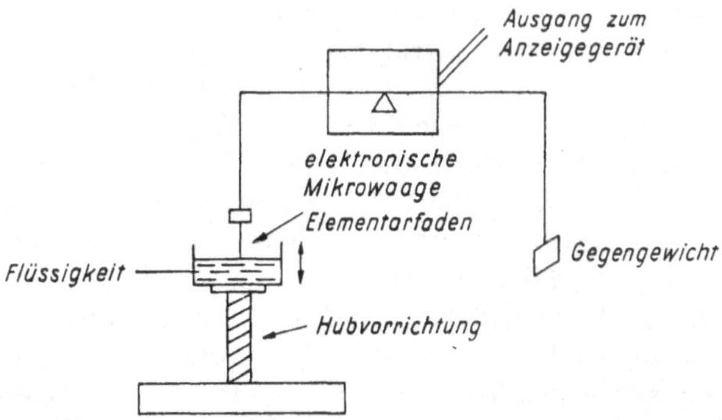

Abb. 3.5. Meßprinzip zur gravimetrischen Bestimmung des Randwinkels von Flüssigkeiten an Elementarfäden

nete Meßanordnung (vgl. [27]) beruht auf der Messung der Masse der an einem Elementarfaden kapillar gehobenen Flüssigkeitsmenge beim Eintauchen des Fadens in die Flüssigkeit (Abb. 3.5.).

Zur Messung wird der Elementarfaden an einer elektronischen Mikrowaage kurz über der Oberfläche der Meßflüssigkeit befestigt. Die Flüssigkeit wird mittels einer feingängigen Spindel dem Faden entgegengehoben, bis er die Flüssigkeitsoberfläche berührt. Die beim Eintauchen erfolgende Massezunahme wird am Schreiber des Wägesystems registriert. Der Randwinkel errechnet sich gemäß der Beziehung (Gl. 3.15.) zu

$$\cos \theta = \frac{\Delta m \cdot g}{U \cdot \sigma_l} \tag{3.15.}$$

g — Erdbeschleunigung U — Fadenumfang

Der Fadenumfang, der mit hoher Genauigkeit bekannt sein muß, kann entweder mikroskopisch oder durch die Bestimmung der Massedifferenz beim Eintauchen in eine spreitende Flüssigkeit ($\cos \theta = 1$) ermittelt werden.

Von Yamaki und Katayama [28] wird eine Methode zur Bestimmung des Randwinkels von Flüssigkeiten an sehr feinen Einzelfäden ($\varnothing = 5$ µm) angegeben, die auf der Berechnung aus der mikrophotographisch ermittelten Gestalt eines den Faden umgebenden Tropfens beruht. Für gröbere Fäden wird eine ähnliche Methode von Caroll [29] beschrieben. Eine grobe Bestimmung des Randwinkels an Einzelfäden ist in der Weise möglich, daß über ein Mikroskop, das ein Winkelmeßokular besitzt, der Randwinkel, der sich zwischen einem auf einem Objektträger befindlichen Faden und einem Flüssigkeitstropfen ausbildet, direkt gemessen wird (vgl. [48]). Nach dieser Methode lassen sich Randwinkel mit einem Fehler von ca. $\pm 3°$ bestimmen.

In der Literatur wird eine Einschätzung der einzelnen Meßmethoden allgemein anhand des Vergleiches mit Messungen an kompaktem Material des gleichen Polymeren vorgenommen, wobei eine gute Übereinstimmung festgestellt wird. Von Kühnert und Raya [30] wurde an unterschiedlich behandelten Glasseiden ($\varnothing = 9$ µm) ein Vergleich zwischen den nach Grindstaff und gravimetrisch erhaltenen Randwinkelwerten vorgenommen (Tab. 3.3.).

Es ist erkennbar, daß die Randwinkelwerte, die nach den einzelnen Meßmethoden erhalten wurden, nur unbefriedigend übereinstimmen. Gleiches gilt für die errechneten freien Oberflächenenergien. Während die freie Oberflächenenergie σ_s, die aus gravimetrisch ermittelten Randwinkeln errechnet wurde, unabhängig von der Meßflüssigkeit in Richtung ungereinigt — Epoxysilan—Methacrylsilan—Kieselsol-Finish abfällt, wird dies bei Verwendung der nach Grindstaff ermittelten Randwinkelwerte nicht so eindeutig erkennbar. Das deutet auf Fehler bei der Erkennung des Randwinkels hin, da sich die Fehlergrenzen beider Meßmethoden nicht deutlich unterscheiden. Eine Fehlerbetrachtung zu den in Tab. 3.3. aufgeführten Meßergebnissen zeigte, daß die durchschnittlichen Fehlergrenzen des Mittelwertes bei einer statistischen Sicherheit von 95% für beide Meßmethoden bei ca. $\pm 2{,}5°$ liegen, wenn der zu messende Randwinkel zwischen 40° und 60° beträgt. Lediglich Randwinkel $< 40°$ sind mit der direkten Meßmethode nach Grindstaff schlechter als durch gravimetrische Messungen zu reproduzieren. Die Errechnung von σ_s^d und σ_s^p aus den in Tab. 3.3. aufgeführten Randwinkelwerten bringt eine völlig unbefriedigende Übereinstimmung, so daß auch keine Aussagen über den Einfluß der Glasseiden-Behandlung auf σ_s^d bzw. σ_s^p möglich sind. Obwohl gemäß der

Tabelle 3.3. Freie Oberflächenenergie von Glasseiden, berechnet aus unterschiedlich ermittelten Randwinkeln nach Wu (vgl. [30])

Behandlung	Randwinkel, gravimetrisch (°)				σ_s (mN/m)		
	Wasser	Formamid	Ethylenglykol	Toluen	Wasser/ Ethylenglykol	Wasser/ Formamid	Wasser/ Toluen
unbehandelt	27,3	42,5	26,0	21,6	65,8	68,0	67,6
Epoxysilan-Finish	53,6	51,4	39,7	23,2	48,2	48,3	53,2
Methacrylsilan-Finish	60,1	59,2	50,4	27,2	43,7	43,5	49,0
Epoxysilan-Methacrylsilan-Kieselsol-Finish	78,0	49,7	52,7	28,9	33,4	40,9	39,2
	Randwinkel nach GRINDSTAFF (°)				σ_s (mN/m)		
unbehandelt	37,4	46,2	36,0	33,9	59,8	60,8	61,3
Epoxysilan-Finish	62,2	52,0	39,3	29,0	42,9	42,5	47,6
Methacrylsilan-Finish	46,5	61,0	49,0	34,4	42,9	59,2	56,1
Epoxysilan-Methacrylsilan-Kieselsol-Finish	75,1	50,5	54,7	53,6	34,1	39,6	36,7

Werte in Tab. 3.3. der gravimetrischen Randwinkelmessung der Vorrang zu geben wäre, ist ihre Anwendung auf Faserstoffe mit regelmäßigem Querschnitt und hoher Steifigkeit, die ein senkrechtes Eintauchen der Schnittfläche in die Flüssigkeit gewährleistet, beschränkt. Faserstoffe, die einen unregelmäßigen Querschnitt aufweisen oder gekräuselt bzw. texturiert sind, müssen daher mit der Methode nach GRINDSTAFF untersucht werden. Für derartige Faserstoffe sind wahrscheinlich auch die übrigen in der Literatur aufgeführten Methoden für Faserstoffe [28, 29] nicht geeignet.

An textilen Flächengebilden hängt die Benetzbarkeit außer vom Randwinkel zwischen den Elementarfäden und der Flüssigkeit auch von der Faden- und Flächengebildekonstruktion ab.

Der Krümmungsdruck Δp, der das Steigen von Flüssigkeiten in zylindrischen Kapillaren mit dem Radius r verursacht, ist durch die Beziehung

$$\Delta p = \frac{2\sigma_l \cos\theta}{r} \tag{3.16.}$$

gegeben (vgl. [27]).

Die Kinetik des Benetzungsprozesses von Kapillarsystemen, wie sie textile Flächengebilde darstellen, ergibt sich zu

$$\frac{h^2}{t} = \frac{F \cdot \sigma_p \cdot \cos\theta}{2\eta}, \tag{3.17.}$$

h – Steighöhe
t – Zeit
F – Konstante, die abhängig von der Form der Kapillaren ist
η – Viskosität der Flüssigkeit

Die Konstante F kann nach LANGMANN [31] durch Messung der Benetzungsgeschwindigkeit in spreitenden Flüssigkeiten ermittelt werden. Unter der Voraussetzung, daß sich durch die Benetzung der Kapillardurchmesser nicht ändert, läßt sich unter Verwendung von Gl. (3.17.) aus Messungen der Benetzungsgeschwindigkeit in Flüssigkeiten bekannter Oberflächenspannung θ bzw. σ_s für die Faserstoffe bestimmen.

Es sind noch eine Anzahl von Methoden in der Literatur beschrieben, die es für textile Flächengebilde gestatten, Tendenzen in der Änderung der freien Oberflächenenergie zu erfassen. Dies sind beispielsweise die Methode der Prüfung des Untersinkens von Prüflingen in Flüssigkeiten unterschiedlicher Oberflächenspannung, nach MUTCHLER, MENKERT und SCHWARTZ [32], die Messung der Untersinkzeit in Flüssigkeiten [33], die Prüfung der Hydrophobie oder Oleophobie von textilien Flächengebilden [34].

3.1.4. Weitere Einflußfaktoren auf den Randwinkel

Der Randwinkel zwischen Festkörpern und Flüssigkeiten gegebener Oberflächenspannung wird außer durch die freie Oberflächenenergie noch durch die Parameter Rauhigkeit des Festkörpers, Adsorption von Molekülen aus dem Gasraum an der Festkörperoberfläche, Deformierbarkeit der Oberflächenschicht des Festkörpers beeinflußt.

Der Zusammenhang zwischen dem durch die freie Oberflächenenergie bedingten Randwinkel θ_0 und dem an realen, d. h. mehr oder weniger rauhen Oberflächen gemessenen Randwinkel $\bar{\theta}$ wird durch die WENZELsche Gleichung (3.18.) gegeben

$$\cos \bar{\theta} = R \cdot \cos \theta_0, \tag{3.18.}$$

wobei R der Rauhigkeitsfaktor, der Quotient aus tatsächlicher und geometrischer Oberfläche des Festkörpers ist.

Aus Gl. (3.18.) geht somit hervor, daß für $\theta_0 < 90°$ eine Verbesserung der Benetzung durch eine Zunahme der Rauhigkeit bewirkt wird, während bei $\theta_0 > 90°$ die Benetzung durch die Rauhigkeit verschlechtert wird. Die Randwinkelhysterese, d. h. die Differenz zwischen Vorrück- und Rückzugswinkel, wird ebenfalls stark durch Oberflächenrauhigkeiten beeinflußt (vgl. [2]). Bei der Bestimmung der freien Oberflächenenergie von Polymeren wird allgemein davon ausgegangen, daß diese nicht durch die Adsorption von Wasser aus der Atmosphäre oder von Dämpfen der zur Messung verwendeten organischen Lösungsmittel verändert wird. Diese Annahme ist jedoch nicht generell richtig. So ist beispielsweise die freie Oberflächenenergie von Cellulosefaserstoffen und Wolle (vgl. [24, 35]) stark von der relativen Feuchte der umgebenden Luft abhängig. Für den Fall der Adsorption geht Gl. (3.1.) in Gl. (3.19.) über

$$\sigma_{sg} = \sigma_{sl} + \sigma_{lg} \cdot \cos \theta - \pi_e \tag{3.19.}$$

$$\pi_e = RT \int_{p=0}^{p} \Gamma d(\ln p) \tag{3.20.}$$

π_e — Gleichgewichtsfilmdruck Γ — Bedeckungsgrad p — Dampfdruck

Über die Größe des Gleichgewichtsfilmdruckes adsorbierter Gase auf Polymeren liegen in der Literatur nur wenig Angaben vor, allgemein wird π_e gleich Null gesetzt.

Nach DAVIS [36] kann jedoch selbst für ein wenig polares Polymer wie PTFE bei Verwendung von Alkanen als Meßflüssigkeit mit einem Filmdruck von ca. 3 mN/m erwartet werden, so daß freie Oberflächenenergien bestimmt werden, die um den genannten Betrag zu niedrig sind. Da alle Polymere aus feuchter Luft Wasser adsorbieren, ist damit zu rechnen, daß die freien Oberflächenenergien und insbesondere der polare Term bei Messungen in realer Atmosphäre deutlich niedriger sind, als sie aus molekularen Parametern des Festkörpers bzw. dessen Oberfläche errechnet werden.

Werden jedoch Korrelationen zwischen der freien Oberflächenenergie und technologisch interessanten Parametern der Polymeren abgeleitet, dann ist die um π_e erniedrigte freie Oberflächenenergie zu verwenden, da die technologischen Prozesse meist ebenfalls in realer Atmosphäre ablaufen.

Nach verschiedenen Autoren (vgl. [37]) tritt bei der Benetzung von Festkörpern mit einem E-Modul $< 10^6$ mN/m² eine merkbare Deformation der Grenzfläche ein, die zu Verfälschungen der Randwinkelwerte führt. Diese Erscheinung ist also vorrangig bei Elasten zu erwarten. Da bei Polymeren mit bevorzugter Orientierung der Makromoleküle der E-Modul anisotrop ist, ist an diesen Polymeren bei hinreichend niedrigem E-Modul der gemessene Randwinkel orientierungsabhängig.

Eigene Messungen des Randwinkels von Wasser parallel und senkrecht zur Reckrichtung an monoaxial gereckten Polyamid-6- und Polyethylenterephthalatfolien ergaben, daß der gemessene Randwinkel unabhängig von der Reckung ist. Es kann also angenommen werden, daß bei der Randwinkelmessung an den wichtigsten synthetischen Faserstoffen keine nennenswerte Deformation der Oberflächenschicht eintritt.

3.1.5. Ergebnisse von Messungen der freien Oberflächenenergie an Polymeren

Aus der Literatur sind zahlreiche Untersuchungsergebnisse zur Bestimmung der freien Oberflächenenergie aus Randwinkelmessungen an Polymeren, die in Platten- oder Folienform vorlagen, bekannt. Eine Übersicht ist für die technologisch wichtigsten Polymere in Tab. 3.4. gegeben.

Aus der Tabelle geht hervor, daß die von RABEL [38] an ein und demselben Form-

Tabelle 3.4. Freie Oberflächenenergie von Polymeren (mN/m)

Polymer	OWENS und WENDT			Literatur	WU			Literatur	ZISMAN	Literatur
	σ^d	σ^p	σ		σ^d	σ^p	σ		σ_c	
Polytetra-	12,5	1,5	14,0	[14]	20,8	1,7	22,5	[22]	22	[39]
fluorethylen	18,5	0	18,5	[38]					18,5	[38]
Polyvinyl-										
fluorid	23,2	7,1	30,3	[14]	23,3	5,1	28,4	[22]	28	[39]
Polyethylen	32,0	1,1	33,1	[14]	35,4	0,7	36,1	[22]	31	[39]
	31,6	0,2	31,8	[38]					30,5	[38]
Polypropylen	30,5	0,7	31,2	[38]					30,0	[38, 40]
Polystyren	40,8	6,2	47,0	[14]	38,8	3,8	42,6	[22]	33	[39]
	36,5	1,5	38,0	[38]					37,7	[38]
Polyvinyl-	40,0	1,5	41,5	[14]	41,9	3,7	45,6	[22]	40	[39]
chlorid	36,5	1,6	38,1	[38]					37,5	[38]
Polyamid-66	34,1	9,1	43,2	[14]	35,0	12,9	47,9	[22]	46	[39]
Polyamid-6									39,6	[40]
Polyethylen-	37,8	3,5	41,3	[14]	32,8	9,3	42,1	[22]	43	[14, 41]
terephthalat	32,9	4,5	37,4	[38]					38,5	[38]
Polycarbonat	37,0	1,8	38,8	[38]						
Polyacrylnitril									44	[41]

körper nach OWENS und WENDT und nach ZISMAN ermittelten σ_s- bzw. σ_c-Werte gut übereinstimmen. Für den Vergleich der übrigen aufgeführten Werte ist zu berücksichtigen, daß die Messungen an unterschiedlichen Substanzen durchgeführt wurden, so daß die Abweichungen nicht durch die angewendeten Auswerteverfahren bedingt sein müssen, sondern auch durch Verunreinigungen oder strukturelle Unterschiede der verwendeten Polymeren verursacht sein können. Da die Terme der Oberflächenspannung der Meßflüssigkeiten in der Literatur stark schwanken (s. Tab. 3.1.), können je nach Wahl der eingesetzten Flüssigkeitspaare und der verwendeten Zahlenwerte relativ starke Unterschiede für σ_s^d bzw. σ_s^p für die einzelnen Polymeren erhalten werden.

Tabelle 3.5. Freie Oberflächenenergie von Polymeren und Polymermischungen nach OWENS und WENDT bzw. WU berechnet (mN/m)

Polymer	Anilin — Wasser						Anilin — Glycerin					
	OWENS und WENDT			WU			OWENS und WENDT			WU		
	σ_s^d	σ_s^p	σ_s	σ_s^d	σ_s^p	σ_s	σ_s^d	σ_s^p	σ_s	σ_s^d	σ_s^p	σ_s
Polyethylen-terephtalat (PETP)	28,0	13,1	41,1	27,1	18,3	45,4	26,5	14,1	40,6	27,3	17,4	34,7
Polyethylen (PE)	28,6	3,7	32,3	24,2	9,5	33,7	32,5	1,0	33,5	26,9	5,2	32,1
Polystyren (PS)	26,5	8,1	32,6	24,4	13,9	38,3	31,1	3,1	34,2	26,5	8,3	34,8
Polypropylen (PP)	22,7	8,1	30,8	21,3	13,5	34,8	29,3	1,6	30,9	24,4	6,2	30,6
Polyamid-6 (PA)	18,2	35,0	53,0	24,3	32,8	57,1	23,7	17,1	40,8	25,7	19,5	45,2
PETP/PS/70:30	19,2	20,6	39,8	21,7	23,0	44,7	23,2	10,6	33,8	23,0	14,9	37,9
PETP/PE/70:30	19,5	18,6	38,1	21,7	21,5	43,2	25,1	7,6	32,7	23,4	12,6	36,0
PETP/PE/50:50	17,5	21,3	38,8	20,0	23,4	43,4	23,1	7,6	30,7	21,9	12,4	34,3
PA/PE/70:30	21,1	16,7	37,8	22,4	20,3	42,7	33,2	1,3	34,5	27,7	5,5	33,2

In Tab. 3.5. sind die freien Oberflächenenergien einer Reihe von Polymeren und ihren Mischungen (die in Folienform vorlagen) aufgeführt, die nach OWENS und WENDT bzw. WU aus den Ergebnissen von Randwinkelmessungen mit verschiedenen Flüssigkeitspaaren errechnet wurden. Es ist ersichtlich, daß nach beiden Auswerteverfahren die Tendenz in der Änderung der freien Oberflächenenergie bzw. ihrer Terme als Funktion der Polymerzusammensetzung annähernd gleich wiedergegeben wird und daß die Absolutwerte in geringerem Maße vom Auswerteverfahren als vom verwendeten Flüssigkeitspaar abhängen.

Nach YABE u. Mitarb. [42] haben die nach WU bestimmten Werte von σ_s bzw. σ_s^d und σ_s^p eine höhere technologische Relevanz, wenn der Anschmutzungsprozeß von Polyethylen, Polystyren, Polyvinylalkohol und verschiedenen Cellulosederivaten betrachtet wird. Intensive Untersuchungen von GÖBEL [24] ergaben, daß an Cellulosefaserstoffen nach WU die sichereren Werte erhalten werden. Für oberflächenoxydiertes Polyethylen soll jedoch das Auswerteverfahren nach OWENS und WENDT die theoretisch zu erwartenden Werte besser wiedergeben [43].

Insgesamt wird eingeschätzt, daß für Faserstoffe in Anbetracht des relativ großen Fehlers bei der Randwinkelmessung und der theoretischen Unsicherheiten aller drei angeführten Auswertemethoden die Frage des besten Auswerteverfahrens von untergeordneter Bedeutung ist.

Aus der Vielzahl der an Polymeren erhaltenen Meßergebnisse zur freien Oberflächen-

Tabelle 3.6. Zusammenhänge zwischen σ_c und der chemischen Konstitution ($\vartheta = 20\,°C$) nach ZISMAN [39]

Funktionelle Gruppe	σ_c (mN/m)
$-CF_3$	6
$-CF_2H$	15
$-CF_2-CF_2-$	18,5
$-CF_2-CFH-$	22
$-CH_3$	22--24
$-CF_2-CH_2-$	25
$-CFH-CH_2-$	28
$-CH_2-CH_2-$	31
$=CH-$	35
$-CClH-CH_2-$	39
$-CCl_2-CH_2-$	40
$=CCl_2$	43

energie lassen sich Zusammenhänge zwischen der chemischen Konstitution und der freien Oberflächenenergie von Polymeren ableiten. Von ZISMAN u. Mitarb. [39] wurden so aus den Ergebnissen von σ_c-Messungen an Polymeren bzw. Filmen langkettiger organischer Verbindungen den funktionellen Gruppen bestimmte Werte der freien Oberflächenenergie zugeordnet (Tab. 3.6.).

Für $\sigma_s{}^p$ geht aus Tab 3.5. hervor, daß dieser Term mit dem Gehalt an Heteroatomen zunimmt, eigene Untersuchungen an Polyesterfaserstoffen zeigen jedoch, daß $\sigma_s{}^p$ außerordentlich stark von der Struktur der Oberflächenschicht abhängt [44].

Der Einfluß einer chemischen Modifizierung auf die freie Oberflächenenergie wurde insbesondere an Polyethylen untersucht. So steigt nach BASZKIN u. Mitarb. [45] durch eine Oxydation mit Kaliumchlorat $\sigma_s{}^p$ deutlich an, während $\sigma_s{}^d$ nur wenig verändert wird. Die Zunahme von $\sigma_s{}^p$ ist der Erhöhung der Carboxyl- und Carbonyl-Gruppen an der Oberfläche proportional. Auch durch eine Pfropfung mit Maleinsäureanhydrid wird die freie Oberflächenenergie von Polyethylen erhöht [45]. Ausführlich wurde von RABEL der Einfluß einer Glimmentladung in Luft auf die einzelnen Terme der freien Oberflächenenergie von Polyethylen- und Polyethylenterephthalatfolien untersucht [38]. Es wurde eine Erhöhung von $\sigma_s{}^p$ und eine schwache Erniedrigung von $\sigma_s{}^d$ festgestellt, so daß insgesamt σ_s mit steigender Intensität der Glimmentladung zunimmt.

Der Einfluß der physikalischen Struktur auf die freie Oberflächenenergie von Polymeren kommt u. a. in der Unstetigkeit der Temperaturfunktion der freien Oberflächenenergie bei der Glasumwandlungstemperatur zum Ausdruck (Abb. 3.6.).

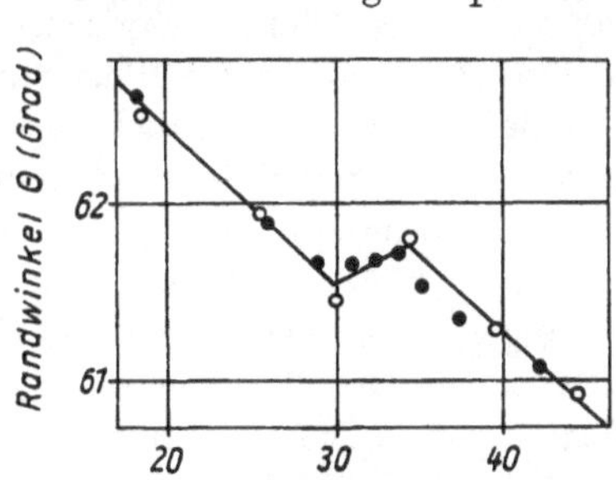

Abb. 3.6. Benetzung eines Vinylacetat/Vinylchlorid-Copolymeren durch Wasser nach A. W. NEUMANN [27]

Von Lee [41] wurde ein quantitativer Zusammenhang zwischen σ_c und der Glasumwandlungstemperatur T_g abgeleitet

$$\sigma_c^{0,86} = (0{,}03RTg - 1{,}5)\,(n\Phi^2/Vm^{0,71}), \tag{3.21.}$$

n — Freiheitsgrad V_m —Molvolumen Φ — Wechselwirkungsparameter

der für zahlreiche wenig polare Polymere nachgewiesen wurde. Die Ableitung wurde unter Anwendung der Theorie der Kohäsions-Energie-Dichte und der Löslichkeit von Nichtelektrolyten vorgenommen. Auf ähnlicher Grundlage beruht die Ableitung des Zusammenhangs zwischen der Molmasse und der freien Oberflächenenergie von Polymeren von Legrand und Gaines [46].

Zur Abhängigkeit der freien Oberflächenenergie von der Feinstruktur und der Orientierung der Makromoleküle existieren keine theoretisch fundierten Vorstellungen.

3.1.6. Freie Oberflächenenergie von Faserstoffen

3.1.6.1. Einfluß einer chemischen und physikalischen Modifizierung

Einige Werte der freien Oberflächenenergie handelsüblicher Faserstoffe sind in Tab. 3.7. aufgeführt.

Tabelle 3.7. Freie Oberflächenenergie von handelsüblichen Faserstoffen (mN/m)

Faserstoff	σ_c	Literatur	σ_s^d	σ_s^p	σ_s	Literatur
Polyamid-6						
Dederon, b-Type	39	[56]	31,3	12,9	43,2	[56]
Perlon	46	[31]				
Polyethylen-terephthalat						
Grisuten, b-Type	42	[56]	29,2	7,8	37,0	[56]
Diolen	43	[31]				
Polyacrylnitril						
Wolpryla 65, b-Type	36,5	[56]	20,2	17,2	37,4	[56]
Polypropylen						
Meraklon	28	[31]				
Viskose bei						
32% rel. Feuchte			27,4	34,8	62,2	[24]
84% rel. Feuchte			24,5	45,0	69,5	[24]

Diese Werte stimmen annähernd mit der freien Oberflächenenergie der entsprechenden Massepolymeren (Tab. 3.4.) überein. Detaillierte Aussagen über Struktur-Eigenschaftsbeziehungen vermitteln jedoch erst Messungen an chemisch und physikalisch modifizierten Faserstoffen, da die in Tab. 3.7. aufgeführten Handelsfasern in nicht bekanntem Umfang Modifizierungsbestandteile, Verunreinigungen und Präparationsmittelreste enthielten.

In Tab. 3.8. sind die aus Randwinkelmessungen gegenüber Wasser und Methyleniodid (nach Grindstaff) ermittelten Werte der freien Oberflächenenergie von chemisch modifizierten Polyacrylnitrilfasern sowie die nach Gl. (1.49.) errechneten Hamaker-Konstanten aufgeführt. Es ist ersichtlich, daß der Dispersionsterm durch die Modifi-

Tabelle 3.8. Freie Oberflächenenergie von chemisch modifizierten PAN-Fasern (mN/m)

85···82,5% AN 15% ASME 0···2,5% NaAS	OWENS und WENDT			WU			A (10^{-20} J)
	σ_s^d	σ_s^p	σ_s	σ_s^d	σ_s^p	σ_s	
0% NaAS	20,2	19,4	39,5	25,6	20,5	46,5	5,817
0,5%	21,0	21,2	42,1	26,5	22,5	48,9	5,587
1,0%	20,1	20,0	40,1	25,9	21,3	47,1	5,658
1,5%	19,7	27,8	47,5	26,3	27,1	53,4	5,783
2,5%	19,1	28,4	47,5	25,6	27,5	53,1	5,903
92,75···67,75% AN 2,25% NaAS 5···30% VCl_2							
5% VCl_2	22,9	21,8	44,7	27,9	23,4	51,3	5,949
10%	25,0	23,0	48,0	30,2	24,6	54,9	6,049
20%	23,5	24,3	47,8	28,9	25,4	54,2	6,108
30%	24,7	23,0	47,7	29,4	24,7	54,1	6,207
94,1···88,3% AN 0,8% NaAS 5···11% ASME							
5,1% ASME	22,9	18,2	41,1	26,9	20,7	47,6	6,02
7,6% ASME.	19,8	18,2	37,9	24,7	20,1	44,8	5,98
9,4% ASME	20,3	19,4	39,6	25,2	21,1	46,3	5,94
10,9% ASME	20,9	20,4	40,0	26,0	21,6	47,6	5,93

zierung nur geringfügig verändert wird. Dieser Befund korreliert mit der geringen Beeinflussung der HAMAKER-Konstanten. Durch die Copolymerisation mit vergleichsweise sehr geringen Mengen des dissoziationsfähigen Natriumallylsulfonates wird jedoch der polare Anteil der freien Oberflächenenergie stark erhöht, obwohl das Modifizierungsmittel homogen über den Faserquerschnitt verteilt ist. Durch die Copolymerisation von Vinylidenchlorid bzw. Acrylsäuremethylester mit Acrylnitril wird dagegen der polare Anteil nur geringfügig und in der Tendenz uneinheitlich beeinflußt. Ähnliche Ergebnisse wurden an Polyesterfaserstoffen erhalten (Tab. 3.9.). Auch hier wirkt die Substitution der Terephthalsäure durch relativ große Mengen aliphatischer Dicarbonsäure nur geringfügig auf die einzelnen Terme der freien Oberflächenenergie.

Tabelle 3.9. Freie Oberflächenenergie chemisch modifizierter Polyesterfaserstoffe (mN/m)

Modifizierung Substitution von Terephthalsäure durch	OWENS und WENDT			WU			A (10^{-20} J)
	σ_s^d	σ_s^p	σ_s	σ_s^d	σ_s^p	σ_s	
Adipinsäure 5%	22,7	17,6	40,3	27,4	20,0	47,4	6,20
10%	23,6	16,6	40,2	27,8	19,4	47,3	6,18
15%	23,5	16,6	40,1	27,9	19,3	47,2	6,03
25%	24,1	18,2	42,3	28,7	20,7	49,4	5,93
Sebacinsäure 5%	22,8	18,2	41,1	26,8	20,8	47,5	6,11
10%	20,3	18,8	39,0	25,4	20,6	46,0	6,10
15%	24,0	16,0	40,0	28,5	18,9	47,4	6,08
25%	24,8	18,8	43,6	29,0	21,3	50,3	6,04

Der Einfluß einer Modifizierung mit Molekülgruppen, die ionogene Gruppen enthalten, auf die Benetzung ist in Tab. 3.10. enthalten. Es ist ersichtlich, daß die Benetzungsgeschwindigkeit durch Wasser, die gemäß Gl. (3.17.) vom Randwinkel und damit von der freien Oberflächenenergie abhängt, durch eine strahlenchemische Pfropfung mit Acrylsäure und insbesondere durch eine anschließende Bildung des Natriumsalzes stark erhöht wird. Analoge Ergebnisse wurden für Polyamid-6 erhalten [68]. Für Polyamid ist zu erwarten, daß sowohl σ_s^d als auch σ_s^p mit steigender Kettenlänge der Monomereinheit, d. h. von Polyamid-4 zu Polyamid-11, abnehmen. Diese Annahme wird durch Untersuchungen von FORT [47], der σ_c an verschiedenen Polyamiden bestimmte und eine Abnahme von σ_c mit steigender Kettenlänge fand, bestätigt.

Tabelle 3.10. Benetzbarkeit durch Wasser von strahlenchemisch mit Acrylsäure gepfropftem Polyamidkettgewirk

Modifizierung	Vertikale Steighöhe (mm)	
	nach 60 s	nach 120 s
unmodifiziert	1	1
6% Acrylsäure	8	12
6% Acrylsäure, Natriumsalz	33	43

Die freie Oberflächenenergie von Cellulosefaserstoffen, speziell von Baumwolle, ist außerordentlich stark von der Vorbehandlung (Extraktion, Beuche, Mercerisation, Bleiche) sowie bei Acetatfaserstoffen vom Grad der Acetylierung abhängig (vgl. [13, 31]). Hydrophobierende Behandlungen führen zur Verminderung von σ_s^p, während durch eine Entfernung hydrophober Begleitstoffe σ_s^p erhöht wird. Analoges gilt für Wolle.

Orientierende Untersuchungsergebnisse zum Einfluß der Faserfeinstruktur auf die freie Oberflächenenergie liegen für Polyesterfaserstoffe vor (Tab. 3.11.).

Tabelle 3.11. Einfluß der Reckung auf die freie Oberflächenenergie von Polyesterfaserstoffen (Grisuten) (mN/m)

Reckverhältnis	nach OWENS und WENDT			nach WU		
	σ_s^d	σ_s^p	σ_s	σ_s^d	σ_s^p	σ_s
ungereckt	21,7	18,2	40,0	26,5	20,4	46,9
1:3,37	19,5	15,0	34,4	23,8	17,7	41,4

Die deutliche Abhängigkeit von σ_s von der Reckung deutet auf einen starken Einfluß der Feinstruktur hin.

Eine deutliche Veränderung der freien Oberflächenenergie von Polyesterfaserstoffen wird durch eine Behandlung mit wäßrigen Alkali-Lösungen bewirkt. Die Änderung von σ_s^d, σ_s^p und σ_s als Funktion der NaOH-Konzentration ist in Abb. 3.7. dargestellt.

Aus dem Kurvenverlauf geht hervor, daß mit steigender Behandlungskonzentration σ_s^p zunächst stark abfällt, um bei Konzentrationen $> 0{,}5$ g/l wieder leicht zuzunehmen. σ_s^d steigt in gleicher Weise, allerdings schwächer an, um bei höheren Konzentrationen abzufallen. Diese Änderungen der freien Oberflächenenergie sind nicht auf eine ver-

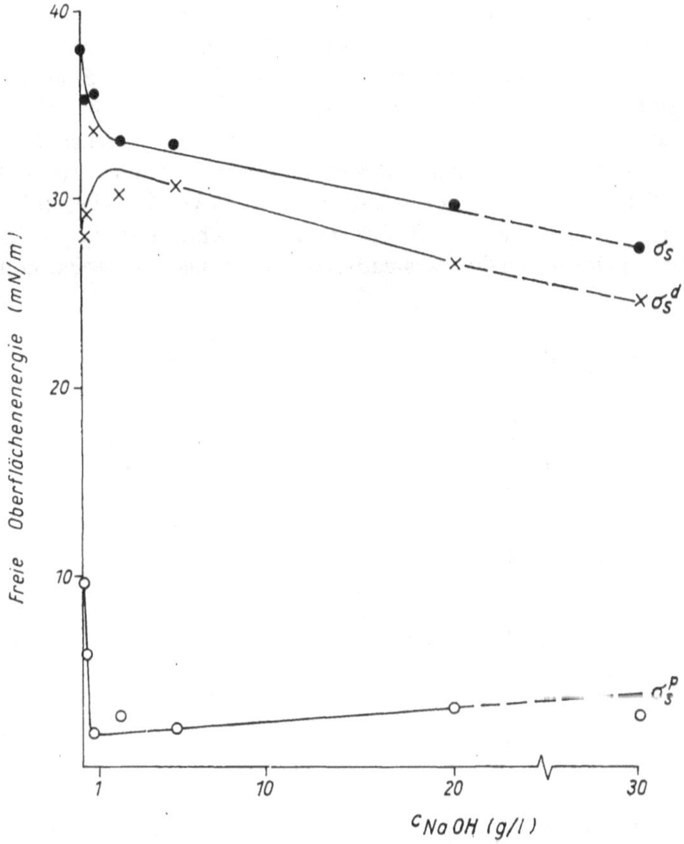

Abb. 3.7. Änderung der freien Oberflächenenergie von Polyesterfaserstoffen durch eine Alkalibehandlung (90 °C, 30 min) als Funktion der NaOH-Konzentration

änderte chemische Zusammensetzung der Oberflächenschicht zurückzuführen, da der Gehalt an OH- und COOH-Gruppen durch die Alkalibehandlung nicht beeinflußt wird [44]. Es ist anzunehmen, daß bei einer Alkalibehandlung weniger geordnete Oberflächenbereiche mit relativ hoher Polarität bevorzugt herausgelöst werden, wodurch eine Oberflächenschicht mit höherem Ordnungsgrad und einer gewissen Porosität entsteht.

3.1.6.2. Einfluß von Textilappreturen

Über den Einfluß von Textilappreturen auf die freie Oberflächenenergie von Faserstoffen fehlen systematische Untersuchungen; bisher bekannte Untersuchungsergebnisse lassen jedoch darauf schließen, daß bei vorgegebenem Appreturmittel die Beeinflussung der freien Oberflächenenergie vom Substrat, von der Konzentration in der Flotte und den Behandlungsbedingungen abhängt. Es sei zunächst die Änderung von σ_s durch relativ geringe Mengen von Appreturmitteln auf der Faserstoffoberfläche betrachtet.

In Abb. 3.29. ist σ_c von PAN-Fasern, die mit unterschiedlichen Mengen von Zirkoniumacetat behandelt wurden, dargestellt. Das deutliche Minimum stimmt mit einem ζ-Potential von Null überein. Durch die Kompensation der Ladungen der elektrochemischen Doppelschicht erfolgt offensichtlich eine Erniedrigung von σ_c, ein Überschuß positiver Ladungsträger in der Doppelschicht führt dann zur Erhöhung von σ_c. Aus Abb. 3.8. geht hervor, daß die Orientierung adsorbierter Kationtenside σ_c stark beeinflußt (vgl. [55]). Es ist weiterhin bekannt, daß selbst die freie Oberflächenenergie von PTFE durch die Adsorption kationaktiver und nichtionogener Tenside erniedrigt wird [66]. Eine Appretur von Faserstoffen mit hochdisperser Kieselsäure führt zu σ_c-Werten, die sowohl deutlich unter denen der Faserstoffe als auch von SiO_2 liegen [50]. Die durch verdünnte Tensidlösungen auftretende Benetzungsverschlechterung im Polymeren [50, 65] ist ebenfalls auf eine durch die Tensidadsorption verursachte Erniedrigung von σ_s zurückzuführen.

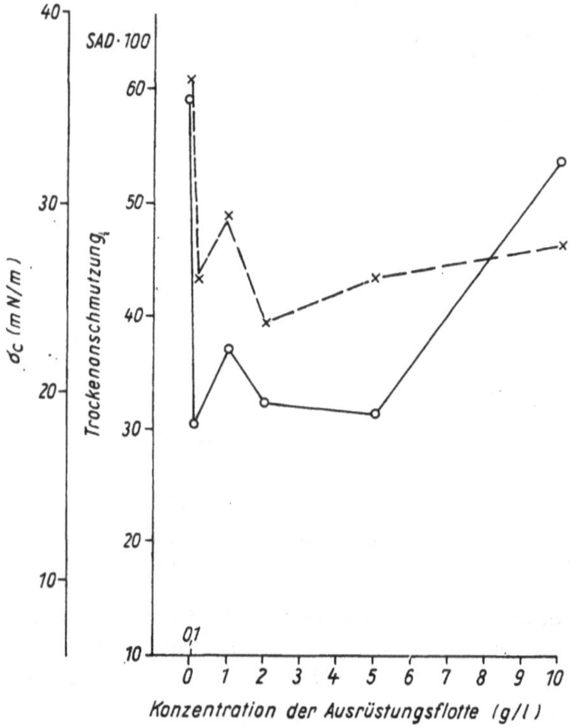

Abb. 3.8. σ_c und Trockenschmutzaufnahme von PAN-Fasern, die mit einem kationaktiven Textilhilfsmittel (CERAMIN HCS) in unterschiedlichen Konzentrationen behandelt worden waren

o ——— SAD · 100; × — — — σ_c;

Alle diese Untersuchungsergebnisse deuten darauf hin, daß analog der Gibbsschen Gleichung für die Oberflächenspannungserniedrigung von Lösungen auch die freie Oberflächenenergie von Festkörpern durch die Adsorption geeigneter Substanzen erniedrigt wird (s. a. [70]).

Eine schematische Übertragung von Gl. (3.22.)

$$\frac{d\sigma}{d \ln c} = -RT\Gamma \tag{3.22.}$$

c — Konzentration in der Lösung Γ — Oberflächenkonzentration von Flüssigkeiten auf Festkörper ist jedoch wegen der prinzipiellen Unterschiede des Oberflächenzustandes von Flüssigkeiten und Festkörpern, d. h. insbesondere wegen der energetischen Inhomogenitäten der Festkörperoberfläche, nicht möglich.

Qualitativ lassen sich aber die beschriebenen Untersuchungsergebnisse zum Einfluß der Adsorption auf die Benetzbarkeit und die Adhäsion (vgl. 3.1.7., 1.2.2.4., 2.3.3.4 3.3.4.1.) mit Hilfe der GIBBSschen Gleichung beschreiben.

Das Minimum der freien Oberflächenenergie bei einem ς-Potential von Null (Abb. 3.29.) deutet dagegen darauf hin, daß σ_s nur bis zu Konzentrationen, die zu einer Monoschichtbildung führen, durch die Adsorption von gelösten Substanzen vermindert wird.

Detaillierte Untersuchungen zum Zusammenhang zwischen der Adsorbierbarkeit von Hilfsmitteln und ihrer Beeinflussung von σ sollten wichtige Aussagen über die optimale Führung von Polymerverarbeitungsprozessen vermitteln.

Sind Appreturmittel in Konzentrationen, die weit über einer Monoschichtbedeckung liegen, auf Faserstoffen vorhanden, dann wird durch Randwinkelmessungen die freie Oberflächenenergie des Appreturmittels selbst bestimmt. So zeigen oleophobierende Appreturen erwartungsgemäß niedrige und hydrophilierende Appreturen hohe Werte von σ_s^p.

Der Einfluß von Substanzen, die in die Faserstoffe diffundieren, auf die freie Oberflächenenergie wurde bisher nicht untersucht. Untersuchungen von GOOD u. Mitarb. [66] an in Methyleniodid gequollenem Polystyren deuten auf einen starken Einfluß des Quellungszustandes hin.

3.1.7. Zusammenhänge zwischen der freien Oberflächenenergie und technologisch wichtigen Eigenschaften von Polymeren

3.1.7.1. Benetzung

Aus den unter 3.1.1. dargestellten Beziehungen geht hervor, daß die Benetzbarkeit von Festkörpern eine Funktion der freien Oberflächenenergien des Festkörpers und der Flüssigkeit sowie des Wechselwirkungsparameters Φ ist. Bei vorgegebener Oberflächenspannung einer reinen Flüssigkeit ist also die Benetzung um so besser, je höher σ_s und je ähnlicher die Natur der Wechselwirkungskräfte, d. h. je größer Φ ist. Aus der von WU abgeleiteten Beziehung (3.13.) geht hervor, daß optimale Benetzung dann eintritt, wenn $\sigma_s^p = \sigma_l^p$ ist [49]. Gemäß Gl. (3.17.) ist auch die Benetzungsgeschwindigkeit textiler Flächengebilde von σ_l, σ_s und Φ abhängig.

Erfolgt die Benetzung eines Festkörpers durch eine Flüssigkeit, die gelöste Substanzen enthält, dann kann durch selektive Adsorption eines Lösungsbestandteils am Festkörper die Benetzbarkeit durch die Flüssigkeit vermindert werden.

Bei den herkömmlichen Textilveredlungsprozessen, bei denen die Textilhilfsmittel aus wäßriger Lösung auf die Faserstoffe aufgebracht werden, treten im allgemeinen keine Benetzungsprobleme auf, da die Oberflächenspannung der Behandlungsflotten für eine gute Benetzung hinreichend niedrig ist. Probleme treten jedoch dann auf, wenn Polymere mit flüssigen oder gelösten Hilfsmitteln, wie Harzen, Klebstoffen oder ähnlichem, kontaktiert werden, um beispielsweise Klebverbindungen, faserverstärkte Polymerverbünde oder Vliesstoffe herzustellen.

Aus der Praxis ist weiterhin bekannt, daß wenig polare Polymere einer Oberflächenveredlung durch Lackieren, Beschichten und Bedrucken nicht ohne weiteres zugänglich sind. Die üblichen Verfahren zur Oberflächenvorbehandlung durch Oxydieren, Plasmabehandeln oder Beflammen [52] führen in jedem Fall über die Einführung polarer Gruppen zur Erhöhung von σ_s^p und damit zur Verbesserung der Benetzung.

3.1.7.2. Adhäsion

3.1.7.2.1. Allgemeines

Der Einfluß der freien Oberflächenenergie auf die Adhäsion ergibt sich aus der folgenden Betrachtung (vgl.[49]):

Da beim Lösen einer idealen Adhäsionsverbindung ein und derselben Substanz 1 die Oberfläche um einen Betrag geändert wird, der doppelt so groß wie die Haftfläche ist, gilt

$$W_A = -2\sigma_1 \tag{3.23.}$$

W_A — spezifische Adhäsionsarbeit

bzw.

$$\Delta G_A = -2\sigma_1 \tag{3.24.}$$

ΔG_A — freie Adhäsionsenthalpie

Für unterschiedliche Substanzen 1 und 2 ergibt sich dann

$$W_A = \Delta G_A = \sigma_{12} - \sigma_1 - \sigma_2. \tag{3.25.}$$

Werden in Gl. (3.25.) die von Good, Owens und Wendt oder Wu abgeleiteten Beziehungen für σ_{12} (Gl. 3.9., 3.11., 3.13.) eingesetzt, dann erhält man nach Good

$$W_A = -2\Phi \sqrt{\sigma_1\sigma_2}, \tag{3.26.}$$

nach Owens und Wendt

$$W_A = -2\sqrt{\sigma_1^d\sigma_2^d} - 2\sqrt{\sigma_1^p\sigma_2^p}, \tag{3.27.}$$

nach Wu

$$W_A = -\frac{4\sigma_1^d\sigma_2^d}{\sigma_1^d + \sigma_2^d} - \frac{4\sigma_1^p\sigma_2^p}{\sigma_1^p + \sigma_2^p}. \tag{3.28.}$$

Aus jeder dieser Beziehungen geht hervor, daß die spezifische Adhäsionsarbeit der freien Oberflächenenergie der Haftpartner proportional ist.

Für die Adhäsion einer nicht völlig spreitenden Flüssigkeit, z. B. eines Klebstoffs oder eines flüssigen Polymeren, auf einem Festkörper ergibt sich

$$W_A = \sigma_l(1 + \cos\theta) \tag{3.29.}$$

bzw. für rauhe Oberflächen

$$W_A = \sigma_l(1 + R\cos\theta), \tag{3.30.}$$

d. h., die spezifische Adhäsionsarbeit ist bei rauhen Oberflächen dann größer als bei glatten Oberflächen, wenn $\theta < 90°$. Ist $\theta > 90°$, dann ergeben rauhe Oberflächen die geringere Adhäsionsarbeit.

Für die maximale Adhäsionsarbeit zwischen einem Festkörper der kritischen Benetzungsspannung σ_c und Flüssigkeiten der Oberflächenspannung σ_l wurde von ZISMAN folgende Beziehung abgeleitet:

$$\cos\theta = 1 + b(\sigma_c - \sigma_l). \tag{3.31.}$$

Diese Beziehung gibt den linearen Zusammenhang zwischen $\cos\theta$ und σ_l für Flüssigkeiten einer homologen Reihe wieder.

Durch Einsetzen von Gl. (3.31.) und Gl. (3.29.) erhält man

$$W_A = (2 + b\,\sigma_c)\cdot\sigma_l - b\sigma_e^2 \tag{3.32.}$$

Da die maximale Adhäsionsarbeit dann auftritt, wenn

$$\frac{\delta W_A}{\delta\sigma_l} = 0$$

wird maximale Adhäsion dann beobachtet, wenn

$$\sigma_l = \frac{1}{b} + \frac{\sigma_c}{2}. \tag{3.33.}$$

Gemäß dieser Beziehung werden für eine Reihe von festen Polymeren die Flüssigkeitsoberflächenspannungen ermittelt, die eine maximale Adhäsion ermöglichen sollen [49]. Dabei zeigt sich jedoch (Tab. 3.12.), daß die entsprechenden σ_l-Werte höher als die zugehörigen σ_c-Werte sind, so daß keine Spreitung auftritt.

Nach einer Ableitung von KITASAKI und HATA (vgl. [49]) wird die maximale Adhäsionsarbeit dann erreicht, wenn

$$\sigma_l = \frac{1}{2b} + \frac{\sigma_c}{2} \tag{3.34.}$$

Gemäß dieser Beziehung ist die maximale Adhäsionsarbeit mit annähernd vollständiger bzw. 100%iger Spreitung verbunden. Eine exakte Prüfung der Anwendbarkeit von Gl. (3.33.) oder (3.32.) fehlt noch zur Zeit.

Tabelle 3.12. Werte der Oberflächenspannung von Flüssigkeiten, bei denen optimale Haftung an Polymeren erreicht wird; nach MITTAL [49], (mN/m)

Polymer	σ_c	$\frac{1}{b} + \frac{\sigma_c}{2}$	$\frac{1}{2b} + \frac{\sigma_c}{2}$
Polytetrafluorethylen	18,5	37,05	23,15
Polyethylen	31	55,5	25,5
Polystyren	33	52,2	34,35
Polyvinylichlorid	39	46,7	32,6
Polyvinylidenchlorid	40	57,0	38,5
Polyethylenterephthalat	43	54,8	38,15
Polyamid-66	46	60,0	41,50

Von Mittal [49] wurde eine umfangreiche Zusammenstellung der experimentellen Arbeiten zum Zusammenhang zwischen der Haftfestigkeit und oberflächenenergetischen Größen publiziert. Daraus geht hervor, daß für den Fall unvollständiger Benetzung ein Zusammenhang zwischen Haftfestigkeiten und $1 + \cos\theta$ gemäß Gl. (3.29.) existiert. Dies betrifft beispielsweise die Haftung eines Epoxy-Polyamid-Klebers auf Polyethylen (Abb. 3.9.).

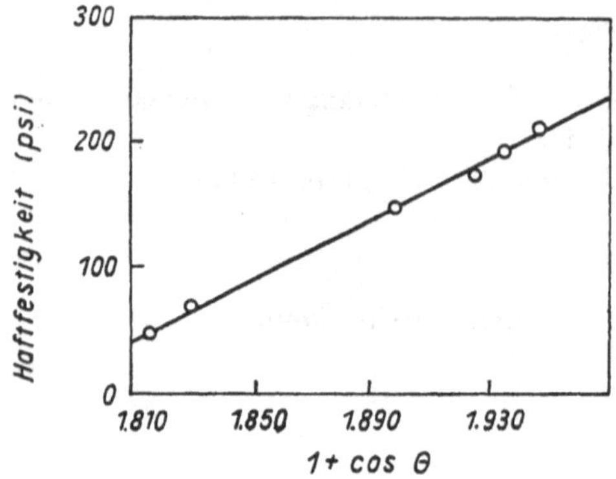

Abb. 3.9. Haftfestigkeit als Funktion von $1 + \cos\theta$ für das System Epoxy-Polyamid-Kleber/Polyetylen nach [49]

Bei vollständig netzenden Klebern wird Proportionalität zwischen der freien Oberflächenenergie des Feststoffes und der Haftfestigkeit beobachtet.

Nach Rabel [38] steigt die Klebfähigkeit von Polyethylen mit der durch Glimmentladungen verursachten Erhöhung von σ_s^p.

Von Chan und Howard [53] wurde nachgewiesen, daß die Klebwirkung polarer Acrylate mit steigender Oberflächenspannung der Acrylate zunimmt, für unpolare Acrylate existiert diese Korrelation jedoch nicht.

Nach Potente und Krüger [69] wird maximale Haftfestigkeit zwischen Alkyd- bzw. Acrylatharzen und verschiedenen Polymeren dann erreicht, wenn

$$\left(\frac{\sigma_1^p}{\sigma_2^p}\right) \approx 1.$$

Das Verhältnis

$$\frac{\sigma_1^d}{\sigma_2^d}$$

spielt dagegen eine untergeordnete Rolle.

In der Zusammenstellung von Mittal sind auch Beispiele, nach denen die grenzflächenenergetischen Größen die Haftung nur wenig beeinflussen. Bei einer kritischen Betrachtung des Zusammenhangs zwischen freier Oberflächenenergie und Adhäsion ist folgendes zu berücksichtigen:

a) Bei praxisnahen Messungen zur Bestimmung von Haftfestigkeiten (s. a. 1.2.1.) wird nicht die spezifische Adhäsionsarbeit gemessen, da die tatsächliche Haftfläche unbekannt ist. Im günstigsten Fall werden Meßwerte erhalten, die mit der spezifischen Adhäsionsarbeit im Zusammenhang stehen.

b) Werden der Dispersions- und der polare Term der freien Oberflächenenergie mit üblichen Meßflüssigkeiten (z. B. Wasser, Methyleniodid, Anilin) zur Randwinkelmessung bestimmt, dann können auch andere Wechselwirkungen erfaßt werden, als sie zwischen den Haftpartnern auftreten (z. B. Wasserstoff-Brückenbindungen).
c) Es können Änderungen der freien Oberflächenenergie eines Klebstoffes beim Härten auftreten, so daß u. U. der Randwinkel des flüssigen Klebstoffs auf dem Substrat kein Maß für die Wechselwirkung zwischen den festen Haftpartnern ist.
d) Beim Vorliegen von Diffusionsvorgängen sowie beim Auftreten chemischer Bindungen kann das Konzept der freien Oberflächenenergie nicht angewendet werden.

Bei Berücksichtigung dieser Einschränkungen lassen sich über Randwinkelmessungen jedoch wertvolle Aussagen über das Adhäsionsverhalten von Polymeren gewinnen.

3.1.7.2.2. Anschmutzen und Waschen textiler Faserstoffe

Von verschiedenen Autoren wurden die Zusammenhänge zwischen der freien Oberflächenenergie und dem Anschmutzungs- und Waschverhalten textiler Faserstoffe untersucht. So läßt sich die verminderte Aufnahme öligen Schmutzes durch Textilien, die mit Perfluorcarbonderivaten appretiert worden waren, auf die niedrige freie Oberflächenenergie zurückführen [54, 55]. Durch Appreturen, die die Aufnahme trockenen Pigmentschmutzes vermindern, tritt ebenfalls eine Senkung der freien Oberflächenenergie ein [55, 56]. Die Konzentrationsabhängigkeit der kritischen Benetzungsspannung und die Schmutzaufnahme von PAN-Fasern nehmen einen ähnlichen Verlauf, wenn sie mit Zirkoniumsalzen oder Kationtensiden behandelt werden (Abb. 3.8. und 3.29.).

Die Ursache für die Erniedrigung der Oberflächenenergie liegt hier in der Adsorption der angeführten Substanzen durch elektrostatische Wechselwirkungen.

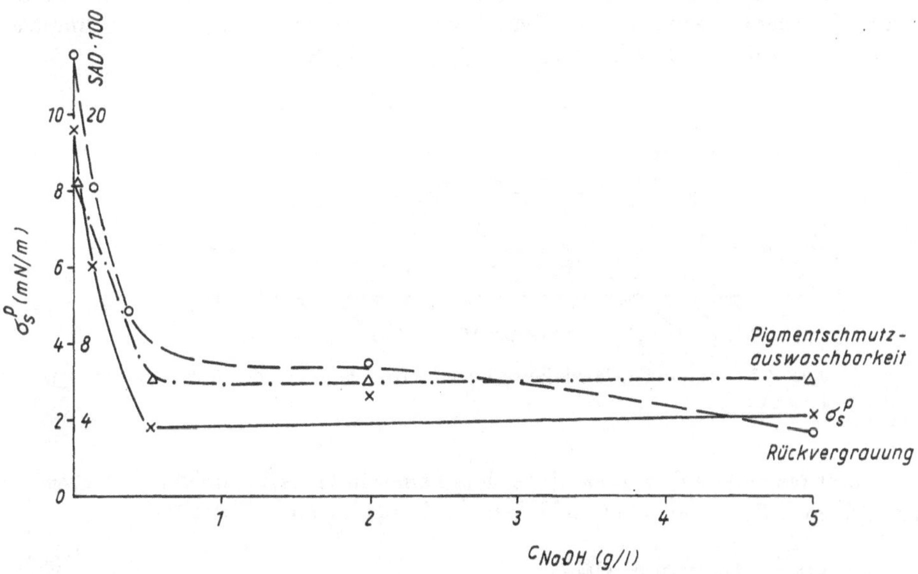

Abb. 3.10. Pigmentschmutzauswaschbarkeit, Rückvergrauungsneigung und σ_s^p von alkalisch behandelten Polyesterfaserstoffen (90 °C, 30 min)

Auch die Aufnahme fettigen Schmutzes ist der freien Oberflächenenergie der Faserstoffe proportional [57].

Gleichermaßen bestehen zwischen der freien Oberflächenenergie und der Schmutzaufnahme aus wäßriger Flotte Zusammenhänge.

In Abb. 3.10. ist die Rückvergrauungsneigung, d. h. die Neigung zur Aufnahme von Rußpartikeln aus wäßriger, fetthaltiger Dispersion, von alkalisch behandelten Polyesterfaserstoffen als Funktion der Behandlungskonzentration dargestellt. Im Vergleich mit Abb. 3.7. ist ersichtlich, daß die Rückvergrauung um so geringer ist, je niedriger σ_s ist (vgl. [44]).

Nach Yabe u. Mitarb. [42] ist die Aufnahme von Eisenoxinat, das als Testschmutz verwendet wurde, aus wäßriger oder CCl_4-Lösung der aus Randwinkelmessungen bestimmten Adhäsionsarbeit an einigen faserbildenden Polymeren proportional.
Nicht so eindeutig sind die Zusammenhänge zwischen der freien Oberflächenenergie und der Schmutzauswaschbarkeit von Faserstoffen. Der Waschvorgang stellt die Umkehrung der zwischen den Faserstoffen und den Schmutzpartikeln auftretenden Wechselwirkungskräfte dar. Da diese der freien Oberflächenenergie der Faserstoffe proportional sind, können Faserstoffe mit niedriger freier Oberflächenenergie auch eine gute Schmutzauswaschbarkeit aufweisen. Dies wird beispielsweise an alkalisch behandelten Polyesterfaserstoffen beobachtet (Abb. 3.10.).

Die Verdrängung der Schmutzpartikel setzt jedoch die Benetzung der Faserstoffe durch die Waschflotte voraus. Dies bedingt eine hinreichend hohe freie Oberflächenenergie der Faserstoffe und eine niedrige Oberflächenspannung der Waschlösung. Da auch eine Schmutzverdrängung durch die Adsorption von Wasser möglich ist (vgl. Kap. 1.2.2.3. und 2.3.3.4.1.), begünstigt ein auf hydrophile Gruppen zurückgehender hoher σ_s^p-Wert die Schmutzauswaschbarkeit.

Faserstoffe, die mit perfluorierten Verbindungen appretiert wurden, zeigen auf Grund der geringen Benetzbarkeit häufig eine schlechte Schmutzauswaschbarkeit. Sehr gründlich wurden bisher die energetischen Verhältnisse bei der Ablösung fettigen Schmutzes, insbesondere von Kling u. Mitarb. untersucht [58···60], (vgl. [61]).

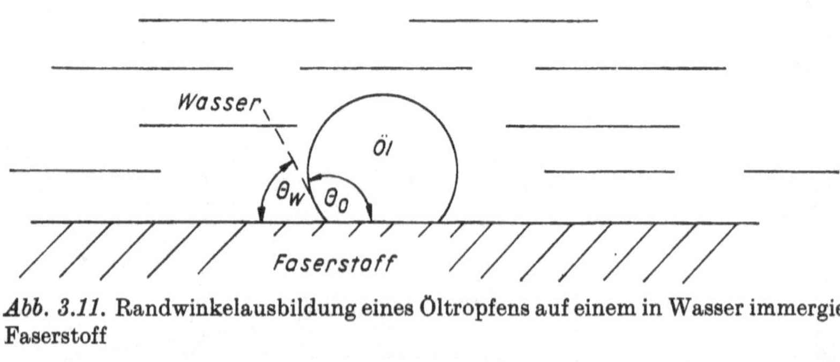

Abb. 3.11. Randwinkelausbildung eines Öltropfens auf einem in Wasser immergiertem Faserstoff

Betrachtet man einen Öltropfen, der sich auf einer in Wasser immergierten Faser befindet (vgl. Abb. 3.11.), so gelten die folgenden Beziehungen

$$\sigma_{FW} = \sigma_{FO} + \sigma_{WO} \cdot \cos \theta_0 \quad (3.35.)$$

$$\sigma_{FO} - \sigma_{FW} + \sigma_{WO} \cdot \cos \theta_W . \quad (3.36.)$$

Die Differenz von σ_{FO} und σ_{FW}, die von KLING und LANGE [60] als Umnetzungsspannung bezeichnet wird, ergibt sich demzufolge zu

$$\sigma_{FO} - \sigma_{FW} = \sigma_{WO} \cdot \cos\theta . \qquad (3.37.)$$

Es ist weiterhin

$$\sigma_{FO} - \sigma_{FW} = A_{FW} - A_{FO} . \qquad (3.38.)$$

A_{FO} bzw. A_{FW} – Adhäsionsarbeit

Für eine komplette Ölablösung (θ_0 =180°) muß $\cos\theta_W$ =1 sein, d. h.

$$\sigma_{FO} - \sigma_{FW} \geqq \sigma_{WO}$$

Ist $\sigma_{FO} - \sigma_{FW} < \sigma_{WO}$, dann verläuft die Umsetzung nur bis zu einem bestimmten Randwinkel θ_0 spontan. Zur Weiterführung der Umnetzung muß eine sogenannte „Restwascharbeit" A_R aufgebracht werden, die eine Funktion des Öltropfenvolumens V, des Randwinkels θ^0 und der Grenzflächenspannung σ_{WO} ist [60]:

$$A_R = \pi \left(3 \frac{V}{\pi}\right)^{\frac{2}{3}} \left[4^{\frac{1}{3}} - (2 + 3x - x^3)^{\frac{1}{3}} \sigma_{WO}\right] \qquad (3.39.)$$

x – $\cos\theta_0$

Die in Gl. (3.35.) bis (3.39.) enthaltenen Größen hängen von der Art des Öls, der Natur der faserbildenden Polymeren und der Zusammensetzung der wäßrigen Phase ab.

In Tab. 3.13. sind Werte für einige wichtige Polymere aufgeführt.

Tabelle 3.13. Randwinkel und Umnetzungsspannungen im System Faserstoff – wäßrige Tensidlösung – Parafinöl nach [62] bzw. [60]

Faserstoff	dest. Wasser (σ_{WO} = 58 mN/m)		0,01% Lissapol N*) (σ_{WO} = 9m N/m)		0,2% Lissapol N (σ_{WO} = 2 mN/m)	
	θ_0(°)	$\sigma_{FO} - \sigma_{FW}$	θ_0 (°)	$\sigma_{FO} - \sigma_{FW}$	θ_0 (°)	$\sigma_{FO} - \sigma_{FW}$
Polyethylen	52	−36	68	−3,3	110	0,7
PVC	71	−19	130	5,7	> 150	> 1,9
PETP (Terylene)	66	−24	142	7,0	> 150	> 1,9
PA 66	94	4	147	7,5	> 150	> 1,9
PAN (Orlon)	117	26	143	7,1	> 150	> 1,9
Viskose	144	47	> 150	> 7,7	> 150	> 1,9
*) Lissapol N – Octylphenolpolyglykolether						
	dest. Wasser (σ_{WO} = 45 mN/m)		0,058% NaDS (σ_{WO} = 24 mN/m)		0,173% NaDS (σ_{WO} = 11 mN/m)	
Glas**)	112	17	123	−13	138	8
PA-6**)	60	−22	120	−12	126	−7
**) (vgl. [62])						

Sie wurden durch Randwinkelmessungen im System Faserstoff – wäßrige Tensidlösung – Paraffinöl sowie durch Messung der Grenzflächenspannung Paraffinöl – wäßrige Tensidlösung erhalten (vgl. [60, 62]).

Es ist ersichtlich, daß die Umnetzungsspannung mit steigender Polarität bzw. Hydrophilie der Faserstoffe zunimmt. Durch den Tensidzusatz wird σ_{WO} stark erniedrigt, so daß eine spontane Umnetzung bzw. eine verminderte Restwascharbeit resultiert, obwohl auch die Umnetzungsspannung vermindert wird.

Im Vergleich mit Paraffinöl zeigt Olivenöl an den in Tab. 3.13. aufgeführten Polymeren offensichtlich eine höhere Wechselwirkungsenergie, die sich auch an polaren Faserstoffen in negativen Werten der Umnetzungsspannung in Wasser und stark verdünnten Tensidlösungen ausweist [62].

Die von Kling u. Mitarb. entwickelten theoretischen Vorstellungen zum Umnetzungsmechanismus konnten durch mikroskopische Untersuchungen qualitativ bestätigt werden [58]. Für den textilen Waschprozeß sind jedoch nicht nur die Gleichgewichtswerte der Grenzflächenspannungen, sondern auch die Kinetik ihrer Veränderung durch Tensidzusätze von Bedeutung. Gleiches gilt für ihre Beeinflussung durch die Quellung der Faserstoffe.

Hinsichtlich der zeitlichen Änderung der Oberflächenspannung wäßriger Tensidlösungen liegen umfangreiche theoretische und experimentelle Untersuchungsergebnisse vor (vgl. [63]), aus denen sich ableiten läßt, daß sich die im Waschprozeß auftretenden Änderungen der Flüssigkeitsoberflächenspannung im Sekundenbereich abspielen. Dies gilt jedoch nicht für die Veränderungen der Grenzflächenspannung des Faserstoffes infolge Quellung und Adsorption. Diese Vorgänge können selbst nach Stunden noch nicht abgeschlossen sein, wobei sowohl die Quellung als auch die Adsorption stark vom Faserstoff und der Art und Konzentration des Tensids abhängen (vgl. Kap. 3.2.).

3.1.8. Bestimmung von Benetzungsenthalpien

Die Messung der bei der Benetzung von Faserstoffen auftretenden thermischen Effekte, die Aussage über die Wechselwirkungsenergie zwischen dem Faserstoff und der netzenden Flüssigkeit erlaubt, stellt eine relativ einfach zu handhabende Methode dar. Es werden teils adiabatische und teils Mikrokalorimeter verwendet. Beim adiabatischen Kalorimeter (s. Abb. 3.12.) wird die in einer evakuierten Glasampulle befindliche Faserprobe in einem wärmeisolierten Gefäß nach der Zerstörung der Ampulle mit der Flüssigkeit in Kontakt gebracht und die auftretende Wärmetönung mit Hilfe eines Thermistors gemessen. Bei Kenntnis der Wärmekapazität des Meßsystems, die durch Eichmessungen ermittelt werden kann, läßt sich dann die frei gewordene Wärmemenge bestimmen.

Mikrokalorimeter arbeiten nach dem Prinzip der Wärmeflußmethode, d. h., es wird der Wärmefluß zwischen einer Meßzelle, die analog der des adiabatischen Kalorimeters gestaltet ist, und einem Wärmereservoir gemessen.

Da die bei Messungen an Faserstoffen auftretenden Wärmetönung von der Wechselwirkungsenergie zwischen den Flüssigkeits- und den zugänglichen Oberflächenmolekülen abhängen, können bei Kenntnis der zugänglichen Oberfläche Aussagen über die Wechselwirkungsenergien bzw. an Faserstoffen gleicher chemischer Zusammensetzung, aber unterschiedlicher spezifischer Oberfläche bzw. Porosität Aussagen zu diesen Parametern gemacht werden. Dabei ist jedoch zu berücksichtigen, daß während der Messung meist Quellungserscheinungen am Faserstoff auftreten, die zugängliche Oberfläche sich also während des Meßvorgangs ändert.

Über Messungen an nichtquellenden sowie zur Quellung neigenden Faserstoffen wurde versucht, die Aussagefähigkeit der Meßmethode für Faserstoffe zu erfassen.

In Tab. 3.14. sind Benetzungsenthalpien von Glas- bzw. Polyesterfaserstoffen in Wasser, die unter Verwendung eines adiabatischen Kalorimeters gemäß Abb. 3.12. gemessen wurden, im Vergleich mit den Ergebnissen anderer Untersuchungsmethoden aufgeführt.

Es ist ersichtlich, daß die Tendenzen in der Änderung der Hydrophilie als Folge der Thermo- bzw. der Alkalibehandlung auch durch die gemessenen Benetzungsenthalpien wiedergegeben werden. Es ist jedoch keine strenge Proportionalität zwischen H_B und der Oberflächenbedeckung mit OH-Gruppen bzw. dem Randwinkel gegen Wasser nachweisbar. Dies deutet darauf hin, daß die für Wasser zugängliche Oberfläche für die unterschiedlich behandelten Faserstoffe nicht gleich ist.

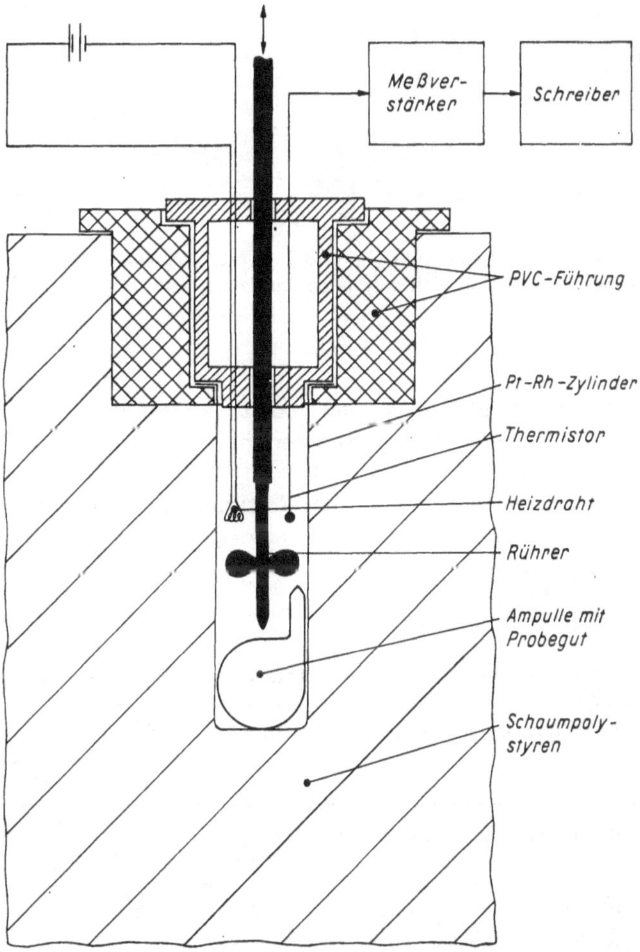

Abb. 3.12. Prinzip eines adiabatischen Kalorimeters zur Bestimmung von Benetzungsenthalpien

Von verschiedenen Autoren (vgl. [13]) wurden kalorimetrische Messungen an Faserstoffen zur Bestimmung der spezifischen Oberfläche durchgeführt, wobei die erhaltenen Meßergebnisse oft widersprüchlich sind. Eigene Untersuchungen an Polyacrylnitrilfasern unterschiedlicher spezifischer Oberfläche (nach BET durch Tieftemperaturgas-

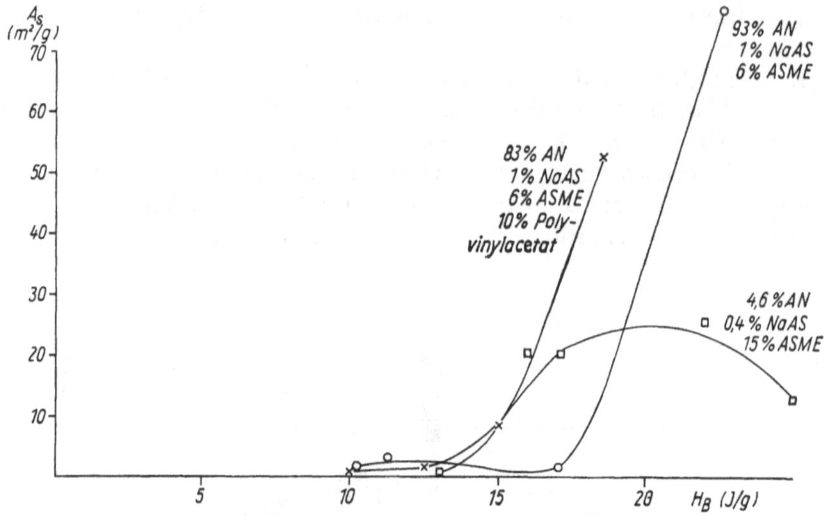

Abb. 3.12a: Spezifische Oberfläche und Benetzungsenthalpie in Wasser von porösen PAN-Fasern unterschiedlicher Zusammensetzung nach schonender Trocknung

adsorptionsmessungen bestimmt) zeigen, daß kein Zusammenhang zwischen der spezifischen Oberfläche der trockenen Fasern und der für Wasser zugänglichen Oberfläche existieren muß (Abb. 3.12a.).

Die Ergebnisse zeigen insgesamt, daß mit der Bestimmung von Benetzungsenthalpien lediglich an wenig quellenden Faserstoffen Tendenzen in der Änderung der Hydrophilie nachgewiesen werden können.

Tabelle 3.14. Benetzungsenthalpien H_B von Glas- und Polyesterfaserstoffen in Wasser

Lfd. Nr.	Faserstoff, Behandlung	H_B (J/g)	OH-Gruppengehalt/ Flächeneinheit	Randwinkel gegen Wasser
1	E-Glasseide, ohne thermische Behandlung	− 3,6	−22,8	
2	E-Glasseide, 5 h bei 350 °C behandelt	− 2,5	12,2	
3	E-Glasseide, 5 h bei 650 °C behandelt	− 1,5	11,2	
4	Polyesterseide, unbehandelt	−14,7		70,8
5	Polyesterseide, mit 0,01%iger NaOH-Lösung bei 90 °C 30 min behandelt	−13,3		80,1
6	wie 5, 0,05%ige NaOH-Lösung	−11,4		89
7	wie 5, 0,5%ige NaOH-Lösung	0		90
8	wie 5, 2%ige NaOH-Lösung	− 3,6		88,1
9	wie 5, 10%ige NaOH-Lösung	15,0		86

Literatur

[1] SCHWABE, K.: *Physikalische Chemie;* Bd. 1. Berlin: Akademie-Verlag 1973.
[2] JOHNSON, R. E., DETTRE, R. in MATIJEVIČ, E.: *Surface and Colloid Science.* Vol. 2. New York —London—Sydney—Toronto Wiley-Interscience 1969.
[3] SONNTAG, H.: *Lehrbuch der Kolloid-Wissenschaft.* Berlin: Verlag der Wissenschaften 1977.
[4] FOWKES, F. M. in *Chemistry and Physics of Interfaces.* Washington: Amer. Chem. Soc. 1967.
[5] BERGER, W., OLBRICHT, K., KAMMER, H.-W.: Faserforsch. u. Textiltechnik/Z. f. Polymerforsch. **27** (1976), S. 9—14.
[6] WU, S.: J. Phys. Chem. **74** (1970), S. 632.
[7] ZISMAN, W. A. in GOULD, R. F.: *Contact Angle, Wettability and Adhesion.* Adv. Chem. Ser. **43.** Washington: Amer. Chem. Soc. 1964.
[8] WOLFRAM, E.: Kolloid-Z./Z. f. Polymere **182** (1962), S. 75.
[9] GRAY, V. R.: Forest Prod. J. **12** (1962), S. 452.
[10] DANN, J. R.: J. Colloid Interf. Sci. **32** (1970), S. 302—331.
[11] PANZER, J.: J. Colloid Interf. Sci. **44** (1973), S. 142—161.
[12] RHEE, S. K.: J. Colloid Interf. Sci. **44** (1973), S. 173—174.
[13] v. HORNUFF, G., GÄRTNER, R.: Melliand Textilber. **51** (1970), S. 681—688, 799—805 und 935—944.
[14] OWENS, D. K., WENDT, R. C.: J. appl. Polymer Sci. **13** (1969), S. 1741—1747.
[15] SELL, P. J., NEUMANN, A. W.: Angew. Chemie **78** (1966), S. 321—331.
[16] DRIEDGER, O., NEUMANN, A. W., SELL, P. J.: Kolloid-Z./Z. f. Polymere **201** (1965), S. 52—57 und **204** (1965), S. 111—115.
[17] BAGDA, E.: Textilveredl. **9** (1974), S. 323—327.
[18] GOOD, R. J.: J. Colloid Interf. Sci. **59** (1977), S. 398—419.
[19] GOOD, R. J., ELBING, E.: Ind. Engn. Chem. **62** (1970), S. 54—78.
[20] GOOD, R. J. in LEE, L.-H.: *Adhesion Science and Technology.* New York—London/Plenum Press. 1975.
[21] BECHER, P.: J. Colloid Interf. Sci. **59** (1977), S. 429—432.
[22] WU, S.: J. Polymer Sci., Part *C* **34** (1971), S. 19—30.
[23] KAELBLE, D. H.: *Physical Chemistry of Adhesion.* New York—London—Sydney—Toronto: Wiley-Interscience 1971.
[24] GOEBEL, K.-H.: Dissertation. Akademie der Wissenschaften der DDR 1976.
[25] GRINDSTAFF, T. H.: Text. Res. J. **39** (1969), S. 958—962.
[26] GRINDSTAFF, T. H.: Text. Res. J. **45** (1975), S. 760—761.
[27] NEUMANN, A. W.: Chemie-Ingenieur-Techn. **42** (1970), S. 969—1016.
[28] YAMAKI, J., KATAYAMA, Y.: J. appl. Polymer Sci. **19** (1975), S. 2897—2909.
[29] CAROLL, B. J.: J. Colloid Interf. Sci. **57** (1976), S. 488—495.
[30] KÜHNERT, T., und RAYA, S. K.: unveröffentl. Ergebnisse 1979.
[31] LANGMANN, W.: *Chemie, physikalische Chemie und Anwendungstechnik grenzflächenaktiver Stoffe.* Berichte vom VI. Intern. Kongreß für grenzflächenaktive Stoffe. Zürich 1972. München, Carl-Hanser-Verlag 1973.
[32] MATCHLER, J. P., MENKART, J., SCHWARTZ, A. M.: Adv. Chem. Ser. 86. Washington: Amer. Chem. Soc. 1969.
[33] LINDNER, K.: *Tenside, Textilhilfsmittel, Waschrohstoffe.* Bd. II. Stuttgart: Wissenschaftliche Verlagsgesellschaft m. b. H. 1964.
[34] E. Merck, A. G. (Hrsg.): *Chemisch-technische Untersuchungsmethoden.* Weinheim: Verlag Chemie 1961.
[35] VALKO, E. J. in MARK, H., WOODING, N. S., ATLAS, S. M.: *Chemical Aftertreatment of Textiles* New York—London—Sydney—Toronto: Wiley Interscience 1971.
[36] DAVIS, B. W.: J. Colloid Interf. Sci. **59** (1977), S. 420—428.
[37] RUSANOV, A. J.: *Phasengleichgewichte und Grenzflächenerscheinungen.* Berlin: Akademie-Verlag 1978.
[38] RABEL, W.: Farbe und Lack **77** (1971), S. 997—1006.
[39] SHAFRIN, E. G., ZISMAN, A. W.: J. phys. Chem. **64** (1960), S. 519—524.
[40] NEUMANN, A. W., SELL, P. J.: Kunststoffe **57** (1967), S. 829—834.

[41] LEE, L.-H.: J. appl. Polymer Sci. **12** (1968), S. 719–730.
[42] YABE, A., SAITO, M., HAYASHI, M.: Vortrag VII. Internationaler Kongreß über grenzflächenaktive Stoffe Moskau 1976.
[43] BASZKIN, A., NISHINO, M., TER-MINASSIAN-SARAGA, L.: J. Colloid Interf. Sci. **59** (1977), S. 516–524.
[44] GROSSE, I., JACOBASCH, H.-J.: Faserforsch. u. Textiltechnik/Z. f. Polymerforsch. **29** (1978), S. 336–342.
[45] BASZKIN, A., TER-MINASSIAN-SARAGA, L.: J. Polymer Sci. Part *C* **34** (1977), S. 243–252.
[46] LEGRAND, D. G., GAINES, G. L.: J. Colloid Interf. Sci. **31** (1969), S. 162–167.
[47] FORT, T. jr. in GOULD, R. F.: Contact Angle. Wettability an Adhesion. Adv. Chem. Ser. **43**. Washington: Amer. Chem. Soc. 1964.
[48] KURILENKO, A. K., ALEKSANDROVA, L. B.: Sowj. Beiträge Faserforsch. u. Textiltechnik **2** (1965), S. 531–533.
[49] MITTAL, K. L. in LEE, L.-H.: *Adhesion Science and Technology*. New York–London: Plenum Press 1975.
[50] WOLFRAM, E.: Vortrag V. Internationale Tagung über grenzflächenaktive Stoffe. Berlin 1979.
[51] WIEDEMANN, G., FRENZEL, H., RENNER, U., PREISSLER, B.: Faserforsch. u. Textiltechnik/ Z. f. Polymerforsch. **25** (1974), S. 333–338.
[52] STOECKHERT, H.-K. (Hrsg.): *Veredeln von Kunststoff-Oberflächen*. München–Wien: Carl-Hanser-Verlag 1974.
[53] CHAN, H.-K., HOWARD, G. J.: J. Adhesion **9** (1978), S. 279–304.
[54] BERCH, J., PEPER, H., DRAKE, G. L.: Text. Res. J. **35** (1965), S. 252–260.
[55] GRIMM, H., JACOBASCH, H.-J., GROSSE, I., FERSE, A.: Wiss. Z. TU Dresden **20** (1971), S. 739 bis 749.
[56] JACOBASCH, H.-J.: Dissertation (B) Akademie der Wissenschaften der DDR 1977.
[57] PUDERBACH, H., KURZENDÖRFER, P.: Textilveredl. **11** (1976), S. 296–301.
[58] KLING, W.: Kolloid-Z. **115** (1949), S. 37–44.
[59] KLING, W., KOPPE, H.: Melliand-Textilber. **30** (1949), S. 23–25.
[60] KLING, W., LANGE, H.: Kolloid-Z. **142** (1955), S. 1–5.
[61] SCHOTT, H. in CUTLER, W. G., DAVIS, R. C.: *Detergency. Theory and Test Methods*. Part I. New York: Marcel Dekker Inc. 1972.
[62] STEWART, J. C., WHEWELL, C. S.: Text. Res. J. **30** (1960), S. 903–912.
[63] MILLER, R.: Dissertation, Akademie der Wissenschaften der DDR 1978.
[64] KAELBLE, D. H.: J. Adhesion **6** (1974), S. 23–48.
[65] WASOW, G.: Dissertation, Akademie der Wissenschaften der DDR 1979.
[66] LUNKENHEIMER, K.: Veröffentlichung in Vorbereitung.
[67] GOOD, R. J., KOTSIDAS, E. D.: J. Adhesion **10** (1979), S. 17–24.
[68] BOBETH, W., GROSSE, I., MALLY, A.: Bekleidung u. Maschenware **19** (1980), S. 88–90.
[69] POTENTE, H., KRÜGER, R.: Farbe und Lack **84** (1978), S. 72–75.
[70] VAN VOORST VADER, F.: Colloid Polymer Sci. **257** (1979), S. 893–901.
[71] FOWKES, F. M. in MITTAL, K. L. (Hrsgb.): *Physicochemical Aspects of Polymer Surfaces*. New York–London: Plenum Press 1983.

3.2. Elektrokinetische Erscheinungen an Faserstoffen

3.2.1. Struktur der elektrochemischen Doppelschicht

Befinden sich Festkörper im Kontakt mit wäßrigen Elektrolytlösungen, dann liegt an der Phasengrenze eine andere Verteilung elektrischer Ladungsträger als im Inneren der festen bzw. flüssigen Phase vor.

Eine Anreicherung von Ladungsträgern an der Phasengrenze ist für Polymere durch die Dissoziation entsprechender Molekülgruppen an der Phasengrenze und/oder die unterschiedlich starke Adsorption von Anionen und Kationen an der Grenzfläche möglich. Die an der Festkörperoberfläche befindlichen Ladungsträger treten mit den in der

Elektolytlösung befindlichen Ionen in Wechselwirkung, wobei sich eine elektrochemische Doppelschicht ausbildet. Für die Beschreibung der Ladungsverhältnisse an der Phasengrenze festes Polymer — Elektrolytlösung wird allgemein vom STERNschen Modell [1] der elektrochemischen Doppelschicht ausgegangen. Danach werden an der Grenzfläche Ionen fest adsorbiert. Die Ladung dieser sowie durch Dissoziation entsprechender Molekülgruppen an der Grenzfläche befindlicher Ionen wird durch Gegengenionen, die sich starr gegenüber den Ionen an der Grenzfläche befinden, sowie durch Gegenionen, die sich, durch die Wärmebewegung bedingt, in größerem Abstand von der Grenzfläche befinden, kompensiert. Die elektrochemische Doppelschicht wird also von STERN in einen „starren" und einen „diffusen" Teil unterteilt.

Es sei vermerkt, daß in der Literatur (vgl. [3]···[6]) auch abweichende Modelldarstellungen über den Aufbau der elektrochemischen Doppelschicht publiziert wurden. Diese Differenzen, die für das Verständnis der elektrokinetischen Erscheinungen unwesentlich sind, resultieren aus unterschiedlichen Annahmen über

— das Vorliegen der Adsorption von Ionen in der Doppelschicht,
— die Hydratation der adsorbierten Ionen,
— die Größe der Ladungsträger in der Doppelschicht.

Die Wechselwirkung zwischen Polymeren in wäßrigen Lösungen und anderen gelösten oder dispergierten Substanzen wird durch die elektrischen Ladungsverhältnisse an der Polymeroberfläche, d. h. die in Abb. 3.12a. aufgeführten Potentiale, durch den Potentialverlauf in der Doppelschicht sowie durch die Ladungsdichte an der Grenzfläche bzw. an der Grenze starre/diffuse Doppelschicht beeinflußt. Dies gilt insbesondere für dispergierte Festkörper, Farbstoffe, Papier- und Textilhilfsmittel, so daß zahlreiche Arbeiten zur Natur der elektrochemischen Eigenschaften an faserbildenden Polymeren und zu technologischen Auswirkungen der elektrochemischen Doppelschicht publiziert wurden.

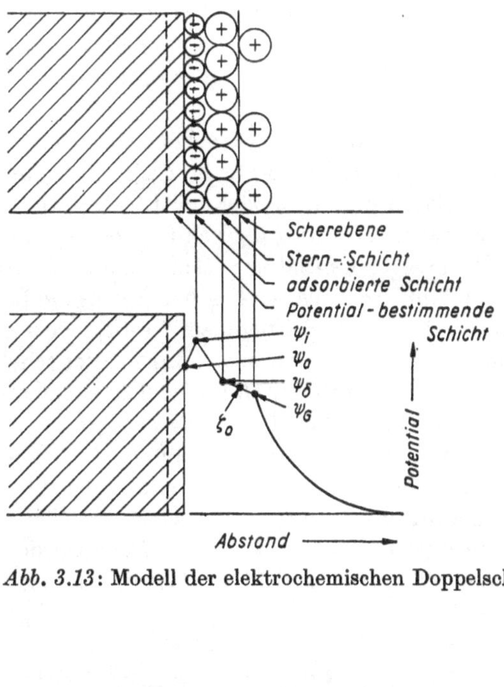

Abb. 3.13: Modell der elektrochemischen Doppelschicht nach [2]

Das Grenzflächenpotential Ψ_0 und die Grenzflächenladungsdichte σ_0 sind für Polymere experimentell nicht zugänglich, dagegen läßt sich durch elektrokinetische Messungen das sogenannte elektrokinetische oder ζ-Potential bestimmen, das näherungsweise gleich Ψ_δ gesetzt wird.

Der Potentialverlauf im diffusen Teil der Doppelschicht als Funktion des Abstandes x errechnet sich gemäß der von GOUY und CHAPMAN abgeleiteten Theorie (s. [3] bis [6]) nach der folgenden Beziehung (für Anionen und Kationen der gleichen Wertigkeit):

$$x = \frac{1}{\varkappa} \ln \frac{\left[\exp\left(\frac{ve_0\Psi}{2kT}\right) + 1\right]\left[\exp\left(\frac{ve_0\Psi_\delta}{2kT}\right) - 1\right]}{\left[\exp\left(\frac{ve_0\Psi}{2kT}\right) - 1\right]\left[\exp\left(\frac{ve_0\Psi_\delta}{2kT}\right) + 1\right]}, \qquad (3.40.)$$

wobei

$\varkappa = (8\pi v^2\, c/\varepsilon\, kT)^{\frac{1}{2}}$ — DEBYE-HÜCKEL-Parameter
k — BOLTZMANN-Konstante
c — Konzentration des Elektrolyten in der Lösung
ε — Dielektrizitätskonstante der Lösung
e — Wertigkeit der Ionen des Elektrolyten
v_0 — Elementarladung

Die Oberflächenladungsdichte σ_δ an der Grenze starre/diffuse Doppelschicht ergibt sich, wenn die Wertigkeit v von Anionen und Kationen gleich ist, zu

$$\sigma_\delta = \frac{NkT\varepsilon^{\frac{1}{2}}}{\pi} \sin h \frac{ve_0\Psi_\delta}{2kT} \qquad (3.41.)$$

N — Anzahl der Ionen pro cm^2

Durch ζ-Potential-Messungen lassen sich also unter der Voraussetzung, daß $\zeta = \Psi_\delta$, die Potentialverteilung in der diffusen Doppelschicht und die Oberflächenladungsdichte σ_δ in Abhängigkeit von der Wertigkeit und Konzentration der Elektrolyte bestimmen. Diese Größen bestimmen nach der DLVO-Theorie die elektrische Wechselwirkung zwischen dispergierten Teilchen (s. [2]···[6]).

Die elektrokinetischen Meßmethoden sind dadurch gekennzeichnet, daß beim Anlegen eines elektrischen Feldes an disperse Festkörper in Elektrolytlösungen sich die dispergierten Festkörperteilchen (Elektrophorese) oder die Elektrolytlösung (Elektroosmose) bewegen, oder daß bei der relativen Bewegung von Lösung und disperser Phase ein elektrisches Feld entsteht (Strömungspotential bzw. Sedimentationspotential).

Es wird angenommen, daß beim Anlegen eines elektrischen Feldes die Ladungsträger des starren Teils der elektrochemischen Doppelschicht am Festkörper verbleiben und so diesem eine Überschußladung verleihen, die für die elektrophoretische Wanderung verantwortlich ist bzw., daß die Ionen der diffusen Doppelschicht im elektrischen Feld wandern und so die elektroosmotische Flüssigkeitsbewegung bewirken.

Für das Strömungs- bzw. Sedimentationspotential wird bei der Relativbewegung von fester und flüssiger Phase eine Trennung der in der starren und in der diffusen Doppelschicht befindlichen Ladungsträger angenommen.

Bei Gültigkeit dieser Annahme muß beispielsweise bei der Messung des Strömungspotentials die Scherebene zwischen Festkörper und Flüssigkeit der Grenze zwischen der starren und der diffusen Doppelschicht entsprechen. Dies ist beim Vorliegen von Oberflächenrauhigkeiten nicht zu erwarten. Auch weichen die nach verschiedenen Meßmethoden erhaltenen ζ-Potential-Werte für gleiche Systeme häufig stark voneinander ab, obwohl im allgemeinen Tendenzen, z. B. in der Elektrolytabhängigkeit des ζ-Potentials verschiedenster Festkörper, durch die einzelnen Meßmethoden übereinstimmend wiedergegeben werden.

Es ist weiterhin zu berücksichtigen, daß das STERNsche Modell der elektrochemischen Doppelschicht vermutlich nicht die Ladungsverhältnisse an allen Festkörper/Elektrolytsystemen richtig beschreibt, und daß in den Ableitungen der Beziehungen zwischen dem ζ-Potential und den für die einzelnen Meßmethoden charakteristischen Meßwerten Annahmen enthalten sind, die für reale Meßsysteme nicht voll zutreffen. So wird dann auch die Aussagekraft elektrokinetischer Messungen von einigen Autoren [7] angezweifelt. Es ist daher die Aufgabe der nachfolgend vorgenommenen kritischen Wichtung der vielfältigen Arbeiten zur Theorie, Methodik und Anwendung der ζ-Potential-Messung, die Möglichkeiten und Grenzen elektrokinetischer Messungen zur Charakterisierung der Oberflächeneigenschaften faserbildender Polymerer darzustellen.

3.2.2. Meßmethodik

Elektrokinetische Messungen an Faserstoffen werden vorwiegend mit Hilfe der Elektroosmose- und der Strömungspotential- bzw. Strömungsstrommethode vorgenommen. Die Elektrophorese kann zur Ermittlung verläßlicher ζ-Potential-Werte nicht herangezogen werden, da der Zusammenhang zwischen dem ζ-Potential und der elektrophoretischen Beweglichkeit nur für Partikel von einheitlicher Gestalt streng gilt. So werden elektrophoretische ζ-Potential-Messungen nur für Cellulose in feinverteilter Form, z. B. mikrokristalline Cellulose, beschrieben [8].

3.2.2.1. Elektroosmose

Umfangreiche Untersuchungen der elektrokinetischen Erscheinungen an textilen Faserstoffen wurden mit Hilfe der Elektroosmose erstmals von v. STACKELBERG u. Mitarb. [9] durchgeführt. Es wurde eine in Abb. 3.14. schematisch dargestellte Apparatur verwendet, wobei systematische Untersuchungen zum Einfluß verschiedenster apparativer Parameter auf die Meßwerte vorgenommen wurden. Die Untersuchungsergebnisse wurden durch Arbeiten anderer Autoren bestätigt und erweitert [10, 11].

Zur Durchführung von Messungen wird das über Schliffverbindungen in die Glasapparatur einzubauende Diaphragma mit ca. 5 mm langen Fasern unter Wasser oder einer anderen Meßflüssigkeit (zur Vermeidung von Luftblasen) gestopft. Nach Füllung der Apparatur mit der Meßlösung wird über Ag/Ag_2SO_4- oder Kalomelelektroden eine Gleichspannung von 100 bis 400 V an das Diaphragma angelegt, die zur Wanderung der Flüssigkeit durch das Diaphragma führt. Diese Flüssigkeitsüberführung gibt sich durch eine Verschiebung des Meniskus in der graduierten Meßkapillare zu erkennen. Die Berechnung des ζ-Potentials erfolgt unter Verwendung von Beziehungen, die eine Erweiterung der von HELMHOLTZ und SMOLUCHOWSKI für die elektroosmotische Wanderung in Einzelkapillaren abgeleiteten Gleichung auf Kapillarbündel vornehmen (vgl. [9, 12, 97, 98]).

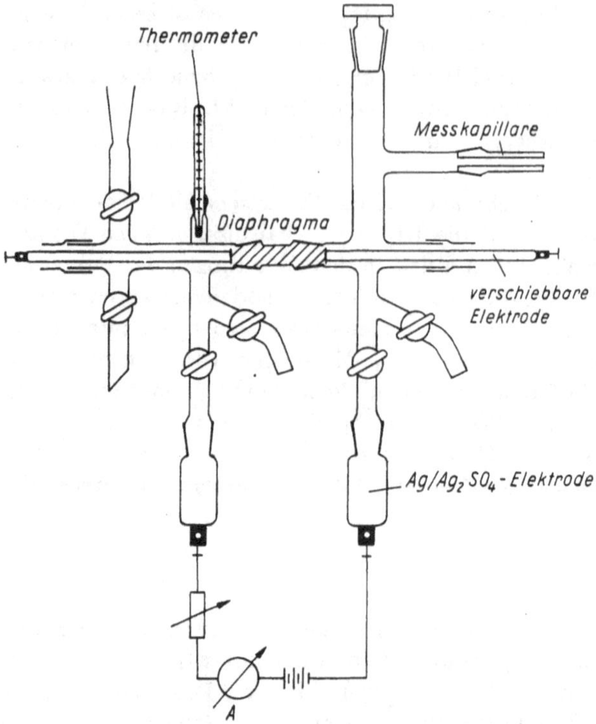

Abb. 3.14. Elektroosmose-Meßapparatur nach [9]

Für Einzelkapillaren gilt

$$\zeta = \frac{4\pi \cdot \eta \cdot dV/dt \cdot l}{\varepsilon \cdot A \cdot E} \tag{3.42.}$$

$\frac{dV}{dt}$ — Volumenstrom in der Kapillare
η — Viskosität der Meßlösung
l — Länge der Kapillare
ε — relative Dielektrizitätskonstante der Meßlösung
A — Querschnitt der Kapillare
E — angelegtes Potential

Die Übertragung auf ein Kapillarbündel, wie es das Diaphragma in Abb. 3.14. darstellt, geschieht allgemein dadurch, daß

$$\frac{l}{A \cdot E} = \frac{\varkappa}{I} \tag{3.42a.}$$

gesetzt wird, so daß die folgende Beziehung resultiert

$$\zeta = \frac{4\pi \cdot \eta \cdot dV/dt \cdot \varkappa}{\varepsilon \cdot I} \tag{3.42b.}$$

$\varkappa$ — spezifische elektrische Leitfähigkeit im Diaphragma
I — Stromstärke

Die spezifische elektrische Leitfähigkeit des Faserdiaphragmas wird unter Verwendung einer WHEATSTONEschen Brücke und eines entsprechenden Nullinstrumentes sowie eines Wechselstromgenerators analog zur Leitfähigkeitsmessung für Elektrolytlösungen gemessen. Hierzu wird über verschiebbare Platinelektroden der elektrische Widerstand R des mit der Meßlösung getränkten Diaphragmas und anschließend die Widerstandskapazität C durch Widerstandsmessung des mit n/10 KCl-Lösung getränkten Diaphragmas bestimmt.

Anhand der Beziehung

$$\varkappa = \frac{C}{R} \tag{3.43.}$$

und

$$C = R_{n/10\,KCl} \cdot \varkappa_{n/10\,KCl} \tag{3.44.}$$

wird $\varkappa$ errechnet. Die so ermittelte spezifische Leitfähigkeit liegt für Ionenstärken $< 0{,}01$ allgemein über der der Meßlösung, da die im Vergleich zum Inneren der flüssigen Phase höhere Elektrolytkonzentration in der Doppelschicht eine höhere spezifische Leitfähigkeit verursacht. Die spezifische Leitfähigkeit des Faserdiaphragmas $\varkappa_D$ setzt sich demzufolge aus der spezifischen Leitfähigkeit der Lösung $\varkappa_L$ und der sogenannten Oberflächenleitfähigkeit $\varkappa_S$ zusammen, d. h.

$$\varkappa_D = \varkappa_L + \varkappa_S \tag{3.45.}$$

Die Oberflächenleitfähigkeit hängt außer von der Ionenstärke auch vom untersuchten Faserstoff ab. Faserstoffe mit hoher Wasseraufnahme zeigen eine höhere Oberflächenleitfähigkeit als hydrophobe Faserstoffe, auch wird $\varkappa_S$ stark durch Verunreinigungen der Faserstoffe beeinflußt [13]. Für η und ε werden allgemein die tabellierten Werte für destilliertes Wasser eingesetzt, obwohl die Ableitung der Gleichung (3.42.) die Kenntnis der Werte von η und ε in der Doppelschicht voraussetzt. Diese Werte sind jedoch experimentell nicht zugänglich.

Die Fehlergrenze der elektroosmotischen ζ-Potential-Bestimmung liegt bei ca. $\pm$ 5%, wobei zur Erzielung einwandfreier Resultate die Beachtung folgender Faktoren von Bedeutung ist:

1. Der Strömungswiderstand in der Meßkapillare muß klein gegenüber dem Strömungswiderstand im Faserdiaphragma sein. Dies ist dadurch zu erreichen, daß im Faserdiaphragma eine bestimmte Packungsdichte nicht unterschritten und der Volumenstrom am Anfang der Meßkapillare bestimmt wird. Da die Beziehung (3.42.) unter der Voraussetzung abgeleitet wird, daß der Abstand der Festkörperteilchen groß im Vergleich zur Dicke der elektrochemischen Doppelschicht ist, verbietet sich jedoch eine zu hohe Packungsdichte im Diaphragma. Aus den Untersuchungen von v. STAKKELBERG u. Mitarb. [9] geht hervor, daß in einem relativ weiten Packungsdichtebereich das gemessene ζ-Potential unabhängig von der Packungsdichte ist.
2. Die ζ-Potential-Messungen reagieren empfindlich auf die Struktur, den Quellungszustand und den Präparationsmittelgehalt der Faserstoffe. Bei Vergleichsmessungen ist demzufolge auf eine reproduzierbare Vorbehandlung der Faserstoffe sowie auf

einen annähernd gleichen Zeitpunkt zwischen dem Stopfen des Diaphragmas und der Ausführung der Messung (gleicher Quellungszustand) bzw. auf das Erreichen des Quellungsgleichgewichtes zu achten.

3.2.2.2. Strömungspotential- bzw. Strömungsstrom-Messungen

Die Mehrzahl der in der Literatur beschriebenen elektrokinetischen Untersuchungen an Faserstoffen wurde nach dem Prinzip der Strömungspotential-Methode durchgeführt. So existiert eine Vielzahl von Publikationen, in denen methodische Aspekte hinsichtlich des Einflusses apparativer Parameter auf das Meßergebnis, der Gültigkeit der von SMOLUCHOWSKI [14] abgeleiteten Zusammenhänge zwischen dem ζ-Potential und der in Kapillaren infolge einer Flüssigkeitsbewegung aufgebauten Spannung auch für Faserdiaphragmen überprüft wurden ([15]···[22]).

Eine einfache Meßapparatur ist in Abb. 3.15. dargestellt.

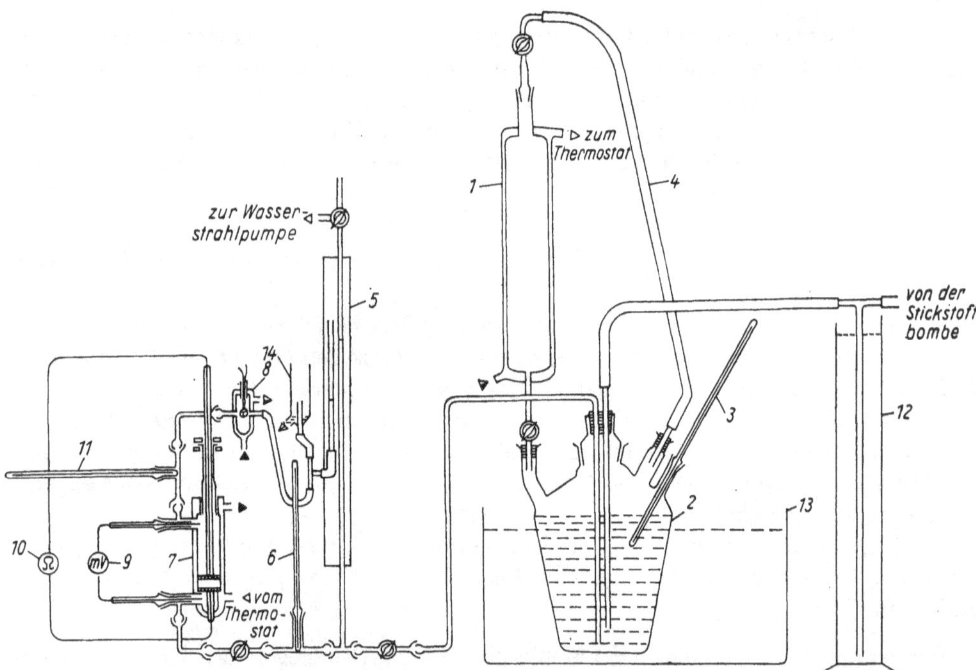

Abb. 3.15. Strömungspotential-Meßapparatur nach SALEH [22]

1 – Doppelmantelvorratsbehälter; *2* – Behälter für die Meßlösung; *3* – Thermometer; *4* – Schlauchverbindung; *5* – Manometer; *6* – Thermometer; *7* – Strömungspotential – Meßzelle; *8* – Leitfähigkeitsmeßzelle; *9* – Schwingkondensator – Voltmeter; *10* – Konduktometer; *11* – Thermometer; *12* – Überdruckventil; *13* – Thermostat; *14* – Überlaufgefäß

Die mit der Meßflüssigkeit getränkte Faserprobe wird möglichst gleichmäßig in einen Glastubus, der von zwei perforierten Platinelektroden begrenzt ist, gestopft. Anschließend wird mit einem Stickstoff-Strom die Meßflüssigkeit bei konstantem Überdruck durch die Meßzelle gedrückt. Mit Hilfe von Ag/AgCl-Elektroden und entsprechenden Meß- bzw. Registriervorrichtungen wird das Strömungspotential gemessen.

Das ζ-Potential wird an Hand der folgenden Beziehung errechnet:

$$\zeta = \frac{6{,}75 \cdot 10^7 \cdot 4\pi\eta E\varkappa}{\varepsilon \Delta P} \tag{3.46.}$$

E — Strömungspotential in mV ΔP — Druckdifferenz in cm Hg-Säule

Die Bestimmung der spezifischen Leitfähigkeit des Faserpfropfens erfolgt analog zur Elektroosmose mit Hilfe der perforierten Platin-Elektroden, für η und ε werden ebenfalls meist die Werte für destilliertes Wasser eingesetzt. Das ζ-Potential wird bei Anwendung der angeführten Dimensionen in mV erhalten. Wird in Gl. (3.46.) anstelle der spezifischen Leitfähigkeit des Faserpfropfens die der Meßflüssigkeit eingesetzt, dann ist das errechnete ζ-Potential von der Packungsdichte abhängig. Dagegen wird bei Verwendung der spezifischen Leitfähigkeit des Faserpfropfens für einen relativ weiten Packungsdichtebereich (s. 3.2.2.1.) keine Abhängigkeit von der Packungsdichte festgestellt [22, 23].

Das errechnete ζ-Potential ist von der Druckdifferenz ΔP unabhängig [22].

Die Ermittlung reproduzierbarer ζ-Potential-Werte nach der Strömungspotential-Methode für Faserstoffe erfordert die Beachtung der unter 3.2.2.1. genannten Faktoren, die Fehlergrenze liegt auch dann bei ca. $\pm$ 5%.

Anstelle des Strömungspotentials wird zur Ermittlung des ζ-Potentials häufig der Strömungsstrom I gemessen (vgl. [24]). Es gilt dann wegen $\frac{I \cdot L}{A} = E \cdot \varkappa$ (3.46.) die Beziehung

$$\zeta = \frac{6{,}75 \cdot 10^7 \, 4\pi\eta \cdot I \cdot L}{\varepsilon \Delta P \cdot A} \tag{3.47.}$$

L — Länge des Diaphragmas A — Diaphragmaquerschnitt

Eine Meßapparatur, mit der sowohl das Strömungspotential als auch der Strömungsstrom gemessen werden kann und auch die Pfropfenporosität berücksichtigt wird, ist von SCHURZ [90] beschrieben worden.

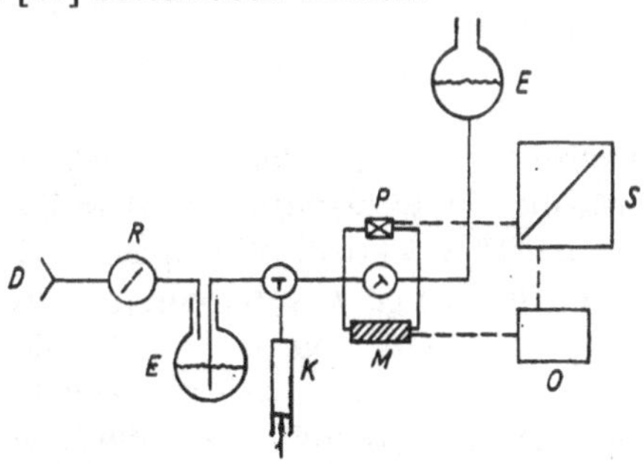

Abb. 3.16. Meßanordnung für Strömungsstrom-Strömungspotential-Messungen nach SCHURZ [90]

K — Kolbenpumpe; D — Druckluft; E — Elektrolyt; R — Reduzierventil; M — Meßzelle; P — Pressure Transducer, O — Operationsverstärker; S — Schreiber

Durch die Meßzelle der in Abb. 3.16. schematisch dargestellten Apparatur wird mit Hilfe einer Kolbenpumpe die Elektrolytlösung gedrückt. Die Druckdifferenz ΔP wird ebenso wie der erzeugte Kurzschlußstrom I bzw. die Leerlaufspannung U in ein analoges Gleichspannungssignal übergeführt. Bei einer kontinuierlichen Änderung von ΔP wird das Verhältnis $\Delta P/I$ bzw. $\Delta P/U$ mit Hilfe eines Schreibers registriert.

Um den Einfluß der Pfropfenporosität π auf das ζ-Potential zu berücksichtigen, wird die von CHANG und ROBERTSON [91] abgeleitete Beziehung

$$\pi = e^{-B \cdot c} \tag{3.48.}$$

B – Konstante
c – Konzentration des Feststoffs im Pfropfen

für die Erweiterung der HELMHOLTZ-SMOLUCHOWSKI-Beziehung auf Kapillarbündel angewendet, d. h., gemäß der Beziehung

$$\ln \frac{I \cdot L}{\Delta P} = \ln \frac{U \cdot L}{\Delta P \cdot R} = \ln \left(\zeta \cdot \frac{A \cdot \varepsilon}{4\pi\eta} \right) - B \cdot c \tag{3.49.}$$

A – Querschnitt aller Kapillaren
L – Länge der Kapillaren = Elektrodenabstand
R – Widerstand der flüssigen Phase im Pfropfen

kann ζ also aus dem Ordinatenabschnitt einer Ausgleichsgeraden von mehreren Messungen bei verschiedenen Pfropfendichten berechnet werden.

3.2.2.3. *Einschätzung der Meßmethoden*

Untersuchungen zur Vergleichbarkeit der durch Elektroosmose- und Strömungspotential- bzw. Strömungsstrom-Messungen erhaltenen ζ-Potentiale wurden von verschiedenen Autoren vorgenommen [92, 97···99]. Dabei wurde festgestellt, daß nach beiden Methoden identische ζ-Potentiale erhalten werden, wenn Meßfehler ausgeschaltet werden. Diese betreffen insbesondere die unexakte Bestimmung der Porengeometrie des Diaphragmas, die Nichtberücksichtigung des Strömungswiderstandes in der Meßkapillare bei elektroosmotischen Messungen und die ungenaue Messung der elektrischen Größen. Bei Ausschaltung dieser Fehlerquellen sind die an Faserstoffen in Elektrolytlösungen bestimmten ζ-Potentiale unabhängig von der Packungsdichte und der angelegten Spannung bzw. der Druckdifferenz [97, 98].

Dies bedeutet, daß die Lage der Scherebene eindeutig fixiert ist, so daß das ζ-Potential eine eindeutig bestimmbare Größe ist, die wahrscheinlich mit dem Stern-Potential identisch ist. Für den Fall von Tensid- und Polyelektrolyselösungen, für den aufgrund der Größe der adsorbierten Ionen eine gegenseitige Durchdringung von starrer und diffuser Doppelschicht möglich erscheint, ist diese Aussage noch zu bestätigen.

Die anzuwendende Meß- und Auswertemethode richtet sich in erster Linie nach der Art des Faserstoffs und der Meßlösung. Für synthetische Faserstoffe in neutralen verdünnten Elektrolytlösungen werden mit der Strömungsstrom-Methode unter Verwendung von Ag/AgCl Elektroden die sichersten Werte erhalten. Im alkalischen Medium ist bei sonst gleichen Bedingungen der Strömungspotential-Methode bei Anwendung von Edelmetall-Elektroden der Vorzug zu geben. Für quellende Faserstoffe (Cellulose, Wolle, Asbest) bietet dagegen die Elektroosmose Vorteile. Dies gilt auch generell für relativ konzentrierte Elektrolytlösungen ($> 10^{-2}$ n). Der zeitliche Aufwand ist bei Anwendung der von Schurz beschriebenen Strömungspotential-Strömungsstrom-Apparatur [90] deutlich geringer als bei elektroosmotischen Messungen, allerdings ist der apparative Aufwand größer.

3.2.3. Einflußfaktoren auf das ζ-Potential von Faserstoffen

3.2.3.1. Abhängigkeit von der Zusammensetzung der flüssigen Phase

3.2.3.1.1. Elektrolyte

Aus den in Tab. 3.15. aufgeführten Meßwerten geht hervor, daß das ζ-Potential der handelsüblichen Faserstoffe in destilliertem Wasser und in KCl-Lösungen negativ ist (vgl. [11]).

Für diese Faserstoffe gilt die in Abb. 3.17. schematisch dargestellte Abhängigkeit des ζ-Potentials von

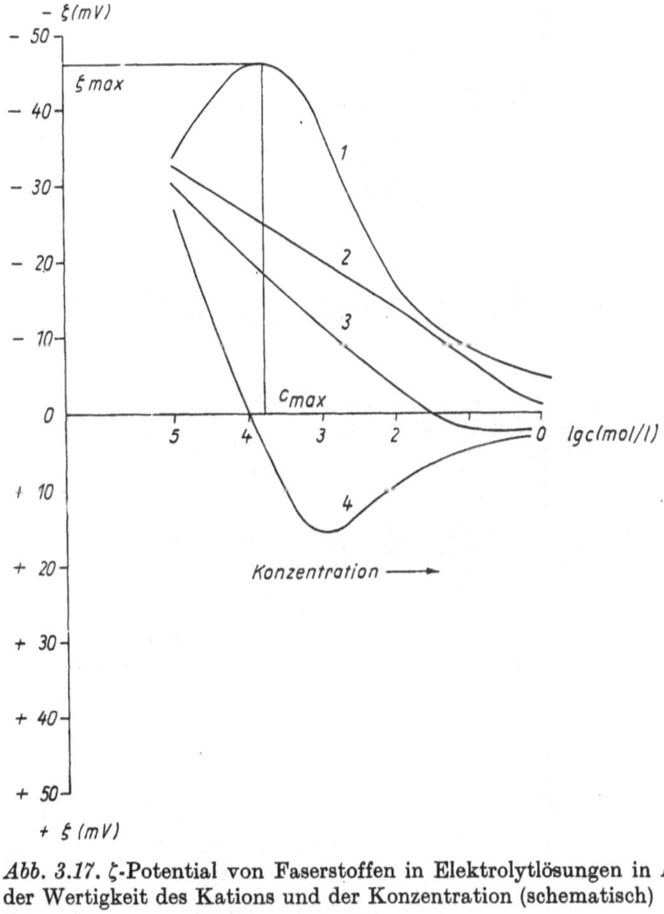

Abb. 3.17. ζ-Potential von Faserstoffen in Elektrolytlösungen in Abhängigkeit von der Wertigkeit des Kations und der Konzentration (schematisch)

Kurve 1: 1-1-wertig; Kurve 2: 2-1-wertig; Kurve 3: 3-1-wertig; Kurve 4: 4-1-wertig

der Wertigkeit der Kationen bei gleichem Anion, die von verschiedenen Autoren untersucht wurde [9, 11, 22, 26···30].

Für die Wirkung von Anionen gilt, daß — gleiches Kation und gleiche Konzentration vorausgesetzt — das ζ-Potential um so niedriger ist, je höher die Wertigkeit der Anionen und bei gleicher Wertigkeit, je größer der Ionenradius ist [22, 29, 30]. Die unterschied-

Tabelle 3.15. ζ-Potential von Faserstoffen in dest. Wasser und KCl-Lösungen und die Adsorptionspotentiale für K^+- und Cl^--Ionen nach Gln. (3.95.) und (3.60.)

Faserstoff		ζ(mV)					Adsorptions-potentiale (kJ/mol)		Literatur
	H_2O	10^{-4} n KCl	10^{-3} n KCl	10^{-2} n KCl	ζ_{max} (mV)	c_{max}	Φ_{Cl^-}	Φ_{K^+}	
Cellulose Viskose	−22	−22,7	−18,5	−15,8	−23	10^{-4} n	−32	−28	
	−27	−33	−28	−16	−33	10^{-4} n	−33	−26	[9]
Baumwolle	−28,5	−32,4	−22,4	− 9,3	−32	10^{-4} n	−33	−26	
	−26	−32	−30	−26	−32	10^{-4} n	−33	−26	[9]
2 1/2 Acetat	−52	−58	−38	−18	−58	10^{-4} n	−36	−25	[9]
Triacetat	−37	−51,9	−35,3	−11,9	−52	10^{-4} n	−35	−25	
Polyamid-6 Dederon	−31,7	−55,0	−55,0	−42,0	−55	10^{-4} n	−32	−21	
Perlon	−37	−42	−37	−28	−42	10^{-4} n	−35	−26	[9]
Polyester Grisuten	−52,0	−60,7	−58,0	−39,0	−61	10^{-4} n	−37	−25	
Polyacryl-nitril Wolpryla 61	−43,9	−54,3	−37,9	−26,8	−55	10^{-4} n	−35	−25	
Wolpryla 65	(−60)*)	−54,3	−57,8	−29,6	−58	10^{-3} n	−30	−18	
Wolpryla IV MP	(−17)*)	−31,6	−30,4	−25,0	−32	10^{-4} n	−33	−16	
Dralon	−45,2	−52,0	−55,2	−28,6	−56	10^{-3} n	−30	−18	
Tacryl N	−19,3	−31,6	−28,8	−24,7	−32	10^{-4} n	−37	−26	
Glas E-Glasseide	−25	−36	−46	−37,5	−46	10^{-3} n	−30	−21	
A-Glasseide	−19	−33	−42	−30	−42	10^{-3} n	−28	−21	
Quarzseide	−40,5	−74	−60	−50	−74	10^{-4} n	−37	−23	

*) Die Werte sind unsicher

liche Wirkung der Elektrolyte auf das elektrokinetische Potential läßt sich mit ihrer unterschiedlichen Adsorbierbarkeit am Faserstoff erklären. So weisen einwertige Anionen höhere Adsorptionspotentiale als einwertige Kationen auf, die Adsorbierbarkeit sowohl der Anionen als auch der Kationen steigt mit zunehmender Wertigkeit.

Quantitative Beziehungen zwischen der Adsorbierbarkeit 1-1-wertiger Elektrolyte und dem ζ-Potential von Festkörpern in Lösungen dieser Elektrolyte wurden von STERN [1] abgeleitet:

Da die Ladung an der Phasengrenze q_0 durch die Ladung der starren Doppelschicht q_1 und der diffusen Doppelschicht q_2 kompensiert wird, gilt

$$-q_0 = q_1 + q_2. \tag{3.50.}$$

Für q_0 ergibt sich

$$q_0 = \frac{\varepsilon_I}{4\pi\delta}(\Psi_0 - \zeta), \tag{3.51.}$$

ε_I — Dielektrizitätskonstante der Ionen
δ — Abstand der Ladungsschwerpunkte der Ionen von der Festkörperoberfläche

q_2 berechnet sich aus der GOUY-CHAPMAN-Theorie der diffusen Doppelschicht zu

$$q_2 = \sqrt{\frac{\varepsilon_{H_2O} RTc}{2}}\left(e^{+\frac{F\zeta}{2RT}} - e^{-\frac{F\zeta}{2RT}}\right) \tag{3.52.}$$

ε_{H_2O} — Dielektrizitätskonstante des Wassers
c — Elektrolytkonzentration (als Molenbruch)
F — FARADAYsche Konstante
R — Gaskonstante
T — abs. Temperatur

Zur Berechnung von q_1 wurden von STERN die Grundlagen der LANGMUIRschen Adsorptionstheorie verwendet.

Es wird davon ausgegangen, daß für 1-1-wertige Elektrolyte

$$q_1 = e_0(n_- - n_+) \tag{3.53.}$$

e_0 — Elementarladung

ist.

Die Zahl der positiven und der negativen Ladungsträger n_+ bzw. n_-, die sich an der Grenzfläche befinden, wird durch die Adsorptionspotentiale φ_+ bzw. φ_- bestimmt. Es gilt

$$n_+ = \frac{Z}{1 + \frac{1}{c}\, e^{\frac{\varphi_+ - e_0\zeta}{kT}}} \tag{3.54.}$$

bzw.

$$n_- = \frac{Z}{1 + \frac{1}{c}\, e^{\frac{\varphi_- - e_0\zeta}{kT}}}, \tag{3.55.}$$

wobei Z die maximale auf 1 cm² befindliche Zahl von Ladungsträgern ist. Z wird für beide Ionenarten als gleich angenommen. φ_+ bzw. φ_- sind Adsorptionspotentiale, die ausschließlich auf VAN DER WAALSscher Wechselwirkung zwischen der Grenzfläche und den Ionen beruhen.

Durch Einsetzen von (3.54.) und (3.55.) in (3.53.) erhält man

$$q_1 = e_0 Z \left(\frac{1}{1 + \frac{1}{c} e^{\frac{\varphi_- - e_0\zeta}{kT}}} - \frac{1}{1 + \frac{1}{c} e^{\frac{\varphi_+ + e_0\zeta}{kT}}} \right) \tag{3.56.}$$

bzw. beim Einsetzen von Werten, die auf 1 Mol bezogen sind

$$q_1 = FZ \left(\frac{1}{1 + \frac{1}{c} e^{\frac{\Phi_- - F\zeta}{RT}}} - \frac{1}{1 + \frac{1}{c} e^{\frac{\Phi_+ + F\zeta}{RT}}} \right) \tag{3.57.}$$

Z — maximale Anzahl der Mole von Ionen auf 1 cm²
Φ_- bzw. Φ_+ — molare Adsorptionspotentiale

Für verdünnte Lösungen wird von STERN angenommen, daß

$$q_2 \ll q_1,$$

so daß

$$\frac{\varepsilon}{4\pi\delta} (\Psi_0 - \zeta) = FZ \left(\frac{1}{1 + \frac{1}{c} e^{\frac{\Phi_- - F\zeta}{RT}}} - \frac{1}{1 + \frac{1}{c} e^{\frac{\Phi_+ + F\zeta}{RT}}} \right) \tag{3.58.}$$

Die Gleichung ist in c quadratisch, die ζ-c-Funktion muß also einen Extremwert zeigen. Für den c-Wert, bei dem ζ einen Extremwert zeigt, gilt

$$c_{\max} = e^{\frac{\Phi_- + \Phi_+}{2RT}} = e^{-\frac{Q}{2RT}}, \tag{3.59.}$$

d. h.

$$\Phi_- + \Phi_+ = 2RT \ln c_{\max} = Q \tag{3.60.}$$

Q — molare Adsorptionswärme

Weiterhin gilt

$$\Phi_- - \Phi_+ = 2F\zeta_{\max}. \tag{3.61.}$$

Gl. (3.60.) und (3.61.) geben also einen einfachen Zusammenhang zwischen den Adsorptionspotentialen 1-1-wertiger Elektrolyte und dem Maximalwert des ζ-Potentials bzw. der Elektrolytkonzentration, bei der dieser Extremwert erreicht wird, wieder (s. Abb. 3.17.).

Da von der STERNschen Theorie keine Voraussetzungen hinsichtlich der Art der Ladungsträger unmittelbar an der Phasengrenze verlangt werden, sollte sie sowohl für Festkörper, für die das Oberflächenpotential aus der Dissoziation entsprechender Molekülgruppen resultiert, als auch für solche, für die die Oberflächenladung durch die

Adsorption von Ionen entsteht, gelten. So wird dann auch der geforderte parabelähnliche Kurvenverlauf der ζ-c-Funktion für die wichtigsten Faserstoffe experimentell bestätigt (s. Tab. 3.16.). Die aus c_{max} und ζ_{max} errechneten Adsorptionspotentiale für Kalium- bzw. Chloridionen (s. Tab. 3.16.) liegen zwischen -18 und -26 kJ/mol für K^+ und -28 und -37 kJ/mol für Cl^-, also in einer plausiblen Größenordnung. Bei höheren Elektrolytkonzentrationen ($> 10^{-1}$ mol/l) gleicht sich die Ionen-Konzentration im Inneren der flüssigen Phase der in der Doppelschicht an, das ζ-Potential geht also gegen Null.

Den für 1-1-wertige Elektrolyte von Stern vorgenommenen Ableitungen äquivalente Beziehungen liegen für Salze mehrwertiger Anionen und Kationen nicht vor; ihre Wirkung auf das ζ-Potential kann jedoch ähnlich gedeutet werden. Aufgrund der höheren Ladungsdichte werden 3- und 4wertige Kationen in der Stern-Schicht adsorbiert und führen bei entsprechender Konzentration zu einer Vorzeichenumkehrung des ζ-Potentials.

Die Konzentration, bei der in Lösungen von Salzen 3- und 4wertiger Kationen eine Vorzeichenumkehr des ζ-Potentials eintritt, korreliert näherungsweise mit der Wasseraufnahme der Faserstoffe.

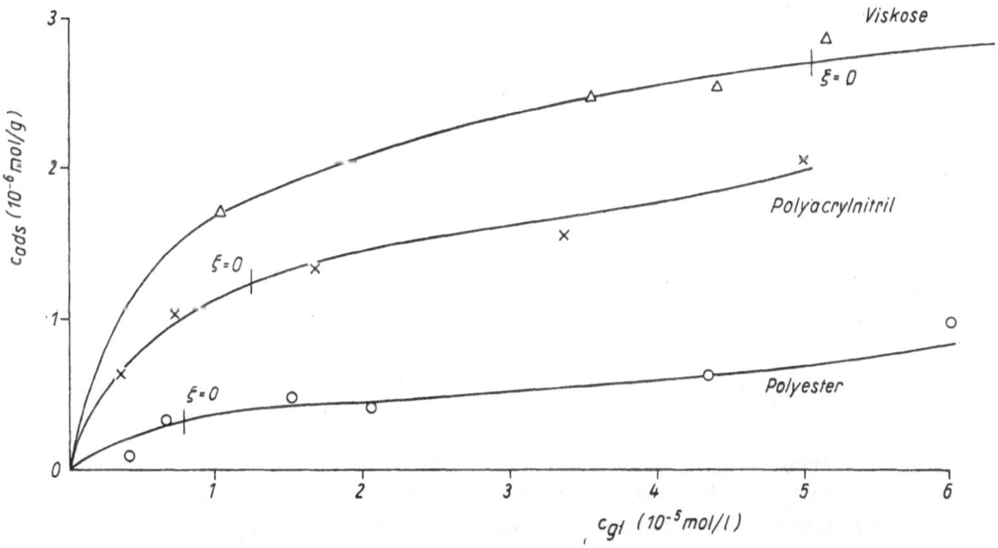

Abb. 3.18. Adsorption von Zr^{4+}-Ionen an Faserstoffen bei 25 °C aus $Zr(CH_3COO)_4$-Lösungen und Zr^{4+}-Konzentration, bei der eine Vorzeichenumkehr des ζ-Potentials eintritt

Aus Abb. 3.18. geht hervor, daß in Lösungen von Zirkoniumacetat die hydrophoben Synthesefaserstoffe bei geringeren Konzentrationen als die stark hydrophilen Cellulosefaserstoffe umgeladen werden, und daß die Konzentration der Vorzeichenumkehr der Menge der adsorbierten Zr^{4+}-Ionen proportional ist. Es kann aus diesen Ergebnissen gefolgert werden, daß an hydrophilen Faserstoffen die für Zr^{4+}-Ionen zugängliche Oberfläche deutlich über der geometrischen Oberfläche liegt, d. h., durch Quellungserscheinungen tritt eine Vergrößerung der inneren Oberfläche ein. Man kann weiterhin annehmen, daß sich die elektrochemische Doppelschicht in dieser Quellschicht aufbaut, da die zur Umladung benötigte Menge an Zr^{4+}-Ionen deutlich höher als die zur Ausbildung einer Monoschicht an der geometrischen Oberfläche benötigte ist.

3.2.3.1.2. pH-Abhängigkeit

Messungen der pH-Abhängigkeit des ζ-Potentials wurden von zahlreichen Autoren an verschiedensten Faserstoffen vorgenommen ([22, 29···35]). Meßergebnisse, die durch elektroosmotische Messungen erhalten wurden, sind in Abb. 3.19. dargestellt [11].

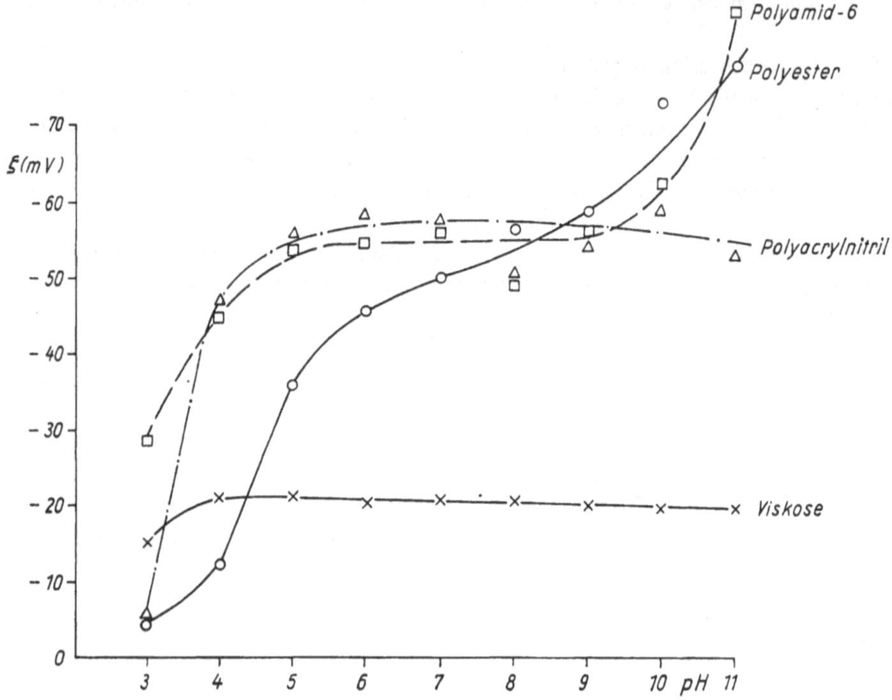

Abb. 3.19. Elektroosmotisch bestimmte pH-Wert-Abhängigkeit des ζ-Potentials von Faserstoffen

Es ist ersichtlich, daß im sauren Milieu das negative ζ-Potential deutlich niedriger als im neutralen bzw. alkalischen Bereich ist. Allerdings wird die von verschiedenen Autoren an Polyamidfaserstoffen durch Strömungspotential-Messungen gefundene Umladung bei einem pH-Wert von ca. 3 [22, 32] nicht bestätigt. Es ist zu vermuten, daß — bedingt durch die Protonenaufnahme der basischen Gruppen des Polyamid-6 — eine Erhöhung des pH-Wertes während des Meßvorganges eintritt. Eine Vorzeichenumkehr bei pH < 4 wird durch Strömungspotentialmessungen auch an Polyamid-66 und Wolle gemessen [22, 32, 33].

Die Vorzeichenumkehr des ζ-Potentials von Wolle und Polyamidseiden im sauren Bereich erklärt sich aus der Protonisierbarkeit der Aminoend- bzw. NH-Peptidgruppen [36, 37]. So hängt auch der für die Vorzeichenumkehr charakteristische pH-Wert vom Gehalt an diesen Gruppen ab [38].

3.2.3.1.3. Grenzflächenaktive Stoffe

Das ζ-Potential von Faserstoffen wird stark durch die Anwesenheit ionogener Tenside in der Meßlösung beeinflußt. Aus systematischen Untersuchungen von v. STACKELBERG u. Mitarb. [9] geht hervor, daß an den meisten Natur- und Chemiefaserstoffen in Lösungen anionaktiver Tenside bis zur kritischen Micellbildungskonzentration (cmc) eine Konzentrationsabhängigkeit des ζ-Potentials gemessen wird, wie sie für 1-1-wertige Elektrolyte charakteristisch ist. Oberhalb der kritischen Micellbildungskonzentration steigt das ζ-Potential erneut an (Abb. 3.20.).

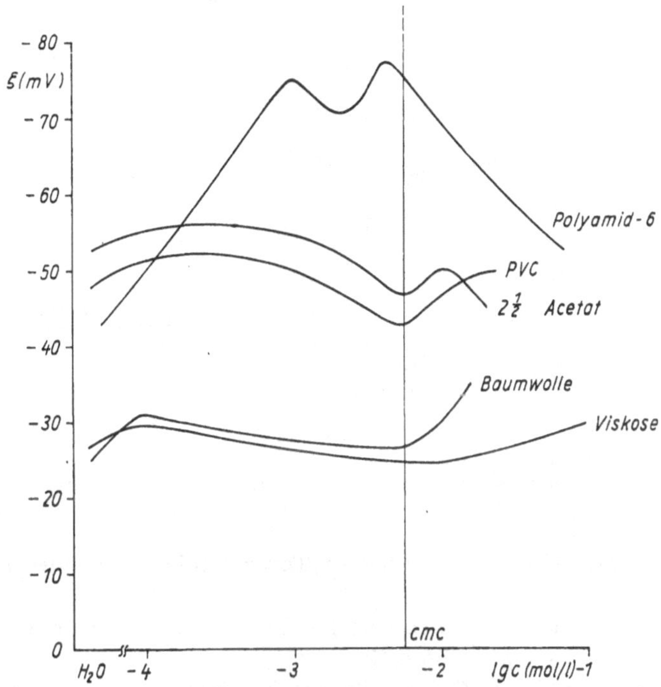

Abb. 3.20. ζ-Potential von Faserstoffen in Lösungen von Natriumdodecylsulfat nach [9]

Die in Natriumdodecylsulfat gemessenen ζ-Potentiale liegen generell über den in KCl-Lösungen gleicher Konzentration gemessenen. Mit der Zunahme der Kettenlänge des Alkylrestes steigt das ζ-Potential, wobei an hydrophoben Faserstoffen die Erhöhung ausgeprägter als an hydrophilen ist (Abb. 3.21.).

Die Ursache für die Erhöhung des ζ-Potentials durch anionaktive Tenside ist in ihrer Adsorption im starren Teil der Doppelschicht zu suchen. Die in [9] publizierten Ergebnisse werden durch Arbeiten anderer Autoren [22, 30, 39, 40] bestätigt. Ein von den in Abb. 3.20. aufgeführten Faserstoffen abweichendes Verhalten wird für Polyacrylnitril- und Polyvinylalkohol-Faserstoffe beschrieben [40]. An diesen Faserstoffen tritt wegen der geringen Adsorbierbarkeit eine Verminderung des ζ-Potentials ein. SALEH [22] fand dagegen bei niedrigen Tensidkonzentrationen ($< 10^{-3}$ mol/l) an Polyacrylnitrilfasern eine leichte Erhöhung des negativen ζ-Potentials, bei höheren Konzentrationen dagegen eine Erniedrigung.

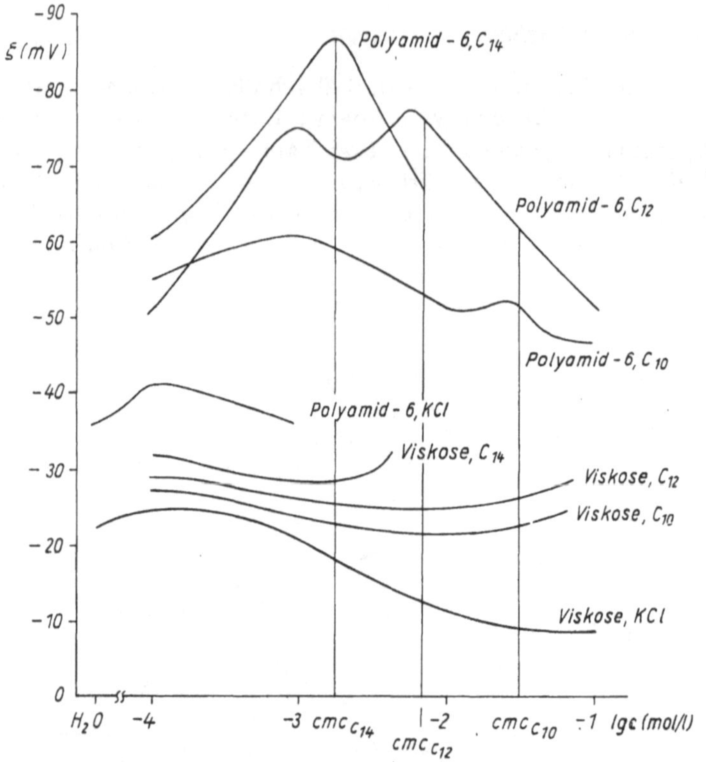

Abb. 3.21. ζ-Potential von Viskose- und Polyamid-6-Faserstoffen in Lösungen von KCL und Natriumalkylsulfaten unterschiedlicher Kettenlänge nach [9]

Die schwach adsorbierbaren perfluorierten Tenside führen zu einer Erniedrigung des ζ-Potentials [11].

Kationaktive Tenside können bei entsprechend hohen Konzentrationen in der Meßlösung zu positiven ζ-Potentialen führen [9].

In den Abbildungen 3.22. bis 3.25. ist das durch Strömungspotential-Messungen ermittelte ζ-Potential von Polyacrylnitril-, Viskose-, Polyester- und Polyamid-6-Faserstoffen in Lösungen von Alkylpyridiniumsalzen unterschiedlicher Kettenlänge dargestellt (vgl. [11]). Es ist ersichtlich, daß die Konzentration der Vorzeichenumkehr der Alkylkettenlänge umgekehrt proportional ist. Vergleiche mit den Ergebnissen zur Adsorption der Tenside (s. 3.3.3.2.) ergeben, daß der Einfluß der Tenside auf das ζ-Potential ihrer Adsorbierbarkeit proportional ist und daß weiterhin Faserstoffe mit geringer Tensidaufnahme bei niedrigeren Tensidkonzentrationen umgeladen werden als Faserstoffe mit hoher Tensidaufnahme. Die aufgeführten experimentellen Ergebnisse belegen die Annahme, daß die Tensidkationen im starren Teil der elektrochemischen Doppelschicht, die sich bei quellenden Faserstoffen ins Innere des Faserstoffes erstreckt, adsorbiert werden, wobei die Adsorption sowohl durch elektrostatische und Dispersionskräfte als auch durch hydrophobe Wechselwirkungen verursacht wird.

Da nichtionogene Tenside im neutralen und alkalischen pH-Bereich keine elektrischen Ladungen tragen, ist kein ausgeprägter Einfluß dieser Tenside auf das ζ-Potential zu erwarten.

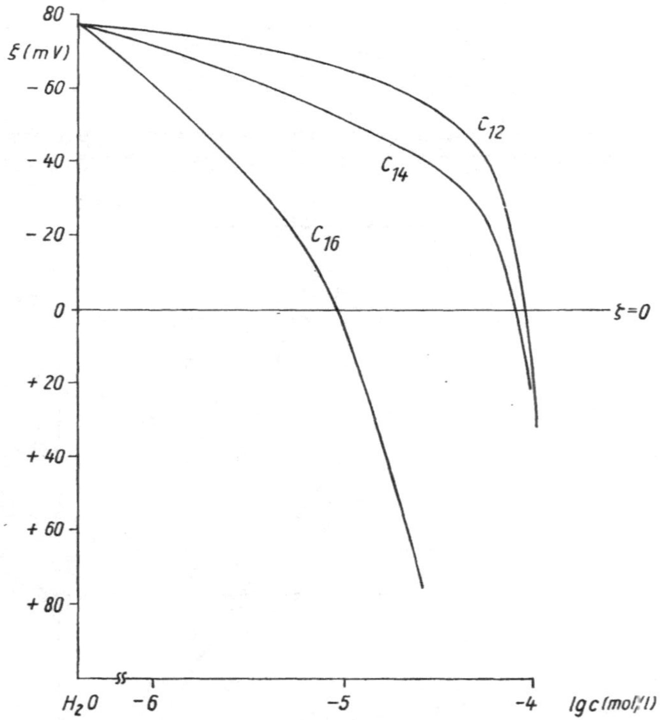

Abb. 3.22. ζ-Potential von Pylyacrylnitrilfasern in Lösungen von Alkylpyridiniumsalzen unterschiedlicher Kettenlänge

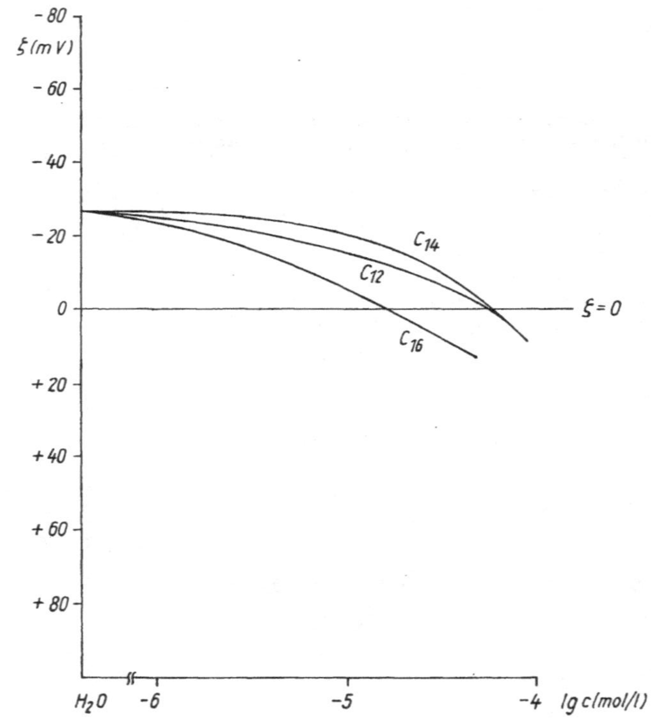

Abb. 3.23. ζ-Potential von Viskosefasern in Lösungen von Alkylpyridiniumsalzen unterschiedlicher Kettenlänge

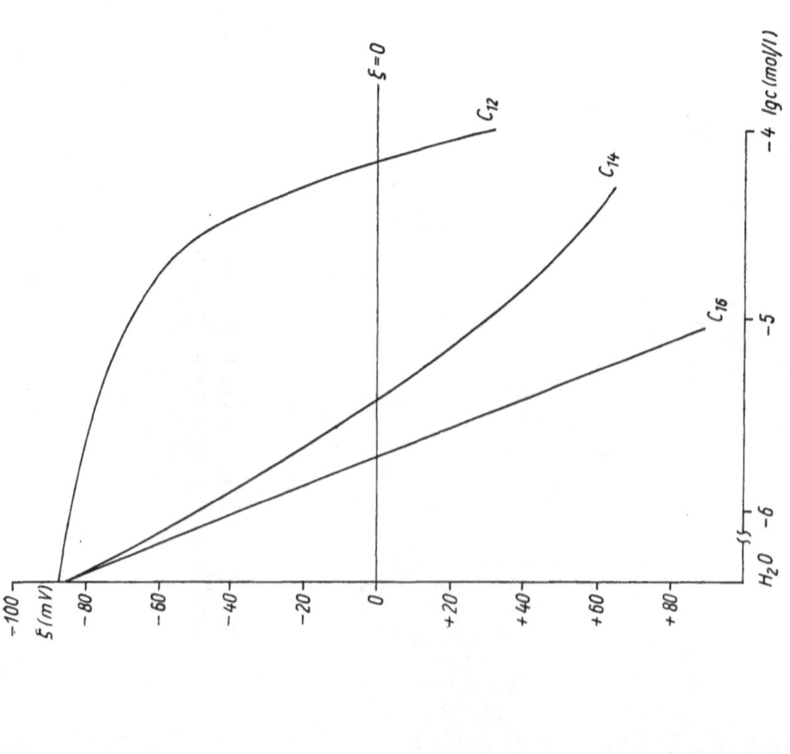

Abb. 3.24. ζ-Potential von Polyesterfasern in Lösungen von Alkylpyridiniumsalzen unterschiedlicher Kettenlänge

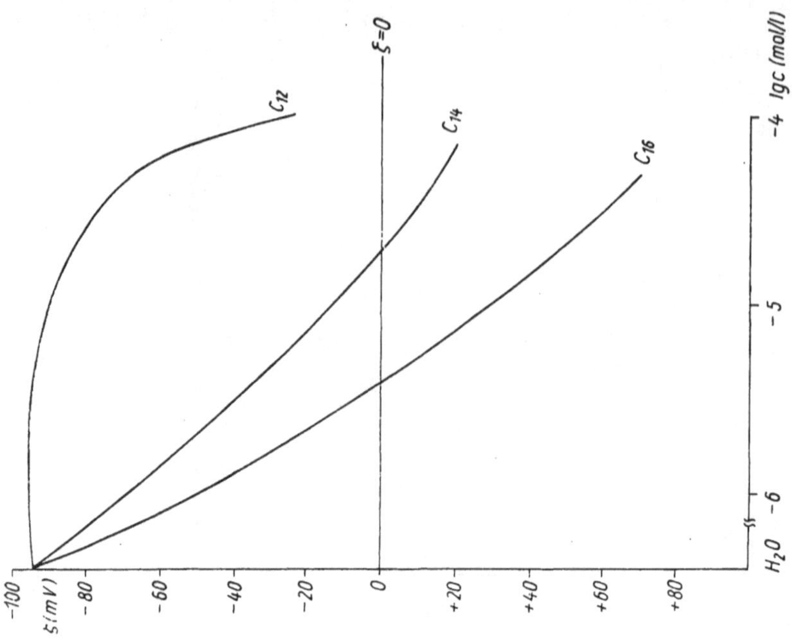

Abb. 3.25. ζ-Potential von Polyamid-6-Fasern in Lösungen von Alkylpyridiniumsalzen unterschiedlicher Kettenlänge

Experimentelle Untersuchungen [9, 22] ergaben für verschiedene Faserstoffe lediglich eine geringe Abnahme des negativen ζ-Potentials gegenüber dem Wert in Wasser. Diese Erniedrigung wird mit der Erhöhung der Viskosität der flüssigen Phase im Bereich der Doppelschicht gedeutet.

3.2.3.1.4. Weitere Bestandteile der flüssigen Phase

Für in der flüssigen Phase gelöste ionogene Substanzen gelten grundsätzlich die für Elektrolyte und Tenside dargestellten Abhängigkeiten. Experimentelle Arbeiten liegen insbesondere zum Einfluß von Polyelektrolyten wie ionisch modifizierten Stärken, Polyacrylamiden, Polyimiden u. ä. auf Zellstoffe [8, 24, 41···44], von Natriumcarboxymethylcellulose auf textile Faserstoffe [9], Farbstoffen auf Papier [45, 46] und textile Faserstoffe (s. 3.2.4.2.2.) vor. Das sich einstellende ζ-Potential hängt in Lösungen der genannten Substanzen sowohl von der chemischen Konstitution, der Struktur und dem Quellungszustand der Faserstoffe als auch von der Struktur, Ionogenität und Konzentration der gelösten Substanzen ab. Diffusionsvorgänge, wie sie z. B. bei Färbeprozessen und der Aufnahme von Tensiden auftreten, weisen sich in Änderungen des ζ-Potentials aus (s. 3.3.3.2.).

Der Einfluß von mit Wasser mischbaren organischen Lösungsmitteln auf das ζ-Potential wurde bisher nur wenig untersucht [22, 47]. Da organische Lösungsmittel im allgemeinen zu einer Strukturauflockerung des Faserstoffes und zu einer Verminderung der Dielektrizitätskonstanten der Meßflüssigkeit führen, liegt das ζ-Potential in Lösungsmittelgemischen niedriger als in Wasser. Dies gilt z. B. für das ζ-Potential von Polyesterfasern in Wasser-Phenol-Mischungen [22].

3.2.3.2. Zusammenhänge zwischen der chemischen und physikalischen Struktur von Faserstoffen und ihrem ζ-Potential

Das ζ-Potential von Faserstoffen hängt bei konstanter Zusammensetzung der flüssigen Phase von den Parametern chemische Konstitution des faserbildenden Polymeren, Polarität der Oberflächenregion, Faserfeinstruktur, Porosität bzw. Größe der spezifischen Oberfläche, Wechselwirkungsenergie gegenüber Wasser, Quellbarkeit im Wasser ab.

Das bedeutet, daß das ζ-Potential keine Materialkonstante für Polymere ist, sondern in starkem Maße von den Herstellungs- und Verarbeitungsbedingungen, die diese o. a. Parameter beeinflussen, abhängt. Weiterhin wird das ζ-Potential in starkem Maße durch Faserbegleitstoffe und Verarbeitungshilfsmittel beeinflußt.

3.2.3.2.1. Das ζ-Potential und die Aufnahme von Wasser

Zum Einfluß der Quellbarkeit von Faserstoffen auf ihr ζ-Potential liegen zahlreiche Untersuchungsergebnisse vor, die zum großen Teil an von Kanamaru durchgeführte Arbeiten anschließen. Nach Kanamaru [47, 48] wird das ζ-Potential beliebiger Faserstoffe durch die Aufnahme von Wasser erniedrigt, wobei die zeitliche Erniedrigung infolge der Einwirkung von Wasser durch die Beziehungen

$$-\frac{d\zeta}{dt} = k(\zeta - \zeta_\infty) \qquad (3.62.)$$

bzw.

$$-\ln \frac{\zeta - \zeta_\infty}{\zeta_0 - \zeta_\infty} = kt \qquad (3.63.)$$

ausgedrückt wird (Tab. 3.16.). ζ_∞ ist der Wert des ζ-Potentials, dem sich die ζ-t-Kurve asymptotisch nähert, ζ_0 ist der unmittelbar nach dem Einbringen der trockenen Faserprobe in die Meßlösung bestimmte Wert, k ist eine Konstante. Es wurde von KANAMARU weiterhin festgestellt, daß der Wert von $(\zeta_0 - \zeta_\infty)/\zeta_0$ der Wasseraufnahme bei 100% relativer Luftfeuchte proportional ist, d. h. die Potentialerniedrigung ist der Wasseraufnahme proportional.

Tabelle 3.16. ζ-Potential und Wasseraufnahme nach KANAMARU

Faserstoff	Wasseraufnahme bei 100% relativer Feuchtigkeit in %	ζ-Potential (mV)	
		ζ_0	ζ_∞
Viskoseseide	45,0	16,6	3,20
Baumwolle	22,0	54,00	30,20
Mercerisierte Baumwolle	33,0	74,00	24,40
Seidenfibroin (6)	28,0	59,90	23,46
Cellulosediacetat A(CH_3COOH = 50%)	14,0	71,00	50,10
Cellulosediacetat B(CH_3COOH = 53%)	13,7	49,20	37,50
Cellulosetriacetat A(CH_3COOH = 59%)	9,0	47,80	40,20
Cellulosetriacetat B(CH_3COOH = 62,5%)	1,5	108,10	100,06
Cellulosedinitrat (N = 10,2%)	12,1	45,10	29,80
Cellulosetrinitrat (N = 13,7%)	3,1	55,05	49,40
Polyacrylnitrilfaser (Orlon)	2,0	43,00	37,70
Polyethylenterephthalat			
Terylenefaser A	0,5	81,62	74,20
Terylenefaser B	1,7	58,20	64,20
Polyvinylchlorid (PVC)-Faser	1,4	48,00	51,40
Glasfaser	0,5	41,10	35,19

Die Konstante k ist von der Struktur der Faserstoffe abhängig; so ist sie unterhalb der Einfriertemperatur Tg des Faserstoffes kleiner als oberhalb (vgl. [49]).

Die Ursache für die ζ-Potential-Erniedrigung durch die Aufnahme von Wasser wird von KANAMARU in einer Änderung der Dielektrizitätskonstanten der Faserstoffe gesehen. Entsprechend der COENschen Regel, nach der die Höhe des ζ-Potentials der Differenz der Dielektrizitätskonstanten von fester und flüssiger Phase proportional ist, ist dann die Verringerung dieser Differenz für die Abnahme des ζ-Potentials verantwortlich. Diese Deutungsmöglichkeit wird von KANAMARU selbt als Hypothese angesehen, da demzufolge das ζ-Potential einer beliebigen festen Phase durch ihre Dielektrizitätskonstante bestimmt wäre. Dies ist jedoch nicht generell der Fall.

Aus den unter 3.2.3.1. dargestellten Zusammenhängen zwischen der Adsorption von

Kationtensiden bzw. Zirkoniumsalzen und ihrer Beeinflussung des ζ-Potentials läßt sich ableiten, daß sich die elektrochemische Doppelschicht in einer Grenzschicht des Faserstoffes, deren Dicke der Wasseraufnahme proportional ist, aufbaut. Da innerhalb dieser Grenzschicht ein Potentialabfall eintritt, ist die Abnahme des ζ-Potentials mit zunehmender Quellung verständlich.

Da der Aufbau der elektrochemischen Doppelschicht stark durch die Adsorption von Ionen beeinflußt wird und die Ionenadsorption in Konkurrenz zur Adsorption von Wasser stattfindet, ist außerdem zu erwarten, daß an hydrophilen Faserstoffen eine schwächere Adsorption der potentialbestimmenden Anionen stattfindet, daß diese Faserstoffe also ein niedrigeres ζ-Potential als hydrophobe Faserstoffe aufweisen. Nach CONWAY [50] gilt für die Adsorption von Ionen (im betrachteten Falle für Anionen A^-) an Metalloberflächen *Me*, die sich im Kontakt mit wäßrigen Elektrolytlösungen *L* befinden:

$$\mathrm{A}_L^- + \mathrm{n\,H_2O}(Me) \rightleftarrows A^-(Me) + \mathrm{n\,H_2O}_L$$

bzw.

$$A^-(\mathrm{m\,H_2O})_L + \mathrm{n\,H_2O}(Me) \rightleftarrows A^-(m - x)\,\mathrm{H_2O}(Me) + (n + x)\,\mathrm{H_2O}_L$$

m, n, x —Molzahlen

Dies bedeutet, daß das sich einstellende Sorptionsgleichgewicht durch die Hydratisierungsenergie sowohl der Ionen als auch der Metalloberfläche bedingt ist. Analoge Verhältnisse sind auch für die Adsorption an Polymeren zu erwarten.

Der Vergleich zwischen den in Tab. 2.9. aufgeführten Hydratationsaffinitäten von Faserstoffen und ihrem ζ-Potential in Wasser und KCl-Lösungen (Tab. 3.15.) bestätigt diese Annahme. Auch an Glasseiden mit unterschiedlichem OH-Gruppengehalt an der Oberfläche ist das ζ-Potential der Hydrophilie umgekehrt proportional (Tab. 3.17.).

In ähnlicher Weise werden von MADAN und SHRIVASTAVA [51] das niedrige ζ Potential von Cellulosefasern und von SALEH [22] die Temperaturabhängigkeit des ζ-Potentials verschiedener Faserstoffe gedeutet.

Aus Abb. 3.26. geht hervor, daß an den hydrophoben Synthesefaserstoffen das ζ-Potential linear mit steigender Temperatur zunimmt. Hierfür kann die abnehmende Hydra-

Tabelle 3.17. ζ-Potential in dest. Wasser und KCl-Lösungen, oberflächlicher OH-Gruppengehalt und Benetzungsenthalpie gegen Wasser von thermisch behandelten Glasseiden

Glasseide Behandlung	OH-Gruppen/ nm^2	Benetzungsenthalpie (J/g)	ζ (mV)			
			dest. H_2O	10^{-4} n KCl	10^{-3} n KCl	10^{-2} n KCl
E-Glasseide ohne therm. Behandlung	22,8	−3,6	−24	−37	−48	−39
E-Glasseide 5 h bei 350 °C	12,2	−2,3	−39	−52	−58	−42
E-Glasseide 5 h bei 650 °C	11,2	−1,5	−42	−57	−68	−49

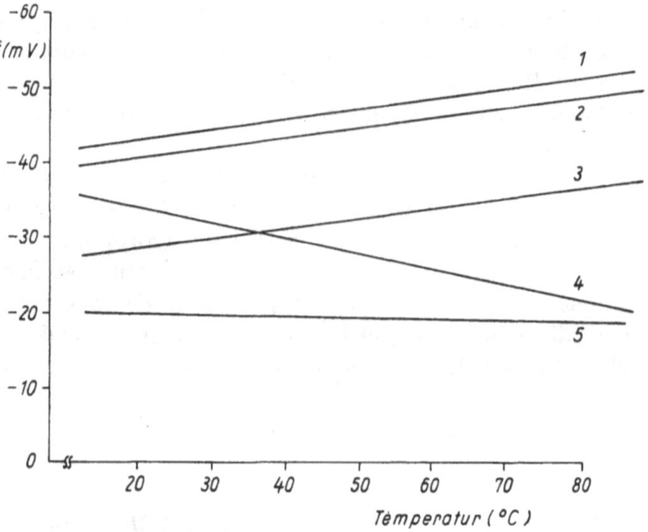

Abb. 3.26. Temperaturabhängigkeit des ζ-Potentials von Faserstoffen in 10^{-4} n KCL-Lösungen nach [22]

1 — Polyester; 2 — Polyacrylnitril; 3 — Polyamid-6; 4 — Wolle; 5 — Viskose

tation der Faseroberfläche verantwortlich gemacht werden, die zu einer stärkeren Adsorption von OH^- und Cl^--Ionen führt. An den hydrophilen Cellulosefaserstoffen wird dagegen die starke Hydration der Faseroberfläche und damit auch die Sorption der Anionen nur wenig von der Meßtemperatur beeinflußt, so daß das ζ-Potential annähernd unabhängig von der Temperatur ist. Die Abnahme des ζ-Potentials von Wolle mit steigender Temperatur wird auf die Zunahme der Benetzung zurückgeführt. Es kann also insgesamt gefolgert werden, daß das vergleichsweise niedrige ζ-Potential hydrophiler Faserstoffe aus dem Aufbau der elektrochemischen Doppelschicht auch in einer zugänglichen Schicht im Faserstoff und aus der durch die Konkurrenzadsorption mit Wasser bedingten schwächeren Adsorption der die Doppelschicht aufbauenden Ionen resultiert. Da sich an den meisten Faserstoffen bereits im lufttrockenen Zustand, d. h. bei relativen Luftfeuchten $< 30\%$ eine Quellschicht befindet (s. Kap. 2.), kann bereits an diesen Faserstoffen eine Doppelschicht angenommen werden. Die Ladungsträger resultieren vermutlich aus der Dissoziation sorbierten Wassers bzw. entsprechender Molekülgruppen des Faserstoffs.

3.2.3.2.2. Chemische Konstitution und ζ-Potential

Aus der Tatsache, daß die Aufnahme von Wasser einen starken Einfluß auf das ζ-Potential ausübt, ergibt sich die Notwendigkeit, bei der Ableitung von Zusammenhängen zwischen der chemischen Konstitution der faserbildenden Polymeren und dem ζ-Potential von Faserstoffen solches Fasermaterial zu untersuchen, das bei unterschiedlicher chemischer Zusammensetzung die annähernd gleiche Aufnahme von Wasser, d. h. annähernd gleiche Wechselwirkungsenergie gegenüber Wasser sowie gleiche Struktur und gleiche Porositätsparameter besitzt. Da eine chemische Modifizierung von Faserstoffen meist zur Veränderung aller genannten Parameter führt, liegen nur wenige aussagekräftige Untersuchungsergebnisse vor. Aus eigenen Arbeiten (vgl. [52, 53]) geht hervor, daß an chemisch modifizierten Polyacrylnitril- und Polyesterfaserstoffen unterschiedlicher Zusammensetzung, die jeweils annähernd die gleiche Wasseraufnahme und Porosität zeigen, das maximale ζ-Potential in KCl mit der gemäß Gl. (1.37.), s. Kap. 1., bestimmten HAMAKER-Konstante A korreliert (Tab. 3.18.). Diese Korrelation kann z. Z. molekulartheoretisch noch nicht befriedigend erklärt werden. Sie deutet jedoch darauf hin, daß der Aufbau der elektrochemischen Doppelschicht durch vom Faserstoff ausgehende Dispersionskräfte beeinflußt wird, wie dies auch von der STERNschen Theorie gefordert wird. Es kann demzufolge angenommen werden, daß das Adsorptionspotential (vgl. Gl. (3.60.) und (3.61.)) aus einer Ion-Molekül-Wechselwirkung resultiert. Aus dem Zusammenhang zwischen A und ζ_{max} erklärt sich auch zwangslos die Korrelation zwischen dem Adhäsionsverhalten von Faserstoffen und dem Wert von ζ_{max} in KCl-Lösungen (vgl. Tab. 3.18.).

Die Ursachen für den an organischen Faserstoffen nicht zu beobachtenden Zusammenhang zwischen A bzw. der Haftung und c_{max} können darin liegen, daß c_{max} wegen des allgemein flachen Kurvenverlaufs von $\zeta = f(c_{max})$ nur ungenau zu bestimmen ist, relativ starke Änderungen im Adsorptionsverhalten sich auf Grund des logarithmischen Zusammenhanges mit c_{max} nur geringfügig in c_{max} ausdrücken. Änderungen des Adsorpverhaltens sich vorrangig in ζ_{max} ausweisen, da $\Phi_- > \Phi_+$ ist.

Während sich also der Einfluß der Dispersionswechselwirkung auf das ζ-Potential über die Bestimmung der HAMAKER-Konstanten beschreiben läßt, ist dies für dissoziationsfähige Molekülgruppen und auch für polare Moleküle an der Faseroberfläche nicht

Tabelle 3.18. Maximales ζ-Potential in KCl-Lösungen und HAMAKER-Konstante A von modifizierten Polyacrylnitril- und Polyesterfaserstoffen

Faserstoff	Modifizierungsbestandteil	ζ_{max} (mV)	A (10^{-20} J)
Polyacrylnitril	Acrylsäuremethylester		
	6%	−78	3,74
	8,5%	−67	3,64
	11%	−64	3,57
	13,5%	−60	3,53
Polyacrylnitril	Vinylidenchlorid		
	5%	−89	3,76
	10%	−93	3,83
	20%	−111	3,89
	30%	−100	3,97
Polyethylenterephthalat	Adipinsäure		
	5%	−71	3,81
	10%	−65	3,80
	15%	−58	3,69
	25%	−50	3,63
Polyethylenterephthalat	Sebacinsäure		
	5%	−58	3,74
	10%	−54	3,73
	15%	−53	3,72
	25%	−49	3,70

möglich, da die Einführung dissoziationsfähiger Molekülgruppen in die Makromoleküle mit einer Zunahme der Quellbarkeit der Faserstoffe verbunden ist und die Konzentration entsprechender Molekülgruppen direkt an der Faseroberfläche nicht bestimmt werden kann.

Nach RABINOV und HEYMAN [54] tritt durch die Oxydation von Baumwolle nicht die zu erwartende Zunahme des ζ-Potentials, sondern eine Abnahme mit steigendem Carboxylgruppengehalt ein. Demgegenüber fanden SCHEMPP, ERK und SCHURZ [55] bei der Pfropfung von Zellstoff mit Acrylsäure eine Zunahme des ζ-Potentials. Allerdings wurde bei diesen Messungen nicht die Oberflächenleitfähigkeit der Proben berücksichtigt. Eigene Messungen [11] an strahlenchemisch mit Acrylsäure gepfropften Polyacrylnitril- und Polyesterfaserstoffen ergaben keine Erhöhung des ζ-Potentials (Tab. 3.19.). Dies gilt auch für Untersuchungen von KALE und LOKHANDE [56] an mit Acrylsäure gesfropften Polyesterfaserstoffen sowie Messungen von SALEH [22] an Polyesterfaserptoffen, die mit dem Natriumsalz der 5-Sulfoisophthalsäure modifiziert worden waren (Abb. 3.27.). An allen untersuchten Proben war mit der Modifizierung eine Erhöhung der Wasseraufnahme verbunden.

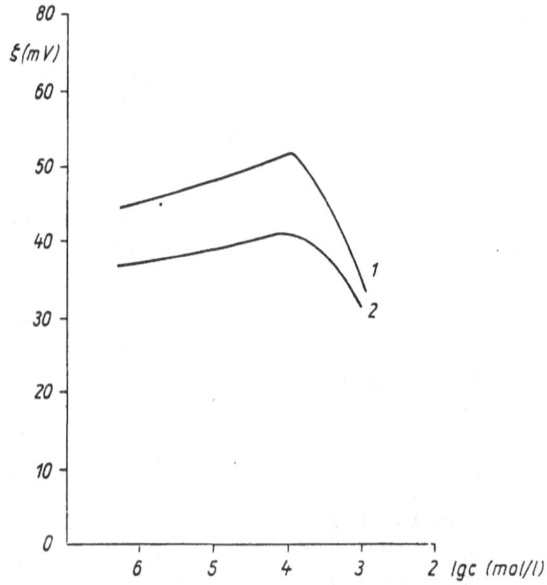

Abb. 3.27. ζ-Potential von modifizierten und unmodifizierten Polyesterfaserstoffen in Na_2SO_4-Lösungen bei 80 °C

1 — Polyester (Grisuten); 2 — Polyester, modifiziert mit dem Na-Salz der Sulfoisophthalsäure

Untersuchungen zum Einfluß von chemischen Modifizierungen auf das ζ-Potential von Polyamidfaserstoffen wurden von LOKHANDE, ANDROSOV und GOLOVANOV [57] durchgeführt. Danach führt eine Acetylierung sowie eine Desaminierung zur Erhöhung des negativen ζ-Potentials in verdünnten Lösungen von Säurefarbstoffen; eine partielle Hydrolyse beeinflußt dagegen das ζ-Potential nur wenig. Die Erhöhung des ζ-Potentials wird auf eine Veränderung der Kristallinität zurückgeführt; ein Einfluß der durch die Modifizierung verringerten Wasseraufnahme wird nicht diskutiert.

Tabelle 3.19. ζ-Potential von mit Acrylsäure gepfropften Polyacrylnitril- und Polyesterfasern in dest. Wasser und in KCl-Lösungen

Faserstoff	Pfropfgrad (%)	ζ (mV)			
		dest. H_2O	10^{-4} n KCl	10^{-3} n KCl	10^{-2} n KCl
Polyacrylnitril	0	−32	−41	−45	−25
	8,3	−84	−61	−41	−38
	11,2	−67	−45	−39	−38
	22,6	−39	−19	−28	−18
	7,2*)	−63	−36	−40	−21
	9,7*)	−28	−18	−27	−30
	21,6*)	−32	−42	−21	−21
Polyester (Grisuten)	0	−52	−61	−58	−39
	6,4	−19	−60	−43	−26
	13,9	−64	−43	−39	−22
	18,6	−23	−37	−37	−15
	24,9	−20	−32	−27	−17
	26,7	−14	−30	−22	−13
	6,4*)	−16	−51	−50	−41
	13,9*)	−31	−10	−37	−18
	18,6*)	−20	−25	− 7	− 7
	24,3*)	−30	− 9	− 5	− 4
	26,7*)	−23	− 9	− 5	− 4

*) Die Carboxylgruppen der gepfropften Fasern wurden durch Umsetzung mit Natriumcarbonat neutralisiert.

3.2.3.2.3. *Einfluß der physikalischen Struktur*

Die von verschiedenen Autoren beobachtete Abhängigkeit des ζ-Potentials von der Faserfeinstruktur wird vorwiegend auf den Einfluß der Wasseraufnahme zurückgeführt (vgl. [49, 58]), da die Wasseraufnahme mit steigendem Ordnungsgrad abnimmt. Dieser Zusammenhang ist jedoch nicht eindeutig. So wird an Polyesterfaserstoffen, die bei unterschiedlichen Temperaturen fixiert wurden, ein Minimalwert von ζ_{max} in KCl-Lösungen an den Faserstoffen gemessen, die bei 180 °C fixiert wurden [59], obwohl diese Fixiertemperatur nicht zu einem Maximum des Ordnungsgrades führt [60].

Da mit einer Fixiertemperatur von ca. 180 °C auch ein Minimum der Farbstoffaufnahme und der Jodsorption verbunden ist, kann angenommen werden, daß die Fixierung bei dieser Temperatur zu einem Strukturzustand führt, der eine minimale Adsorbierbarkeit gelöster Substanzen verursacht.

Untersuchungen an PAN-Fasern unterschiedlicher Porosität ergaben, daß ζ_{max} in KCl-Lösung stark von der Porosität der Fasern abhängig ist (vgl. [52]). Aus Tab. 3.20. geht hervor, daß ζ_{max} mit abnehmendem Porenvolumen stark ansteigt, obwohl die chemische Konstitution der in Tab. 3.20. aufgeführten Fasern gleich ist. Es läßt sich weiterhin ableiten, daß kleine Poren eine stärkere Erniedrigung des ζ-Potentials bewirken als große.

Die Ursachen für den Zusammenhang zwischen dem ζ-Potential und der Porosität von PAN-Faserstoffen könnten in der geringeren Dispersionswechselwirkung zwischen feinporigen Festkörpern und den potentialbestimmenden Ionen oder in der bevorzugten Ausbildung der Doppelschicht im Faserstoffmantel liegen. Das vorliegende Untersuchungsmaterial reicht jedoch für eine eindeutige Klärung nicht aus.

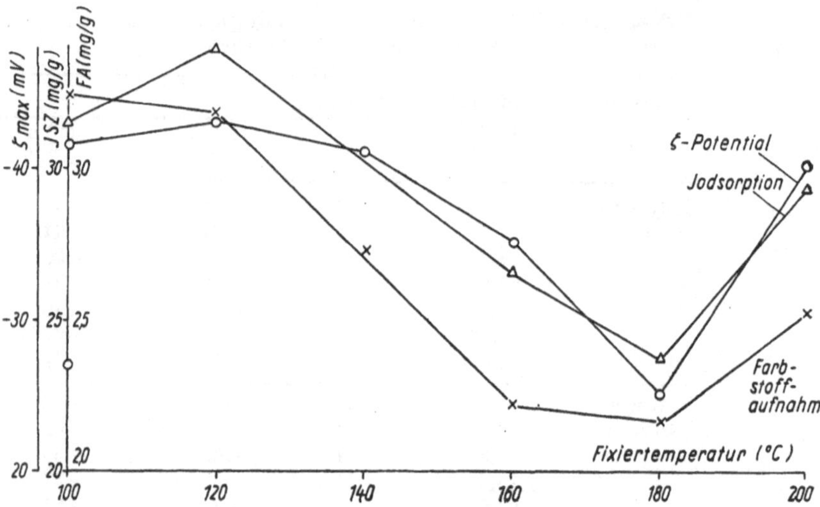

Abb. 3.28. Maximales ζ-Potential in KCl-Lösungen, Jodsorption und Aufnahme eines Dispersionsfarbstoffes von Polyesterfaserstoffen in Abhängigkeit von der Fixiertemperatur

Tabelle 3.20. Spezifisches Porenvolumen V_S und maximales ζ-Potential in KCl-Lösungen von PAN-Fasern

Proben-Nr.	V_{S_1} ($r < 10$ nm) (mm³/g)	V_{S_2} ($r > 340$ nm) (mm³/g)	ζ_{max} (mV)
1	981	35	−19,5
2	614	118	−19,5
3	459	290	−41
4	1,8	174	−74
5	0,5	184	−79

3.2.3.2.4. Weitere Einflußfaktoren

Weitere Einflußfaktoren auf das elektrokinetische Potential, die in der Literatur beschrieben wurden, wie z. B. die Größe der spezifischen Oberfläche von Zellstoffen [46], der Vernetzung von Baumwolle [51] oder Strukturänderungen (vgl. [49]), lassen sich letzten Endes auf Änderungen der Sorptionskräfte oder der Quellbarkeit zurückführen. Die Frage, ob die Struktur des Wassers in der Nähe der Phasengrenze das ζ-Potential beeinflußt [61], kann wegen des Fehlens entsprechender Untersuchungsmethoden nicht beantwortet werden.

Faserverunreinigungen oder -begleitstoffe beeinflussen das ζ-Potential besonders dann, wenn es sich um ionogene Tenside oder Salze mehrwertiger Kationen handelt und diese die Zusammensetzung der Meßlösung ändern. Jedoch führen auch schwerlösliche Textilappreturen zu Veränderungen des ζ-Potentials, da Änderungen der chemischen Konstitution, der Quellbarkeit und auch der vom Faserstoff ausgehenden Wechselwirkungskräfte infolge der Konkurrenzadsorption zwischen dem Appreturmittel und den die Doppelschicht aufbauenden Ionen eintreten können. Ergebnisse systematischer

Untersuchungen zum Einfluß von Appreturmitteln auf die elektrokinetischen Eigenschaften von Faserstoffen liegen bisher lediglich für Antischmutzappreturen vor [62], (s. a. 3.2.4.1.).

3.2.4. Technologisch bedeutsame Anwendungen elektrokinetischer Messungen

Die Anwendung elektrokinetischer Messungen auf dem Faserstoffgebiet betrifft vorwiegend die Charakterisierung von Faserstoffen und Faserbegleitstoffen, die wissenschaftliche Durchdringung von Prozessen der Faserstoffherstellung, -verarbeitung und -veredlung, die durch den Aufbau einer elektrochemischen Doppelschicht beeinflußt werden.

3.2.4.1. Charakterisierung von Faserstoffen und Faserbegleitstoffen

Aus der Vielzahl der Einflußfaktoren auf das ζ-Potential von Faserstoffen ergeben sich die Möglichkeiten, aber auch die Grenzen der ζ-Potential-Messung zur Charakterisierung von Faserstoffen. So sind elektrokinetische Messungen nicht dazu geeignet, Aussagen über die Art eines Faserstoffs zu machen. Auch die sich auf das elektrokinetische Potential auswirkenden Faserstoff-Parameter, wie z. B. die Feinstruktur, die Porosität und die Wasseraufnahme, lassen sich mit entsprechenden direkten Meßmethoden eindeutiger erfassen.

Aus dem Zusammenhang zwischen dem maximalen ζ-Potential in KCl-Lösungen und der HAMAKER-Konstante bzw. den Adsorptionspotentialen für Kalium- und Chloridionen von Synthesefaserstoffen ergeben sich jedoch Möglichkeiten zur Charakterisierung der von Synthesefaserstoffen ausgehenden Wechselwirkungskräfte bzw. damit im Zusammenhang stehender Eigenschaften. Wertvolle Untersuchungsergebnisse wurden insbesondere beim Studium von Adhäsionsproblemen, die bei der Verarbeitung sowie beim Gebrauch von Faserstoffen auftreten, erhalten.

Weiterhin lassen sich über elektrokinetische Messungen Aussagen über die Ionogenität, die Auflagenhöhe und die Wirksamkeit von Faserstoff-Präparationen erhalten.

3.2.4.2. Untersuchung von Adhäsionsproblemen

Umfangreiche Untersuchungen wurden an Synthesefaserstoffen zur Aufklärung des Anschmutzungs- und Waschmechanismus mit Hilfe von ζ-Potential-Messungen durchgeführt. Es konnte nachgewiesen werden, daß die Haftung trockenen Pigmentschmutzes mit dem maximalen ζ-Potential in KCl-Lösung korreliert [62]. Der lineare Zusammenhang zwischen der Pigmenthaftung und ζ_{max} in KCl-Lösungen (Abb. 3.29.) läßt darauf schließen, daß die Anschmutzungsneigung textiler Faserstoffe in erster Linie nicht durch das Vorliegen von Oberflächenrauhigkeiten und die Neigung zur elektrostatischen Aufladung, sondern durch die Größe der zwischenpartikularen Wechselwirkungskräfte zwischen den Faserstoffen und den Schmutzpartikeln bedingt ist. Diese Annahme konnte durch weitere physikalisch-chemische Untersuchungen (s. Kap. 1.) erhärtet werden. Da als Wechselwirkungskräfte zwischen Faserstoffen und Schmutzpartikeln sowohl Dispersions- als auch polare Kräfte auftreten, läßt sich vermuten, daß die Höhe von ζ_{max} durch beide Kraftkomponenten bedingt ist.

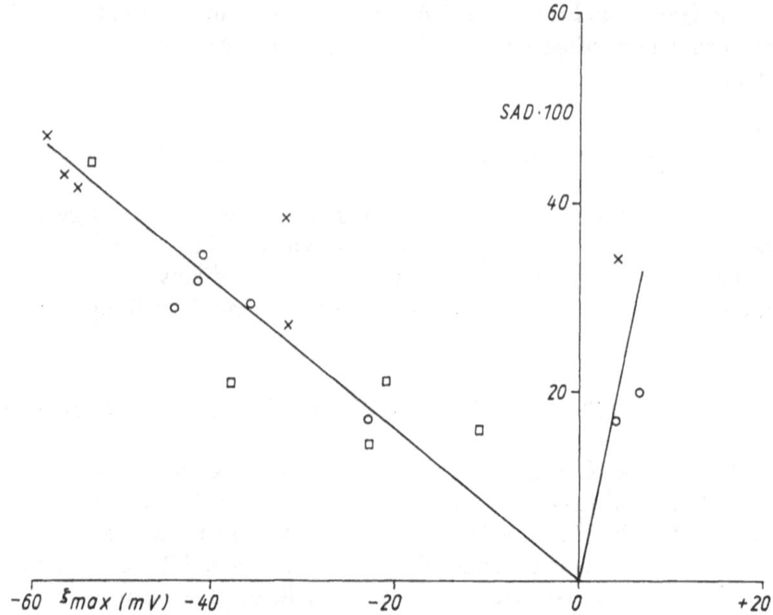

Abb. 3.29. Maximales ζ-Potential in KCl-Lösungen und Trockenschmutzaufnahme von Polyacrylnitril- und Polyamid-6-Faserstoffen

× unausgerüstete Polyacrylnitrilfasern; ○ ausgerüstete Wolpryla-65-Fasern; □ ausgerüstete Polyamid-6-Fasern

Zusammenhänge zwischen der Schmutzhaftung und c_{max} lassen sich für organische Faserstoffe nicht nachweisen.

ζ-Potential-Messungen in KCl-Lösungen brachten auch den Beweis dafür, daß die Wirkung schmutzabweisender Appreturen auf Basis hochdisperser Oxide (SiO_2, Al_2O_3) nicht in einer Ausfüllung von Oberflächenrauhigkeiten liegt, da Faserstoffe, die mit hochdispersen Oxiden appretiert wurden, niedrige Werte des maximalen ζ-Potentials in KCl-Lösungen zeigen (Abb. 3.29.), [62, 63]. Diese Werte korrelieren mit der Haftung von Schmutzpartikeln. Weiterhin wurde nachgewiesen, daß Faserstoffe, die nach der Applikation von Salzen mehrwertiger Kationen oder von Kationtensiden ein ζ-Potential von ungefähr Null zeigen, auch ein Minimum der Pigmenthaftung und der freien Oberflächenenergie aufweisen (Abb. 3.30.). Hieraus leiten sich Möglichkeiten zur gezielten Entwicklung von Antischmutz(Anti-soiling)-Appreturen auf Basis kationaktiver Tenside ab [64].

In Abb. 3.31. sind das ζ-Potential von PAN-Fasern in Lösungen von Alkylpyridiniumsalzen und die Anschmutzungsneigung der mit diesen Lösungen appretierten und anschließend getrockneten Fasern als Funktion der Tensidkonzentration dargestellt. Es ist ersichtlich, daß die Tensidkonzentration, die zu einem ζ-Potential von Null führt, auch mit einem Minimum der Anschmutzungsneigung korreliert.

Die Erklärung für diese Erscheinung liegt darin, daß bei einem ζ-Potential von Null ein Minimum der Polarität der Faseroberfläche vorliegt. Diese Polarität rührt möglicherweise aus dem Vorliegen einer elektrochemischen Doppelschicht bereits an den lufttrockenen Faserstoffen (s. a. 3.2.3.2.1.) her.

Aus der Tatsache, daß an hydrophilen Faserstoffen ein niedriges ζ-Potential in Wasser

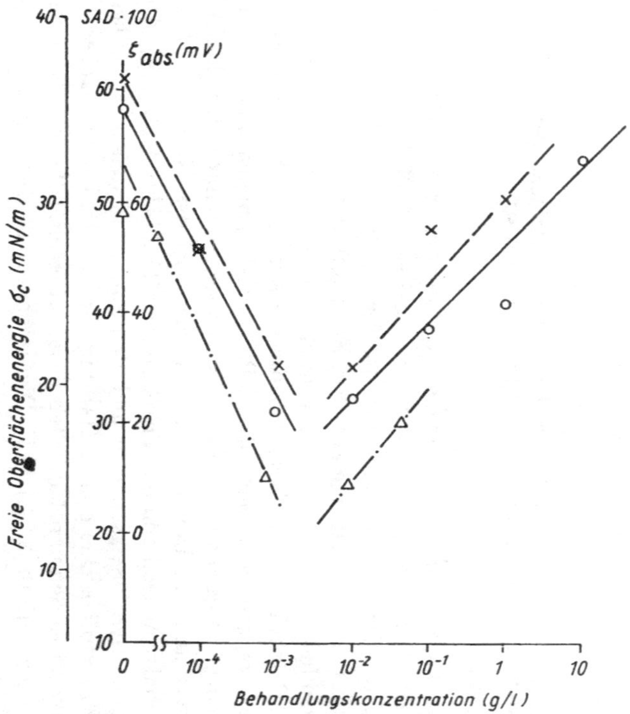

Abb. 3.30. ζ-Potential in dest. Wasser, freie Oberflächenenergie σ und Trockenschmutzaufnahme von mit $Zr(CH_3COO)_4$-Lösungen behandelten und anschließend getrockneten PAN-Fasern

○ ——— SAD · 100; × — — — σ_c; ▽ —·— $\zeta_{abs.}$

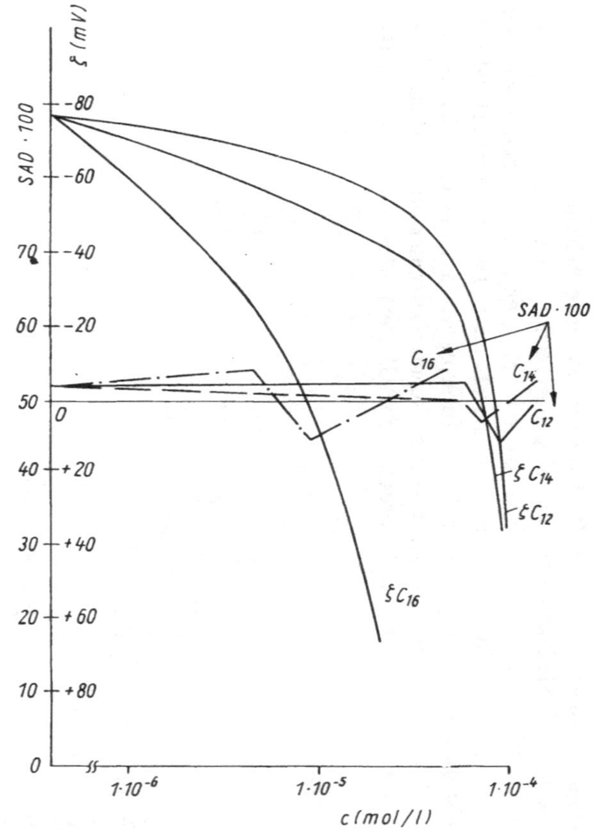

Abb. 3.31. ζ-Potential von PAN-Fasern in Lösungen von Alkylpyridiniumsalzen und Trockenschmutzaufnahme der mit den Lösungen behandelten und anschließend getrockneten Fasern

und KCl-Lösungen gemessen wird, läßt sich auch die gute Schmutzauswaschbarkeit hydrophiler Faserstoffe wie Baumwolle und Regeneratcellulose erklären: die starke Adsorbierbarkeit von Wasser an der Faseroberfläche führt zu einer schwachen Adsorption sowohl der die Doppelschicht aufbauenden Ionen als auch der Schmutzpartikel [65].

ζ-Potential-Messungen eignen sich auch zur Interpretation weiterer Adhäsionsprobleme. So korreliert die spezifische Haftkraft zwischen Glasseiden und ungesättigtem Polyesterharz mit dem maximalen ζ-Potential der Glasseiden in KCl-Lösungen [66], (Abb. 3.32.).

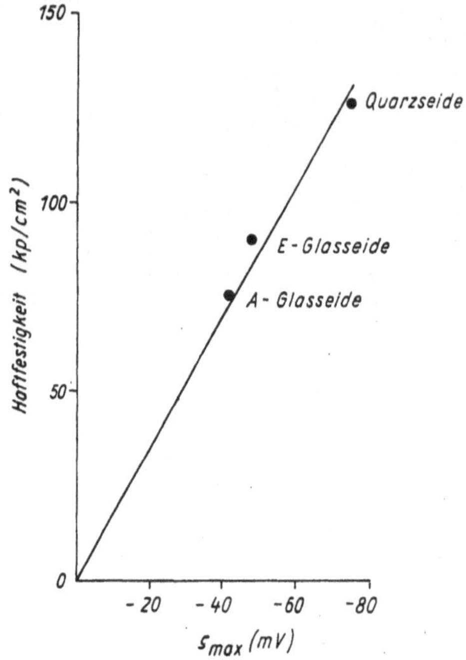

Abb. 3.32. Maximales ζ-Potential in KCl-Lösungen und spezifische Haftkraft zwischen Glasseiden und ungesättigtem Polyesterharz

Die gut haftende Quarzseide zeigt in Übereinstimmung mit der STERNschen Theorie einen niedrigeren Wert von c_{max} als die E- bzw. A-Glasseide (Tab. 3.14.).

Der Verlauf textiler Verarbeitungsprozesse, der durch die Haftung der Faserstoffe aneinander bzw. durch die Haftung zwischen Faserstoff und Teilen von Verarbeitungsmaschinen beeinflußt wird, hängt in starkem Maße von der Art und Auflagemenge des angewendeten Präparationsmittels ab. Qualitative Aussagen über die Verarbeitbarkeit präparierter Faserstoffe lassen sich über ζ-Potential-Messungen machen. So zeigt der statische Reibungskoeffizient von Polyacrylnitrilfasern, die mit unterschiedlichen Mengen von Alkylpyridiniumsalzen behandelt wurden, bei den Konzentrationen, die zu einem ζ-Potential von Null führen, ein Minimum [11], (Abb. 3.33., vgl. Abb. 3.22.). Plasmabehandelte Synthesefaserstoffe und Baumwolle, an denen gegenüber den unbehandelten Faserstoffen eine höhere Haftung der Einzelfäden aneinander beobachtet wird, zeigen gegenüber den unbehandelten Faserstoffen ein höheres maximales ζ-Potential in KCl-Lösungen (Tab. 3.21.), [93]. Die Ergebnisse deuten darauf hin, daß es mit

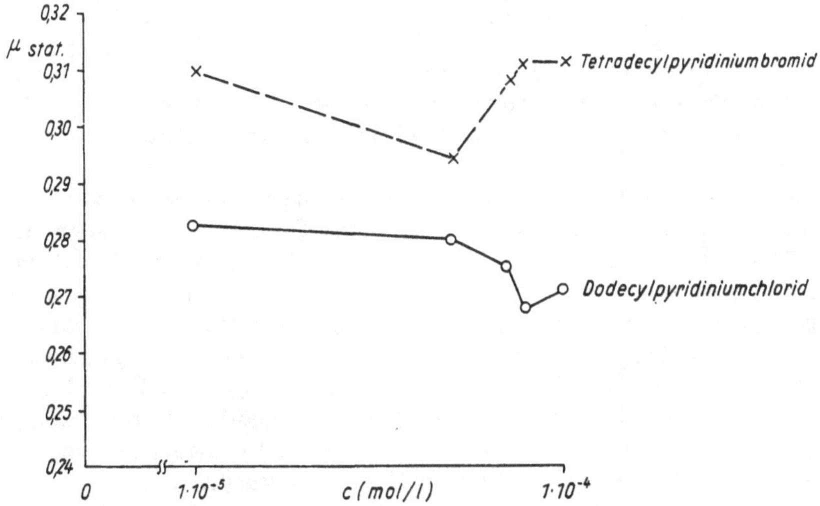

Abb. 3.33. Statischer Reibungskoeffizient von Polyacrylnitrilfaserstoffen nach einer Behandlung mit Alkylpyridiniumsalzen

Hilfe elektrokinetischer Messungen möglich ist, Beiträge zur Wirkungsweise von Präparationsmitteln auf Faserstoffen zur Erzielung optimaler Verarbeitungseigenschaften zu leisten. Dies erscheint als besonders wichtig, da die Präparationsproblematik heute zum großen Teil noch nach empirischen Gesichtspunkten bearbeitet wird.

Tabelle 3.21. Maximales ζ-Potential in KCl-Lösungen und Reibung von plasmamodifizierten Fasern

Faserstoff, Behandlung	ζ_{max} (mV)	Reibung Faser-Faser μd	Haftkraft (mN/ktex)
Wolle, unbehandelt	−62	0,21	3,24
Wolle, 5 s plasma-behandelt	−87	0,61	5,47
Baumwolle, unbehandelt	−35	0,20	12,9
Baumwolle, 15 s plasma-behandelt	−49	0,52	16,3
Polyethylenterephthalat, unbehandelt	−91	0,26	20,3
Polyethylenterephthalat, 15 s plasma-behandelt	−79	0,27	17,5
Polyacrylnitril, unbehandelt	−73	0,32	15,4
Polyacrylnitril, 15 s plasma-behandelt	−83	0,44	21,2
Viskose, unbehandelt	−51	0,58	9,22
Viskose, 15 s plasma-behandelt	−38	0,56	9,15

3.2.4.3. Charakterisierung von Faserstoff-Präparationen

Da zur Präparierung von Faserstoffen vorwiegend grenzflächenaktive Stoffe verwendet werden und diese das elektrokinetische Potential in der unter 3.2.3.1.3. dargestellten Weise beeinflussen, ergeben sich Möglichkeiten zur Charakterisierung von Faserstoff-Präparationen.

So ist es mit Hilfe elektroosmotischer Messungen möglich, die durch eine thermische Behandlung bewirkte Diffusion kationaktiver Tenside in PAN-Faserstoffe zu verfolgen ([67], s. a. Kap. 3.3.), weil nur die auf der Faserstoffoberfläche befindliche Tensidmenge das ζ-Potential beeinflußt. Da nur diese Tensidmenge für die Veränderung von Oberflächeneigenschaften, wie die Neigung zur elektrostatischen Aufladbarkeit und das Haft- und Reibungsverhalten, verantwortlich ist, können so auch Änderungen des Verarbeitungsverhaltens infolge thermischer Behandlungen erfaßt werden.

Von Yue und Ehrler [68, 69] wurde eine modifizierte Strömungspotential-Meßapparatur zur Untersuchung präparierter Faserstoffe angewendet, die es gestattet, das Strömungspotential als Funktion der Meßzeit zu registrieren.

Der Verlauf der Strömungspotential-Zeit-Kurve ist weniger abhängig von der chemischen Konstitution und der Quellung des Faserstoffes als vielmehr von der Benetzung des Faserstoffes durch die Meßflüssigkeit, der Art und Konzentration des Präparationsmittels und, daraus resultierend, der Wechselwirkung zwischen Faserstoff und Präparationsmittel. Es wird also eine sehr komplexe Größe gemessen, die aus dem Vergleich mit bekannten Faserstoffen und Präparationsmitteln eine Zuordnung ermöglicht.

3.2.5. Technologien, die durch die elektrochemische Doppelschicht an Faserstoffen beeinflußt werden

Die Höhe und das Vorzeichen des ζ-Potentials sowie die Dicke der elektrochemischen Doppelschicht beeinflussen in starkem Maße die Wechselwirkung zwischen Faserstoffen, die sich in wäßrigen Lösungen befinden und darin enthaltenen Substanzen, die teils echt und teils kolloidal gelöst sind. Je nach den Ladungsverhältnissen werden die Lösungsbestandteile adsorbiert oder abgestoßen, wobei die Gesetzmäßgkeiten der DLVO-Theorie über die Stabilität kolloidaler Systeme gelten (s. [2, 5]). Der Aufbau der elektrochemischen Doppelschicht beeinflußt so in starkem Maße Prozesse der Faserstoffverarbeitung und -veredlung. Dies gilt für Cellulose- und synthetische Faserstoffe sowie Wolle.

3.2.5.1. Papierherstellung

Ausführliche Literaturübersichten zum Einfluß der elektrochemischen Doppelschicht an Zellstoffen und Papierhilfsmitteln auf den Prozeß der Papierherstellung wurden von Melzer [45], Weigel [46], Poppel [13] und Beck u. Mitarb. [44] angefertigt. Danach wird insbesondere der Retentionsprozeß, d. h. die Ablagerung des sich in kolloidaler Lösung befindlichen Zellstoffs und der Füllstoffe auf dem Papiermaschinensieb, durch die Größe und das Vorzeichen des ζ-Potentials der genannten Stoffe sowie durch die Ionogenität von Hilfsstoffen beeinflußt. Im allgemeinen tritt erhöhte Flockung in der Nähe des Ladungsnullpunktes ein, da hier die Stabilität des vorliegenden dispersen Systems am geringsten ist. Die unter 3.2.3. aufgeführten Einflußfaktoren auf das ζ-Potential werden gezielt zur Einstellung der gewünschten Ladungsverhältnisse angewendet. So werden als Retentionshilfsmittel Salze mehrwertiger Kationen, wie $Al_2(SO_4)_3$ und kationische Polyelektrolyte eingesetzt. Beim Ladungsnullpunkt tritt jedoch dann keine optimale Retention ein, wenn die Flockung durch Brückenbindungen beeinflußt wird. Jedoch eignet sich auch hier die ζ-Potential-Messung zur Prozeßkontrolle, da die Flockung in einem bestimmten Potential-Bereich optimal ist.

Auch die Papierleimung wird in starkem Maße von den Ladungsverhältnissen an der Papiermasse und den Leimkomponenten beeinflußt. Die Leimung erfolgt dann am effektivsten, wenn Zellstoff und Leim entgegengesetzte Vorzeichen aufweisen.

Es wurde weiterhin gefunden, daß bei einem ζ-Potential von Null verschiedene Zellstoffeigenschaften einen Extremwert aufweisen. So zeigt die Entwässerungsgeschwindigkeit ein Maximum, gleiches gilt für die Flockenfestigkeit sowie Trocken- und Naßfestigkeiten [70]. Ähnliche Extremwerte wurden von Kanamaru u. Mitarb. [71] an Celluloseregeneratfaserstoffen beobachtet. Viskosefaserstoffe weisen bei einem ζ-Potential von Null, das durch Zugabe von Salzen mehrwertiger Kationen zum Fällbad erreicht wurde, ein Minimum der Quellung und der Wasserdampfsorption auf. Diese Erscheinungen haben ihre Erklärung darin, daß bei einem ζ-Potential von Null die Ionen in der elektrochemischen Doppelschicht minimal hydratisiert sind.

3.2.5.2. Färben und Veredeln von Textilien

Bereits seit Beginn des 20. Jahrhunderts werden elektrokinetische Messungen zur wissenschaftlichen Durchdringung textiler Färbeprozesse durchgeführt [72]. An den wichtigsten Faserstoffen wurden ζ-Potential-Messungen in Lösungen von Vertretern verschiedener Farbstoffklassen in Abhängigkeit von der Vorbehandlung der Faserstoffe, der Zusammensetzung der Färbeflotte, der Temperatur, der Färbezeit, dem pH-Wert und ähnlichen

Tabelle 3.22. Übersicht über elektrokinetische Messungen in Farbstofflösungen zur Interpretation von Färbevorgängen

Faserstoff	Farbstoff in der Meßlösung	Literatur
Baumwolle	Direktfarbstoffe	[27, 74, 78]
	Reaktivfarbstoffe	[75]
Polyamid	Säurefarbstoffe	[22, 30, 32]
	Reaktivfarbstoffe	[96]
Wolle	Säurefarbstoffe	[22]
	Reaktivfarbstoffe	[96]
Polyacrylnitril	Basische Farbstoffe	[22, 29, 31, 79]
	Säurefarbstoffe	[80]
Polyester	Säurefarbstoffe	[79]
Viskose	Küpenfarbstoffe	[81, 95]

Parametern vorgenommen (s. Tab. 3.22.). Es lag dabei nahe, einen starken Einfluß der elektrochemischen Doppelschicht auf das Aufziehen ionischer Farbstoffe zu erwarten, da bei negativem ζ-Potential der Faserstoffe die Adsorption positiver Farbstoffionen begünstigt und von Farbstoffanionen erschwert wird [73].

Aus der kritischen Auswertung der Literatur, insbesondere der von Saleh und Flath [22, 94] durchgeführten systematischen Untersuchungen, lassen sich verallgemeinernd folgende Aussagen treffen:

Je nach Ionogenität und Adsorbierbarkeit der Farbstoffe findet in den ersten Minuten des Färbeprozesses eine Veränderung des ζ-Potentials der Faserstoffe statt. Das ζ-Potential steht dabei nur mit der an der Faseroberfläche adsorbierten, nicht aber mit der insgesamt aufgenommenen Farbstoffmenge in Beziehung. Zum Ende des Färbeprozesses erreicht das ζ-Potential annähernd den Wert der ungefärbten Fasern. Mit Direkt- bzw. bifunktionellen Reaktivfarbstoffen gefärbte Baumwolle zeigt gegenüber den ungefärbten Proben ein niedrigeres ζ-Potential, da durch die Aufnahme der Direktfarbstoffe eine Änderung der Adsorptionskräfte [74] bzw. durch Reaktivfarbstoffe eine Vernetzung der Makromoleküle [75] erfolgt. Die Meßergebnisse zeigen insgesamt, daß ζ-Potential-Messungen im Hinblick auf den Färbeprozeß nur eine geringe Aussagekraft besitzen, da die Farbstoffmoleküle weniger durch elektrostatische, sondern in erster Linie durch VAN DER WAALSsche oder im Falle von Reaktivfarbstoffen durch kovalente Bindungen im Faserstoff gebunden sind. Außerdem ist nicht die Adsorption des Farbstoffes, sondern die Diffusion im Faserstoff der geschwindigkeitsbestimmende Schritt des Färbeprozesses. Dieser wird nicht durch das ζ-Potential beeinflußt. Da weiterhin den Färbeflotten relativ große Salzmengen ($> 10^{-2}$ mol/l) zugesetzt werden, die zu einem Zusammendrücken der elektrochemischen Doppelschicht führen, sind auch kaum Korrelationen zwischen dem in vergleichsweise sehr verdünnten Lösungen gemessenen ζ-Potential und der Adsorption der Farbstoffe in realen Färbesystemen zu erwarten.

ζ-Potential-Messungen gestatten aber dann Aussagen zum färberischen Verhalten von Faserstoffen, wenn sie zur Charakterisierung der Faserstoffstruktur oder der vom Faserstoff ausgehenden Wechselwirkungskräfte angewendet werden. So korreliert beispielsweise die Farbstoffaufnahme unterschiedlich fixierter Polyesterfaserstoffe mit ihrem maximalen ζ-Potential in KCl-Lösungen [59], (s. 3.2.2.3.).

Nach AICHELE u. Mitarb. [76] lassen sich weiterhin durch Strömungsstrom- bzw. Strömungspotential-Messungen in Farbstofflösungen Unterschiede der freien Standardadsorptionsenthalpie für Farbstoffionen an der Faserstoffoberfläche gewinnen.

Die unter 3.3. dargestellten Erkenntnisse zum Zusammenhang zwischen Tensidadsorption und den Ladungsverhältnissen an den Faserstoffen werden seit langem bei der Entwicklung von Textilhilfsmitteln und der Durchführung von Veredlungsprozessen genutzt [77]. So werden beispielsweise für die Appretur mit kationaktiven Hilfsmitteln wegen ihrer relativ starken Adsorbierbarkeit Ausziehverfahren gewählt; durch die Einstellung des pH-Wertes, durch Elektrolytzusätze und geeignete Temperatureinstellung wird das Aufziehen in der gewünschten Richtung beeinflußt. Die schwach adsorbierenden anionischen Hilfsmittel werden dagegen vorwiegend durch Foulardieren aufgebracht. Es sind jedoch keine Untersuchungsergebnisse bekannt, die den Einfluß der elektrochemischen Doppelschicht auf die Sorptionsgeschwindigkeit und die im Gleichgewicht aufgenommene Hilfsmittelmenge für verschiedene Faserstoffe und mehrere Hilfsmitteltypen quantitativ beschreiben.

3.2.5.3. Waschprozesse

Ausgehend von Arbeiten von v. STACKELBERG u. Mitarb. [9] sowie KLING und LANGE [82], die nachwiesen, daß das elektrokinetische Potential von Faserstoffen durch Natriumalkylsulfate und Natriumcarboxymethylcellulose erhöht wird, bzw. daß die im natürlichen Schmutz vorkommenden Pigmente in Wasser ein negatives ζ-Potential aufweisen, das ebenfalls durch anionaktive Tenside erhöht wird, werden elektrokinetische Messungen zum Studium des textilen Waschprozesses durchgeführt. Die genannten Autoren sowie DURHAM [83] und HARRIS [84] führen die Waschwirkung anionaktiver Tenside und auch die vergrauungshemmende Wirkung von Natriumcarboxymethylcellulose auf die ζ-Potential-Erhöhung an Faserstoffen und Schmutzpigmenten, die zu einer verstärkten elektrostatischen Abstoßung führen soll, zurück. So gibt LANGE [85] als Ausdruck für die elektrostatische Abstoßung die folgende Beziehung an, die auf der DLVO-Theorie für die Stabilität kolloider Systeme beruht:

$$E_R = \frac{\varkappa}{\nu^2} + \left(\varkappa \frac{d}{2}\right)_Z \tag{3.64.}$$

E_R — elektrostatische Abstoßungsenergie zwischen Faserstoffen und Schmutzpigmenten
$\varkappa$ — DEBYE-HÜCKEL-Parameter (s. 3.2.1.)
d — Haftabstand
Z — $\frac{\nu e_0 \zeta}{kT}$
ν — Wertigkeit der Ionen in der Waschlösung

Entsprechend ihrer Wirkung auf das Vorzeichen des ζ-Potentials wird die Waschinaktivität kationaktiver Tenside bei niedrigen Anwendungskonzentrationen und ihre Waschwirkung bei höheren Konzentrationen erklärt: Bei hohen Konzentrationen an Kationtensiden in der Waschflotte besitzen sowohl die Faserstoffe als auch die Schmutzpigmente ein hohes positives ζ-Potential, es findet also eine elektrostatische Abstoßung statt.

Die bekannte gute Waschwirkung nichtionogener Tenside und die starke Neigung der Polyesterfaserstoffe, die in Lösungen anionaktiver Tenside ein hohes ζ-Potential aufweisen, zur Rückvergrauung, können jedoch durch die Ergebnisse elektrokinetischer Messungen nicht erklärt werden, desgleichen nicht die gute Waschbarkeit hydrophiler Faserstoffe mit relativ niedrigem ζ-Potential in Lösungen anionaktiver Tenside.

Aus den Arbeiten von FAVA und EYRING [86], RUTKOWSKI [87], SCHWUGER [88] sowie JACOBASCH und SCHUMANN [89] zum Zusammenhang zwischen Tensidadsorption und Waschverhalten von Faserstoffen geht hervor, daß der Primärschritt der Schmutzablösung in der Verdrängung der Schmutzpartikel durch die Adsorption von Tensiden oder Wasser besteht (s. Kap. 1. und 3.3.). Die elektrochemischen Ladungsverhältnisse tragen demzufolge lediglich zur Stabilität der Schmutzdispersion, die ja die Waschflotte darstellt, bei.

Da ζ-Potential-Messungen zur Abschätzung der zwischen den Faserstoffen und den Schmutzpartikeln wirkenden Kräfte sowie zur Charakterisierung der Adsorption von Wasser und Tensiden angewendet werden können und andererseits diese Parameter den Waschprozeß ebenso wie die elektrostatischen Kräfte beeinflussen, sind elektrokinetische Messungen durchaus zur wissenschaftlichen Durchdringung des textilen Waschprozesses geeignet, jedoch ist dabei eine komplexe Betrachtung des Gesamtprozesses notwendig.

Literatur

[1] STERN, O.: Z. Elektrochemie **30** (1924), S. 508–516.
[2] SENNET, P., OLIVIER, J. P.: *Chemistry and Physics of Interfaces.* Washington: Amer. Chem. Soc. Publ. 1965.
[3] DUCHIN, S. S. in MATIJEVIC, E. (Hrsg.): *Surface and Colloid Science.* Vol. 7. New York: John Wiley & Sons 1974.

[4] DUCHIN, S. S.: *Elektroprovodnost' i elektrokineticeski svoistva dispersnych sistem.* Kiew: Naukova dumka 1975.
[5] VERWEY, E. I. W., OVERBEEK, J. Th. G.: *Theory of the Stability of Lyophobic Colloids.* Amsterdam: Elsevier Publ. Comp. 1948.
[6] SONNTAG, H., STRENGE, K.: *Koagulation uno Stabilität disperser Systeme.* Berlin: VEB Deutscher Verlag der Wissenschaften 1970.
[7] SONNTAG, H.: *Lehrbuch der Kolloidwissenschaft.* Berlin: VEB Deutscher Verlag der Wissenschaften 1977.
[8] LINDSTRÖM, T., SÖREMARK, C.: Papier **29** (1975), S. 519–525.
[9] v. STACKELBERG, M., KLING, W., BENZEL, W., WILKE, F.: Kolloid-Z. **135** (1954), S. 67–80.
[10] BONDARENKO, V. S., ANDROSOV, V. F., KARSLIEVA, V. I.: Sowj. Beiträge zur Faserforsch. u. Textiltechnik **6** (1969), S. 212–215.
[11] JACOBASCH, H.-J.: Dissertation (B), Akademie der Wissenschaften der DDR 1977.
[12] MANEGOLD, E.: *Kapillarsysteme.* Bd. 2. Heidelberg: Straßenbau, Chemie und Technik Verlagsgesellschaft m. b. H. 1955.
[13] POPPEL, E.: *Rheologie und elektrokinetische Vorgänge in der Papiertechnologie.* Leipzig: VEB Fachbuchverlag 1977.
[14] v. SMOLUCHOWSKI, J. M.: Phys. Z. **6** (1905), S. 530.
[15] GORING, D. A. T., MASON, S. G.: Can. J. Res., *Sect. B:* **28** (1950), S. 307.
[16] FAIRBROTHER, F., MASTIN, H.: J. Chem. Soc. **125** (1924), S. 2319.
[17] ERK, G.: Dissertation TH Darmstadt 1974.
[18] BIEFER, G. J., MASON, S. G.: Trans. Faraday Soc. **55** (1959), S. 1239.
[19] CHANG, M. Y., ROBERTSON, A. A.: Can. J. Chem. Eng. **45** (1967), S. 66.
[20] AICHELE, W.: Dissertation, T. H. Stuttgart 1977.
[21] AICHELE, W., SCHOLLMEYER, E., HERLINGER, H.: Makromol. Chem. **178** (1977), S. 2011 bis 2024, 2025–2035, **179** (1978), S. 773–785, 787–805, 2945–2951.
[22] SALEH, N.: Dissertation, TU Dresden 1975.
[23] KADEN, H.: Bergakademie Freiberg, Sektion Chemie, Privatmitteilung 1977.
[24] SCHEMPP, W.: Das Papier **29** (1975), S. 514–519.
[25] SALEH, N.: Diplomarbeit TU Dresden, Sektion Chemie 1972.
[26] BULL, H. B., GORTNER, R. A.: J. phys. Chem. **35** (1931), S. 309–330.
[27] NEALE, S. M., PETERS, R. H.: Trans. Faraday Soc. **42** (1946), S. 478–487.
[28] HUBER, O., PENZKOFER, A.: Das Papier **19** (1945), S. 847–856.
[29] ANDROSOV, V. F., LIVERANT, V. Z.: Sowj. Beitr. Faserforsch. Textiltechnik **3** (1966), S. 653 bis 655.
[30] ANDROSOV, V. F.: Dt. Textiltechnik **19** (1969), S. 365–368.
[31] GLENZ, O., BECKMANN, W.: Melliand Textilber. **38** (1957), S. 296–300.
[32] SUZAWA, T., SAITO, T., SHINOHARA, H.: Bulletin of the chemical Society of Japan **40** (1967), S. 1596–1600.
[33] ALGIE, J. E., BAIRD, K., FOULDS, R. A., ROBINSON, V. N.: Text. Res. J. **44** (1974), S. 767 bis 771.
[34] MÜLLER, F.: Wochenbl. f. Papierfabrikation **99** (1971), S. 25–26.
[35] YOSHIZAKI, O.: Chem. High Polymers (Japan) **15** (1958), S. 571–584.
[36] ELÖD, E.-V., SCHACHOWSKOY, Th.: Melliand Textilber. **23** (1942), S. 437–440.
[37] LUCK, W. A. P., Kolloid-Z. **223** (1968), S. 110–117.
[38] LOKHANDE, H. T., ANDROSOV, V. F., GOLOVANOV, E. N.: Indian Journal of Technology **8** (1970), S. 92–97.
[39] SUZAWA, T.: Kogyo Kagaku Zasshi (J. Chem. Soc. Japan, Ind. Chem. Sect.) **66** (1963), S. 1002 bis 1007.
[40] SUZAWA, T., YUZAWA, M.: Yugakaku (J. Japan Oil Chemist's Soc.) **15** (1966), S. 20–26.
[41] LINDSTRÖM, T., SÖREMARK, Ch., Heinegard, C. H., MARTIN-LÖF, S.: Tappi 57 (1974), S. 94.
[42] HOFFMANN, F., MÜLLER, F., ROHLOFF, E., TRETTER, H.: Das Papier **29** (1975), S. 529–534.
[43] HORN, D., MELZER, J.: Das Papier **29** (1975), S. 534–541.
[44] BECK, U., MÜLLER, F.: Acta Polymerica **31** (1980), S. 504.
[45] MELZER, J.: Das Papier **26** (1972), S. 305.
[46] WEIGEL, J.: *Elektrokinetische Grenzflächenvorgänge.* Weinheim: Verlag Chemie 1977.
[47] KANAMARU, K.: Kolloid-Z. **168** (1960), S. 115–121.

[48] KANAMARU, K., TAKADA, T.: Z. physik. Chemie (*A*) **186** (1940), S. 1–9.
[49] SUZAWA, T.: Senshoku Kogyo (Dyeing Ind.) **18** (1970), S. 534–539.
[50] CONWAY, B. E.: Advances in Colloid and Interface Science **8** (1977), S. 91–212.
[51] MADAN, G. L., SHRIVASTAVA, S. K.: Colloid and Polymer Sci. **255** (1977), S. 269–275.
[52] JACOBASCH, H.-J.: Das Papier **31** (1977), S. 436–441.
[53] JACOBASCH, H.-J.: Vortrag zum Intern. Symposium „Elektrokinetische Erscheinungen" Dresden 1979.
[54] RABINOV, G., HEYMANN, E.: J. phys. Chem. **47** (1943), S. 655–668.
[55] SCHEMPP, W., ERK, G., SCHURZ, J.: Das Papier **27** (1973), S. 483–490.
[56] KALE, P. D., LOKHANDE, H. T.: J. appl. Polymer Sci. 19 (1975), S. 461–480.
[57] LOKHANDE, H. T., ANDROSOV, V. F., GOLOVANOV, E. N.: Indian J. of Technology 8 (1970), S. 92–97.
[58] BONDARENKO, O. S., TUGUSI, L. A., MAMONOVA, E. T., GURTOVENKO, S. I., KARSLIEVA, V. I., BIRJULIN, P. S.: Sowj. Beitr. Faserforsch. u. Textiltechnik **15** (1978), S. 652–653.
[59] BOBETH, W., JACOBASCH, H.-J.: Melliand Textilber. **55** (1974), S. 268–274.
[60] v. HORNUFF, G., GRIMM, H.: Faserforsch. u. Textiltechnik **15** (1964), S. 75–79.
[61] HUBER, O.: Das Papier **29** (1975), S. 525–529.
[62] JACOBASCH, H.-J., FLATH, H.-J.: Faserforsch. u. Textiltechnik 20 (1969), S. 338–346.
[63] IVANOVA, G., VORONKOV, N. G. V., CHARCHUROV, A. A., TUGAJ, J. D., IVANOVA, N. J., BULKOV, Ju. L.: Ž. prikl. Chimii **47** (1974), S. 1415–1416.
[64] DD/PS 70 067.
[65] JACOBASCH, H.-J.: Textilveredlung **5** (1970), S. 385–391.
[66] WIEDEMANN, G., JACOBASCH, H.-J.: Faserforsch. u. Textiltechnik **23** (1972), S. 261–265.
[67] JACOBASCH, H.-J.: Acta Polymerica **31** (1980), S. 481–484.
[68] YUE, S. G.: Dissertation Universität Stuttgart 1976.
[69] EHRLER, P., RIZK, A., SCHEFFER, D.: Melliand Textilber. **59** (1978), S. 864–869.
[70] POPPEL, E., BICU, J.: Das Papier **26** (1972), S. 162.
[71] KANAMARU, K.: Kolloid-Z. **66** (1934), S. 163–175.
[72] GEE, H., HARRISON, W.: Trans. Faraday Soc. **6** (1910), S. 42–71.
[73] VICKERSTAFF, Th.: *The physical Chemistry of Dyeing.* Edinburgh–London: Oliver & Boyd 1954.
[74] LOTTERMOSER, A., GANSEL, L.: Melliand Textilber. **12** (1931), S. 407–410.
[75] LOKHANDE, H. T., SALVI, A. S.: Colloid and Polymer Sci. **254** (1976), S. 1030–1041.
[76] AICHELE, W., SCHOLLMEYER, E., HERLINGER, H.: Angew. Makromol. Chemie **75** (1979), S. 79–97.
[77] LINDNER, K.: *Tenside, Textilhilfsmittel, Waschrohstoffe.* Bd. 1. Stuttgart: Wissenschaftliche Verlagsgesellschaft mbH 1964.
[78] SUZAWA, T.: Kogyo Kagaku Zasshi (J. chem. Soc. Japan, Ind. chem. Sect.) **62** (1959), S. 332 bis 336, 473–476, 1231–34; **63** (1960), S. 148–151, 151–153, 1066–1068, 1069–1072, 1072–1075; **65** (1962), S. 124–126, 127–131.
[79] VICKERSTAFF, Th.: Melliand Textilber. **35** (1954), S. 765–772.
[80] SUZAWA, T., KAWAKAMI, K.: Kogyo Kagaku Zasshi (J. chem. Soc. Japan) **78** (1975), S. 1134 bis 1137.
[81] FILONENKO, V. I., ANDROSOV, V. F., CURSINA, L. A., KOTIJ, S.: Izv. vyssich. uč. Zav. Technol. tekstil Prom. **120** (1977), S. 66–69.
[82] KLING, W., LANGE, H.: Kolloid-Z. **127** (1952), S. 19–27.
[83] DURHAM, K.: J. appl. Chem. **6** (1956), S. 153–161.
[84] HARRIS, J. C.: Textile Res. J. **28** (1958), S. 912–928.
[85] LANGE, H. in: CUTLER, W. G., DAVIS, R. C.: *Detergency. Theory and Test Methods.* New York: Marcel Dekker, Inc. 1972.
[86] FAVA, A., EYRING, H.: J. phys. Chem. **60** (1956), S. 890–898.
[87] RUTKOWSKI, B. J.: J. Amer. Oil Chem. Soc. **45** (1968), S. 266–271.
[88] SCHWUGER, M. J.: Chemie-Ing. Technik **12** (1971), S. 705–710.
[89] JACOBASCH, H.-J., SCHUMANN, U.: Faserforsch. u. Textiltechnik **24** (1973), S. 248–253.
[90] SCHURZ, J.: Acta Polymerica **31** (1980), S. 485–491.
[91] CHANG, M. Y., ROBERTSON, A. A.: Can. J. Chem. Engg. **45** (1967), 66
[92] BIEFER, G. J., MASON S. G.: J. Colloid Sci. **9** (1954), S. 20–35.
[93] NEUDECK, B.: Unveröffentlichte Ergebnisse

[94] FLATH, H.-J. SALEH, N.: Acta Polymerica **31** (1980), S. 510–517.
[95] FILONENKO, V. I., ANDROSOV, V. F.: Izv. vyssich uč. Zav. Technol. tekstil Prom. **127** (1979), S. 63–66.
[96] BALDUEVA, G. I., KORČAGIN, M. V.: Izv. vyssich uč. Zav. Technol. tekstil Prom. **61** (1967), S. 101–106.
[97] JACOBASCH, H.-J., BAUBÖCK, G., SCHURZ, J.: I. Colloid Polymer Sci., in Vorbereitung
[98] BAUBÖCK, G.: Dissertation, Univ. Graz 1983.
[99] VAN DER PUT, A. G.: Dissertation, Agricultural University Wageningen 1980.

3.3. Die Adsorption von grenzflächenaktiven Substanzen an Faserstoffen

Eine charakteristische Eigenschaft grenzflächenaktiver Stoffe in wäßrigen Lösungen ist ihre Adsorptionsfähigkeit an Festkörpern. Durch die Tensidadsorption werden die Oberflächeneigenschaften der Festkörper, d. h. insbesondere ihre Wechselwirkung gegenüber anderen festen oder flüssigen Substanzen, verändert, wobei die Veränderungen von der Art des Substrates, von der Konstitution und der Konzentration der Tenside abhängen.

Im folgenden Abschnitt werden die wichtigsten Gesetzmäßigkeiten zum Adsorptionsmechanismus von Tensiden an Faserstoffen, zum Einfluß von Faserstoff-Eigenschaften auf die Tensidadsorption und zum Einfluß adsorbierter Tenside auf technologisch bedeutsame Eigenschaften von Faserstoffen dargestellt.

3.3.1. *Adsorptionsmechanismus*

Die aus wäßriger Lösung durch einen Festkörper aufgenommene Tensidmenge sowie die Orientierung der Tensidmoleküle an der Phasengrenze werden bei konstanter Tensidkonzentration in der Lösung durch die Wechselwirkungskräfte zwischen dem Festkörper und den Tensidmolekülen bzw. -micellen, die Attraktion der Tensidmoleküle untereinander, die Größe der zugänglichen Grenzfläche bedingt.

Nach ROSEN [1] sind für die Adsorption von Tensiden an Festkörpern folgende prinzipielle Wechselwirkungsarten denkbar:

1. Ionenaustausch (Abb. 3.34a): In der elektrochemischen Doppelschicht befindliche Gegenionen werden durch gleichgeladene Tensidionen ausgetauscht.
2. Ionenpaarbildung (Abb. 3.34b): Die Adsorption der Tensidionen erfolgt durch elektrostatische Wechselwirkungskräfte an entgegengesetzt geladene Ladungsträger des Festkörpers, ohne daß ein Ionenaustausch stattfindet.
3. Wasserstoffbrückenbindung (Abb. 3.34c): Die Adsorption erfolgt durch Wasserstoffbrückenbindung zwischen Adsorbens und Adsorbat.
4. Adsorption durch Polarisation von π-Elektronen: Die Adsorption wird durch die Wechselwirkung zwischen aromatischen Molekülgruppen und positiven Ladungsträgern verursacht.
5. Adsorption durch Dispersionskräfte.
6. Hydrophobe Wechselwirkungen: Zusätzlich zu der Wechselwirkung zwischen den unpolaren Gruppen der Tenside, die durch Dispersionskräfte verursacht wird, ist die Assoziation dieser Gruppen durch einen Entropieeffekt bedingt. Dieser Entropieeffekt wird allgemein darauf zurückgeführt, daß in der Umgebung unpolarer Gruppen die Wassermoleküle stärker als in reinem Wasser geordnet sind. Bilden sich Assoziate,

so nimmt die Ordnung ab. Da eine Verminderung der Ordnung mit einer Entropieerhöhung verbunden ist, resultiert gemäß der Beziehung

$$\Delta G = \Delta H - T\Delta S \tag{3.65.}$$

aus der Assoziation eine Abnahme der freien Enthalpie, d. h. die Assoziation verläuft freiwillig (vgl. [2]).

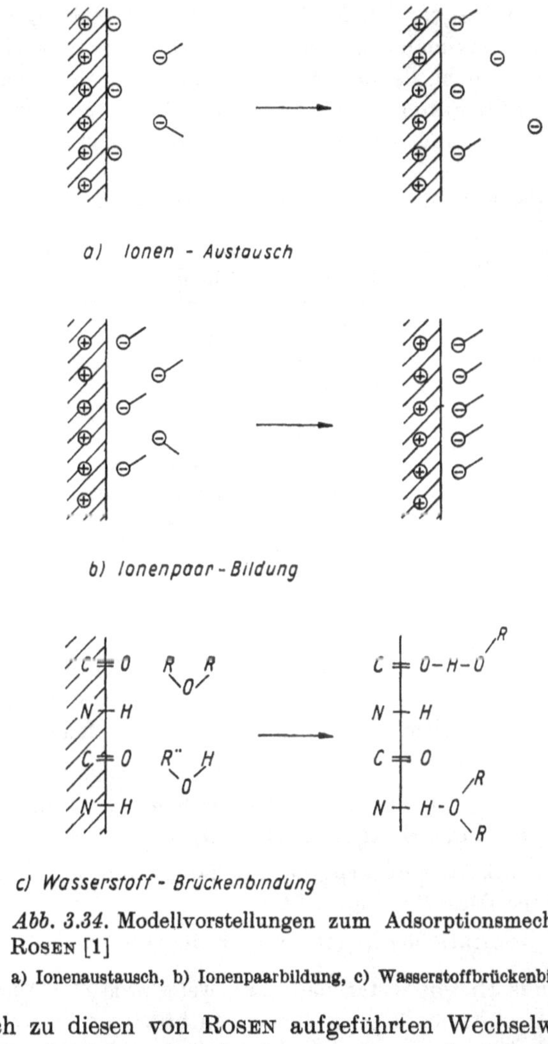

Abb. 3.34. Modellvorstellungen zum Adsorptionsmechanismus von Tensiden nach Rosen [1]

a) Ionenaustausch, b) Ionenpaarbildung, c) Wasserstoffbrückenbindung

Zusätzlich zu diesen von Rosen aufgeführten Wechselwirkungsarten ist noch die Beeinflussung der Adsorption durch permanente oder induzierte Dipole möglich.

Für die Tensidadsorption an Festkörpern ist nie einer der genannten Wechselwirkungsmechanismen allein maßgebend; es findet stets eine Überlagerung mehrerer Wechselwirkungsarten statt. Aussagen über die dominierende Wechselwirkung sind über die Auswertung von Adsorptionsisothermen, über die Untersuchung der Abhängigkeit der adsorbierten Tensidmenge von der Zeit, der Temperatur, dem elektrokinetischen Potential u. a. Größen sowie über die umfassende Charakterisierung der Grenzfläche Festkörper/wäßrige Lösung möglich.

3.3.2. *Adsorptionsisothermen*

Zur quantitativen Beschreibung der Adsorption der Komponenten von Lösungen an Grenzflächen sind eine Vielzahl von Adsorptionsisothermen abgeleitet worden, nach denen der Bedeckungsgrad θ eine Funktion der freien Adsorptionsenthalpie ΔG^0_{ads}, der Aktivität des Gelösten in der Lösung a sowie von Parametern, die die Wechselwirkung zwischen den Adsorbatmolekülen untereinander ausdrücken, ist. Der Bedeckungsgrad ist das Verhältnis der jeweiligen zur maximalen Grenzflächenkonzentration, wobei im allgemeinen eine monomolekulare Schicht als maximale Bedeckung angenommen wird.

Eine Übersicht über die zur Charakterisierung der Adsorption am System Festkörper/Lösung meist verwendeten Adsorptionsisothermen ist in Tab. 3.23. gegeben (vgl. [3]).

Tabelle 3.23. Isothermen zur Beschreibung der Adsorption gelöster Substanzen an Festkörpern nach [3]

Isothermenbezeichnung	Isothermengleichung
allgemeine Beziehung	$a \cdot \beta = a \cdot \exp(-\Delta G^0_{ads.}/RT) = f(\theta)$
HENRY-Isotherme	$a \cdot \beta = \theta$
FREUNDLICH-Isotherme	$a \cdot \beta = \theta^{-n}$
LANGMUIR-Isotherme	$a \cdot \beta = \frac{\theta}{1-\theta}$
VIRIAL-Isotherme	$a \cdot \beta = \theta \exp(-2a\theta)$
FRUMKIN-Isotherme	$a \cdot \beta = \theta(1-\theta)^{-1} \exp(-2a\theta)$
DAMASKIN-Isotherme	$a \cdot \beta = \theta(1-\theta)^{-n} \exp(-2a\theta)$
VOLMER-Isotherme	$a \cdot \beta = \theta(1-2\theta)^{-1} \exp[2\theta(1-2\theta)^{-1}]$

n = Konstante

Die am häufigsten für die Beschreibung von Adsorptionsvorgängen verwendete Isotherme ist die LANGMUIRsche. Sie genügt bei der graphischen Darstellung der adsorbierten Menge $c_{ads.}$ als Funktion der Gleichgewichtskonzentration $c_{gl.}$ folgenden Prüfungskriterien (Abb. 3.35.):

1. Bei niedrigen Konzentrationen ist die Adsorption der Konzentration proportional, d. h., es gilt in diesem Bereich das HENRYsche Gesetz.
2. Bei hohen Konzentrationen ist die Adsorption unabhängig von der Konzentration, es ist die maximal mögliche Bedeckung erreicht.
3. Im Bereich mittlerer Konzentrationen hängt $1/c_{ads.}$ linear von $1/c_{gl.}$ ab.

Abweichungen von dieser Isotherme treten dann auf, wenn zwischen Adsorbens und Adsorbat starke, z. B. elektrostatische Wechselwirkungen auftreten (Kriterium 1 wird nicht erfüllt), nichtideales Verhalten im Sorbat, d. h. eine Mehrschichtenadsorption vorliegt (Kriterium 2 wird nicht erfüllt), oder bei der Adsorptionsmessung der zeitliche Gleichgewichtszustand nicht erreicht wird. Das nichtideale Verhalten der Sorbatmoleküle wird bei den Isothermen 4 bis 6 der Tab. 3.23. berücksichtigt.

Entspricht die experimentell aufgenommene Isotherme einer der aufgeführten Typen. dann lassen sich die Werte von $\Delta G^0_{ads.}$, b und n bestimmen, die die thermodynamischen Verhältnisse bei der Adsorption beschreiben und gewisse Aussagen zum Adsorptionsmechanismus zulassen.

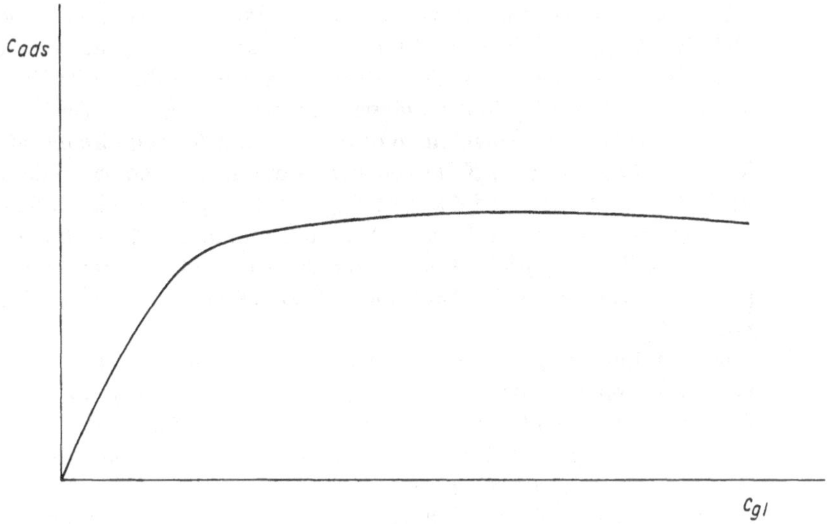

Abb. 3.35. LANGMUIR-Isotherme

Für den Fall der Tensidadsorption an faserbildenden Polymeren sind im allgemeinen die Bedingungen für einen bestimmten Isothermentyp nicht voll erfüllt, auch sind die methodischen Fehler bei Tensidadsorptionsmessungen relativ hoch, so daß die aufgeführten Parameter nur angenähert bestimmt werden können.

Qualitative Aussagen lassen sich aus der Steilheit des Anstiegs der Isothermen in bezug auf die Wechselwirkungsenergie zwischen Adsorbens und Adsorbat, der Höhe der Isothermen bei flachem Verlauf bezüglich der für das Adsorptiv zugänglichen Oberfläche, der Form der Isotherme in bezug auf die Wechselwirkung der Sorbatmoleküle, z. B. zeigt die S-Form eine ausgeprägte Sorbatwechselwirkung an, machen (FRUMKIN-Isotherme).

Adsorptionsisothermen von Tensiden an Festkörpern sind weiterhin dadurch charakterisiert, daß bei der kritischen Micellbildungskonzentration eine Unstetigkeit im Isothermenverlauf eintritt.

3.3.3. Untersuchungsergebnisse zur Adsorption von Tensiden an faserbildenden Polymeren

3.3.3.1. Methodik von Tensidadsorptionsmessungen

Die quantitative Erfassung der durch einen Festkörper adsorbierten Tensidmenge ist prinzipiell durch die folgenden Möglichkeiten gegeben:

1. Direkte quantitative Bestimmung der aufgenommenen Menge,
2. Restkonzentrationsbestimmung in der Adsorptionslösung,
3. Bestimmung nach vollständiger Entfernung vom Substrat.

Zu 1.: Die durch Formkörper aus faserbildenden Polymeren (Faserstoffe, Folien, Pulver) aufgenommene Tensidmenge ist im Vergleich zur Masse des Substrats sehr gering. Aus diesem Grunde scheidet die quantitative chemische Analyse des adsorbierten Tensids als Methode zur Untersuchung der Tensidadsorption aus. Relativ häufig wird dagegen die Radio-Tracer-Methode, nach der die Strahlung adsorbierter radioaktiv markierter Tenside auf dem Substrat bestimmt wird, zum Verfolgen von Adsorptionsvorgängen angewendet (vgl. [4, 5]). Die Bestimmung erfolgt dabei an Flächengebilden durch Messung der Impulse mit einem GEIGER-MÜLLER-Zähler oder im Falle von Folien durch Autoradiographie. Die Aussagekraft der Ergebnisse wird dadurch beeinträchtigt, daß auch die Strahlung der in der anhaftenden Lösung befindlichen Substanz in die Messung eingeht. Zur Eliminierung des hierdurch verursachten Fehlers sind entsprechende Korrekturen (definiertes Spülen, exakte Bestimmung der aufgenommenen Flüssigkeitsmengen) notwendig.

Zu 2.: Zur quantitativen Analyse von Tensiden in wäßriger Lösung sind eine Vielzahl von Methoden publiziert worden (vgl. [6···9]), von denen die wesentlichsten in der gravimetrischen Bestimmung nach Ausfällung, Zweiphasentitration, UR- oder UV-Spektroskopie, kolorimetrischen Bestimmung von Metall-Komplexen, Wechselstrompolarographie bestehen.

Intensiv wurde bisher die Eignung der Wechselstrompolarographie zur Untersuchung der Tensidadsorption an Faserstoffen geprüft [10···12]. In Tab. 3.24. sind die bisher untersuchten Tensidklassen, die die Grundlage für Präparations- oder Waschmittel bilden, und die verwendeten Faserstoffe angegeben.

Es wurde festgestellt, daß sich mit Hilfe der Wechselstrompolarographie die Adsorption von Alkylpyridiniumsalzen, Alkylphenolpolyglykolethern und Phosphorsäureestern an den handelsüblichen nativen und synthetischen Faserstoffen im Konzentrationsbereich, der zu einer Monoschichtbildung führt, untersuchen läßt. Die Adsorption von Natriumalkylsulfaten kann wegen der geringen Adsorbierbarkeit nur grob erfaßt werden. Die Methode versagt dann, wenn die adsorbierte Tensidmenge sehr klein gegenüber der gelösten ist; dies gilt für Faserstoffe allgemein für Konzentrationen $> 10^{-3}$ mol/l.

Auch lassen sich technisch hergestellte kationaktive Tenside wegen des oft hohen Gehaltes an Verunreinigungen, die zu Störungen im Polarogramm führen können, häufig nicht quantitativ wechselstrompolarographisch bestimmen. Für diese Substanzen bietet die Zwei-Phasen-Titration mit anionaktiven Tensiden Vorteile. Sie kann jedoch im Falle nichtionogener und bestimmter anionaktiver Tenside, wie z. B. zur Bestimmung von Phosphorsäureestern, nicht angewendet werden.

Zu 3.: Auf Faserstoffe aufgezogene Tenside sind durch Spülen oder Extrahieren nicht vollständig entfernbar, so daß die aufgeführte Methode nur dann zur Anwendung kommen kann, wenn relativ große Tensidmengen aus höher konzentrierten Lösungen aufgenommen werden, so daß der durch nicht vollständige Desorption verursachte Fehler vernachlässigt werden kann. Zur Konzentrationsbestimmung in der Extraktionslösung kommen die unter 2. aufgeführten Methoden sowie evtl. eine gravimetrische Bestimmung nach Eindampfen der Extraktionslösung zur Anwendung. Die letztgenannte Methode wird vorwiegend in Betriebslaboratorien zur Bestimmung adsorbierter Präparationsmittel auf Faserstoffen angewendet.

Tabelle 3.24. Übersicht über wechselstrompolarographische Tensidadsorptionsmessungen an Faserstoffen*)

Tensid	Konzentration der Linearität der Eichkurve	Faserstoffe	Kettenlänge	Ausgangskonz. (mol/l)	adsorbierte Menge (mol/g Faserstoff)
Natriumalkylsulfate $C_8 \cdots C_{14}$	$3 \cdot 10^{-5} \ldots 6 \cdot 10^{-5}$ mol/l	Viskose	C_{12}	$5 \cdot 10^{-5}$	$1 \cdot 10^{-7}$
		PETP	C_{12}	$5 \cdot 10^{-5}$	$1 \cdot 10^{-7}$
		PAN	C_{12}	$5 \cdot 10^{-5}$	$1 \cdot 10^{-7}$
		PA-6	C_{12}	$1 \cdot 10^{-4}$	$1 \cdot 10^{-5}$
Alkylpyridiniumhalogenide $C_{12} \cdots C_{16}$	$2 \cdot 10^{-6} \ldots 3 \cdot 10^{-5}$ mol/l	Viskose	C_{16}	$5 \cdot 10^{-5}$	$8 \cdot 10^{-6}$
		PETP	C_{16}	$5 \cdot 10^{-5}$	$1 \cdot 10^{-6}$
		PAN	C_{16}	$5 \cdot 10^{-5}$	$1{,}5 \cdot 10^{-6}$
		PA-6	C_{18}	$5 \cdot 10^{-5}$	$3 \cdot 10^{-6}$
Nonylphenolpolyglykolether 8···20 EO		PETP	8 EO	$8 \cdot 10^{-5}$	$4 \cdot 10^{-7}$
		Viskose	8 EO	$8 \cdot 10^{-5}$	$8 \cdot 10^{-7}$
Polyoxyethylen-Fettalkoholether	$3 \cdot 10^{-6} \ldots 3 \cdot 10^{-5}$ mol/l	PETP	C_{16}, 8 EO	$1 \cdot 10^{-4}$	keine Adsorption feststellbar
Phosphorsäureester	$1 \cdot 10^{-5} \ldots 1 \cdot 10^{-4}$ mol/l	PETP	unbekannt	$1 \cdot 10^{-4}$	$4 \cdot 10^{-7}$
Natriumsarkosinat	$1 \cdot 10^{-5} \ldots 6 \cdot 10^{-5}$ mol/l	PETP	C_{16}	$1 \cdot 10^{-4}$	$3 \cdot 10^{-7}$

*) Die Linearität der Eichkurve wurde für die aufgeführten Kettenlängenbereiche, die Adsorption am Faserstoff nur für eine ausgewählte Kettenlänge untersucht.

3.3.3.2. Adsorption kationaktiver Tenside

Unter Verwendung von Alkylpyridiniumsalzen unterschiedlicher Kettenlänge wurde in eigenen Arbeiten versucht [13], aus den zahlreichen Untersuchungsergebnissen, die zur Adsorption kationaktiver Tenside bei verschiedenen Bedingungen an unterschiedlichen Faserstoffen erhalten wurden ([14···20]), allgemeine Gesetzmäßigkeiten abzuleiten.

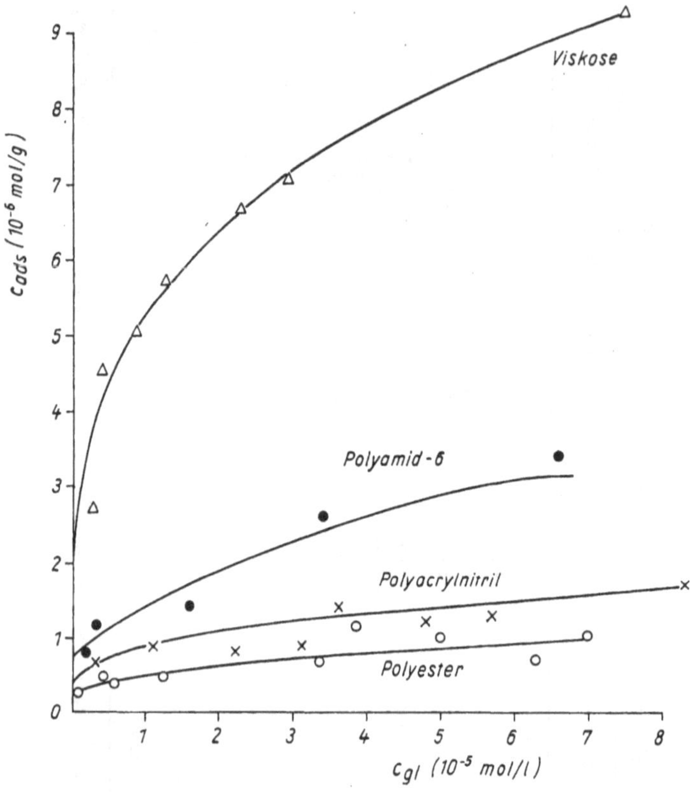

Abb. 3.36. Adsorption von Hexadecylpyridiniumchlorid an Faserstoffen

In Abb. 3.36. sind die Adsorptionsisothermen für Hexadecylpyridiniumchlorid an verschiedenen Faserstoffen dargestellt. Es ist ersichtlich, daß die bei gleicher Konzentration adsorbierten Tensidmengen nicht mit der spezifischen Oberfläche der trockenen Faserstoffe korrelieren (Tab. 2.2.), sondern mit steigender Quellfähigkeit der Faserstoffe zunehmen. Dies deutet darauf hin, daß die Tenside in einer Quellschicht des Fasermantels adsorbiert sind. Da die Prüfung der Zeitabhängigkeit der Adsorption ergab, daß bei den angewendeten Konzentrationen die adsorbierte Tensidmenge bei Adsorptionszeiten > 10 s unabhängig von der Adsorptionszeit ist [10], kann geschlossen werden, daß diese Quellschicht eine hohe Zugänglichkeit für die Tenside bzw. die Tensidkationen besitzt und daß keine Diffusion in den Faserkern stattfindet. Da weiterhin durch die Aufnahme der Kationtenside das ζ-Potential der Faserstoffe zu positiven Werten geführt wird, wobei die hierzu notwendige Konzentration mit steigender Quellfähigkeit der Faser-

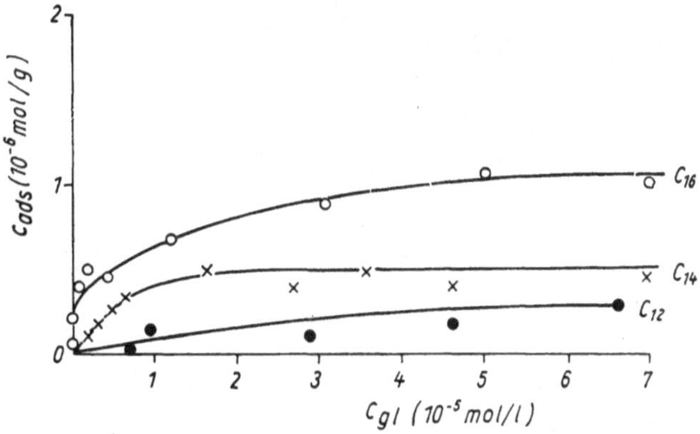

Abb. 3.37. Adsorption von Alkylpyridiniumsalzen an Polyacrylnitrilfasern (Wolpryla 65) bei 25 °C

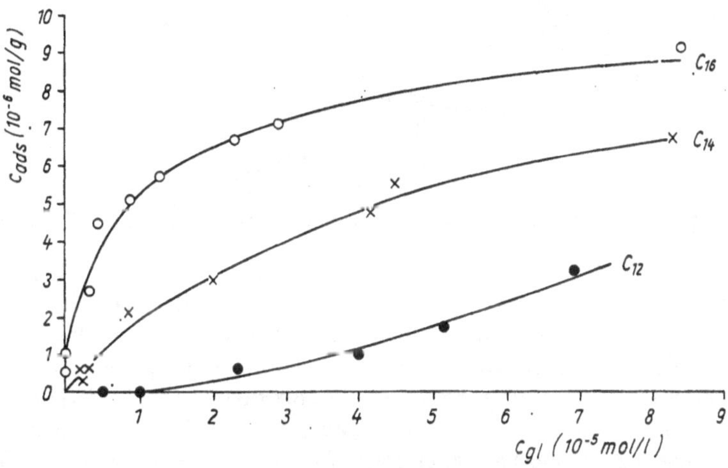

Abb. 3.38. Adsorption von Alkylpyridiniumsalzen an Viskosefasern bei 25 °C

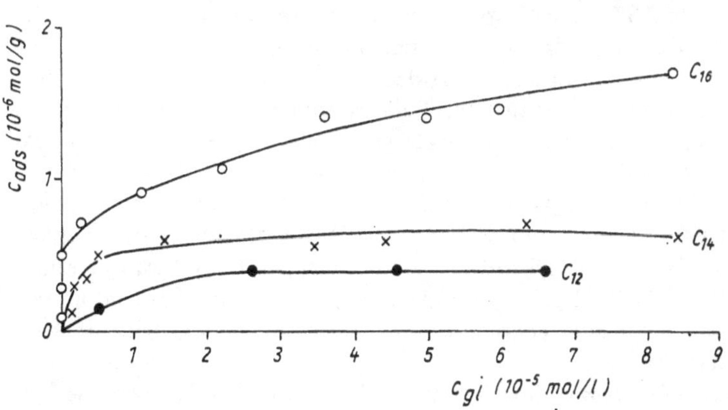

Abb. 3.39. Adsorption von Alkylpyridiniumsalzen an Polyesterfasern bei 25 °C

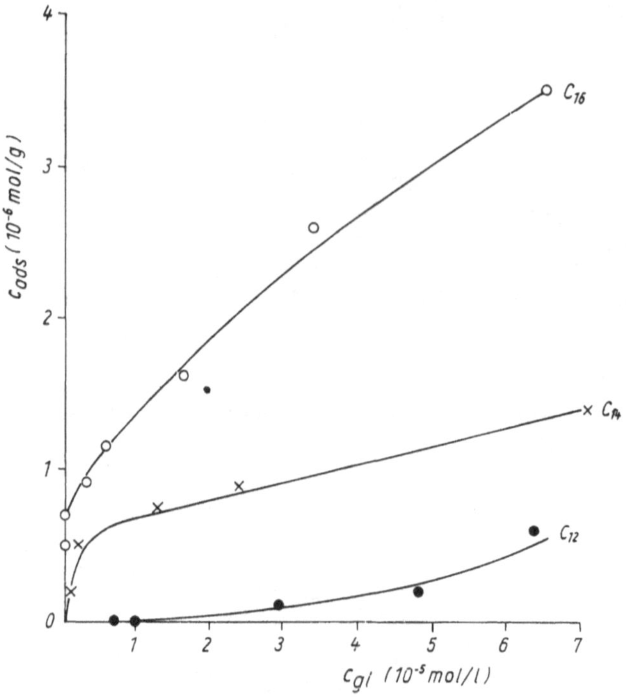

Abb. 3.40. Adsorption von Alkylpyridiniumsalzen an Polyamid-6-Fasern bei 25 °C

stoffe zunimmt, läßt sich ableiten, daß die Adsorption im faserstoffseitigen Teil der elektrochemischen Doppelschicht durch elektrostatische und hydrophobe Wechselwirkungen erfolgt (vgl. Kap. 3.2.). Untersuchungen zur Adsorption von Cetyltrimethylammoniumbromid an Cellulosefaserstoffen von SEXSMITH und WHITE [14] ergaben, daß die Tensidkationen deutlich stärker als die Bromidionen adsorbiert werden.

Der steile Anstieg der Isotherme deutet auf eine starke elektrostatische Wechselwirkung hin, während der Anteil der hydrophoben Wechselwirkungen in der Kettenlängen- und Temperaturabhängigkeit der Adsorption zum Ausdruck kommt.

Aus den Abb. 3.37. bis 3.40. geht hervor, daß an allen untersuchten Faserstoffen die adsorbierte molare Tensidmenge mit steigender Alkylkettenlänge zunimmt. Die Konzentration der Ausgangslösungen lag dabei zwischen $2 \cdot 10^{-5}$ und $1 \cdot 10^{-4}$ mol/*l*. Diese Zunahme der Adsorption ist nur durch die Erhöhung der hydrophoben Wechselwirkungen mit steigender Kettenlänge zu erklären, da die Dispersionswechselwirkung zwischen den Alkylketten selbst gering ist.

Aus den Abb. 3.41.···3.44. ist ersichtlich, daß die Tensidadsorption je nach Kettenlänge und Faserstoff unterschiedlich von der Adsorptionstemperatur abhängt. Während das C_{10}- und das C_{12}-Tensid mit steigender Temperatur schwächer adsorbiert werden (mit Ausnahme der PAN-Faser Wolpryla 65), nimmt die Adsorption des C_{14}- und des C_{16}-Tensids mit steigender Temperatur zu, wobei die Zunahme bei Temperaturen $> 60\,°C$ besonders stark ist.

Der negative Temperaturkoeffizient der Adsorption des C_{10}- und des C_{12}-Tensids kann auf ein Überwiegen der Wärmebewegung der Tensidionen gegenüber der Wechselwir-

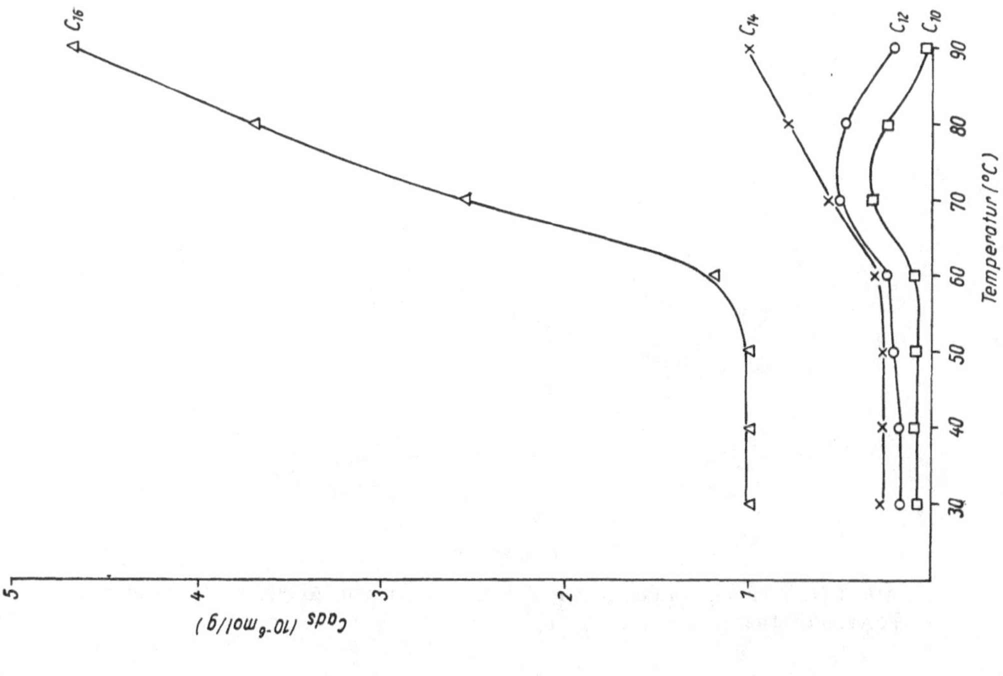

Abb. 3.41. **Temperaturabhängigkeit der Adsorption von Alkylpyridiniumsalzen an Polyacrylnitrilfasern (Wolpryla 65)**

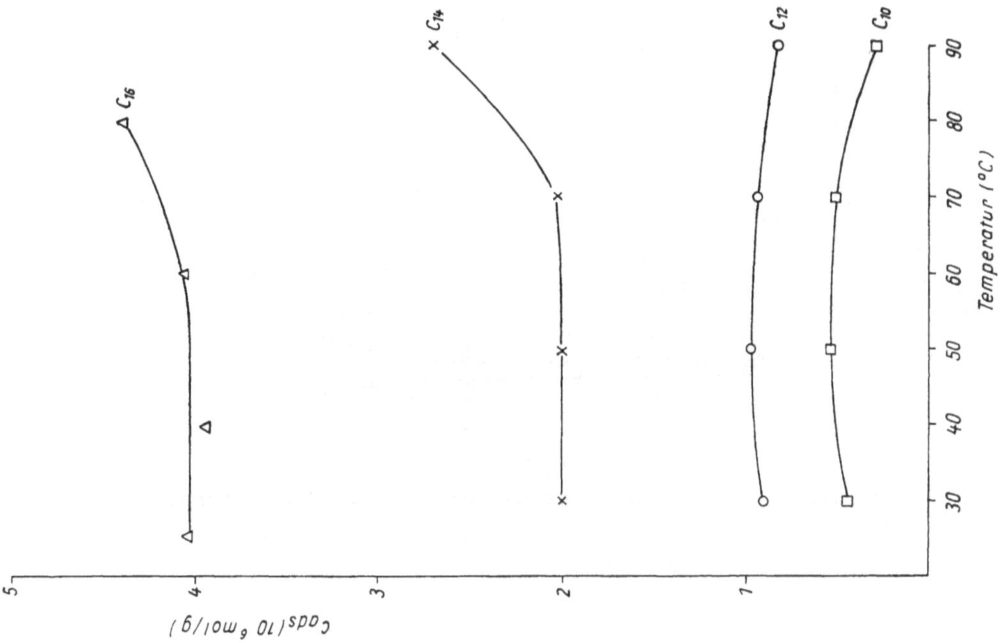

Abb. 3.42. **Temperaturabhängigkeit der Adsorption von Alkylpyridiniumsalzen an Viskosefasern**

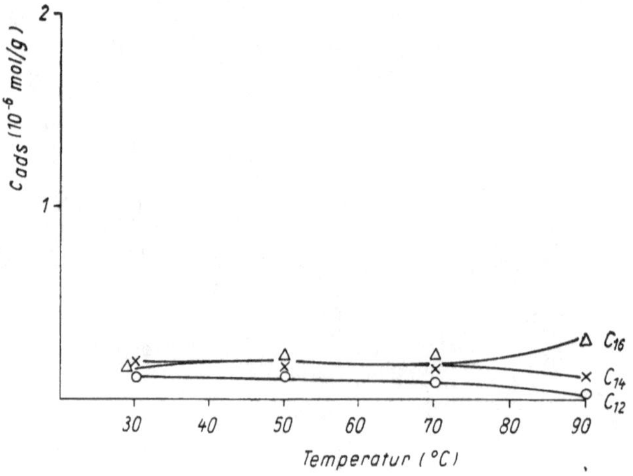

Abb. 3.43. Temperaturabhängigkeit der Adsorption von Alkylpyridiniumsalzen an Polyesterfasern

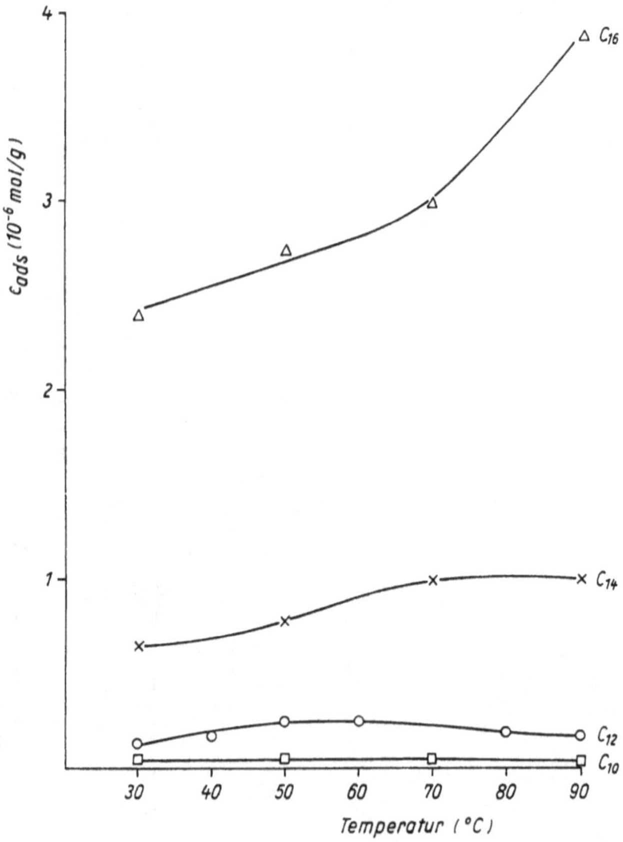

Abb. 3.44. Temperaturabhängigkeit der Adsorption von Alkylpyridiniumsalzen an Polyamid-6-Fasern

kungsenergie mit der Faserstoffoberfläche zurückgeführt werden, während der positive Temperaturkoeffizient der Adsorption der längerkettigen Tenside sowohl auf Diffusionsvorgänge in den Faserstoff als auch auf die Zunahme der hydrophoben Wechselwirkung entsprechend Gl. (3.65.) zurückzuführen ist.

Eine eingehende Untersuchung der Temperaturabhängigkeit der Adsorption von Alkylpyridiniumsalzen an PAN-Fasern ergab, daß die Temperatur, bei der die adsorbierte Tensidmenge ansteigt, der Einfriertemperatur der Fasern entspricht [21]. Während unterhalb dieser Temperatur die Adsorption zeitunabhängig ist, steigt sie oberhalb mit der Zeit an. An PAN-Copolymerisat-Fasern stimmen die durch dilatometrische Messungen ermittelten Umwandlungspunkte mit Unstetigkeiten in der Temperaturfunktion der Adsorption von Hexadecylpyridiniumchlorid überein [13], (Abb. 3.45.).

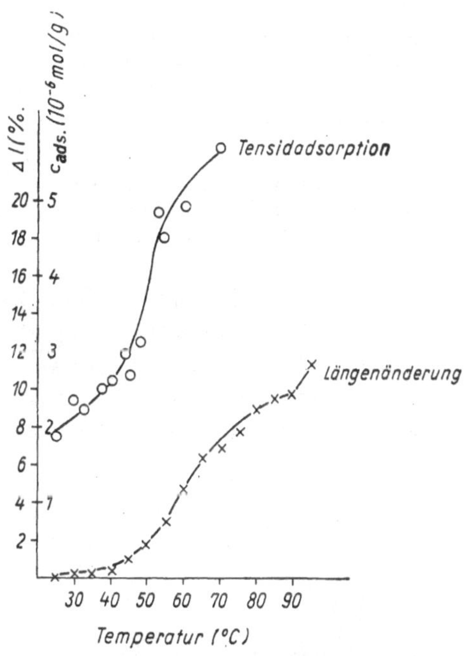

Abb. 3.45. Temperaturabhängigkeit der Adsorption von Hexadecylpyridiniumchlorid und der relativen Längenänderung von Polyacrylnitrilversuchsfasern

Die Temperatur- und die Zeitabhängigkeit der Tensidadsorption werden auch stark durch den Gehalt saurer Gruppen im Faserstoff beeinflußt. Detaillierte Untersuchungen hierzu wurden an PAN-Copolymerisat-Gelfasern mit unterschiedlichem Gehalt an Natriumallylsulfonat (NaAS) durchgeführt [22], als Modelltensid wurde N-Benzyl-N, N-dimethyl-N-[4-(1,1,3,3-tetra-methylbutyl)-tolyloxyethoxyethyl]ammoniumchlorid (BDAC) verwendet.

In Abb. 3.46. ist die Zeitabhängigkeit der Adsorption aus $5 \cdot 10^{-4}$ molarer Lösung in Abhängigkeit vom NaAS-Gehalt der PAN-Fasern dargestellt. Es ist ersichtlich, daß die adsorbierte Tensidmenge mit steigendem Gehalt an sauren Gruppen zunimmt. Die Adsorption ist bei NaAS-Gehalten $\leqq 0{,}3\%$ zeitunabhängig, d. h. bei niederen NaAS-Gehalten erfolgt die Adsorption nur in einer Quellschicht des Faserstoffs, deren Dicke durch den NaAS-Gehalt bedingt ist, bei höheren NaAS-Gehalten diffundiert das Tensid auch

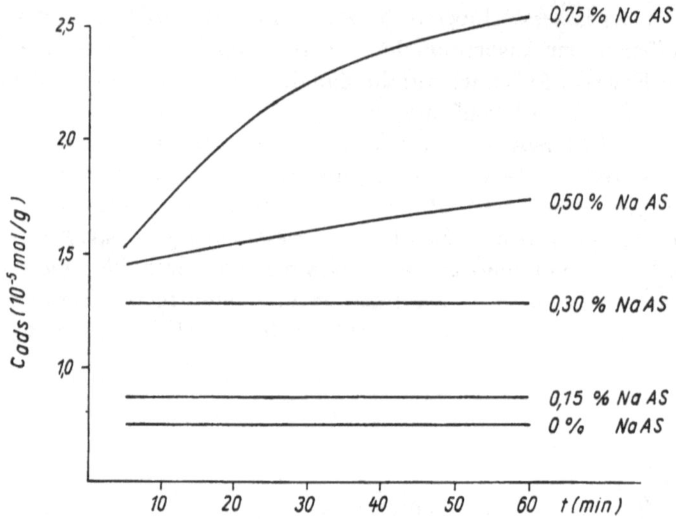

Abb. 3.46. Zeitabhängigkeit der Adsorption von N-Benzyl-N, N-dimethyl-N-(4-(1,1,3,3-tetramethylbutyl)tolyloxyethoxyethyl)-ammoniumchlorid (BDAC) an PAN-Fasern mit unterschiedlichem NaAS-Gehalt aus $5 \cdot 10^{-4}$ m Lösung

in den Faserkern. Bei einer Sorptionstemperatur von 90 °C und Sorptionszeiten > 30 min entspricht die sorbierte Tensidmenge dem Gehalt an sauren Gruppen [43].

In Übereinstimmung hiermit stehen auch die Untersuchungsergebnisse zur Temperaturabhängigkeit der Adsorption (Abb. 3.47.) sowie zum Zusammenhang zwischen der adsorbierten Tensidmenge und dem elektrokinetischen Potential der Faserstoffe (Abbildungen 3.48. und 3.49.).

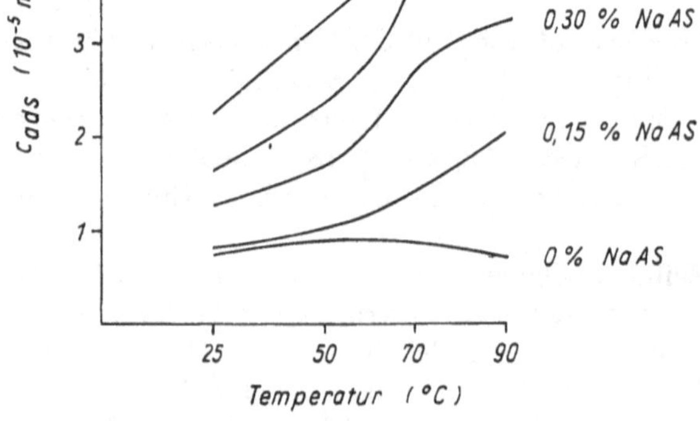

Abb. 3.47. Temperaturabhängigkeit der Adsorption von BDAC an PAN-Fasern mit unterschiedlichem NaAS-Gehalt aus $5 \cdot 10^{-4}$ m Lösung

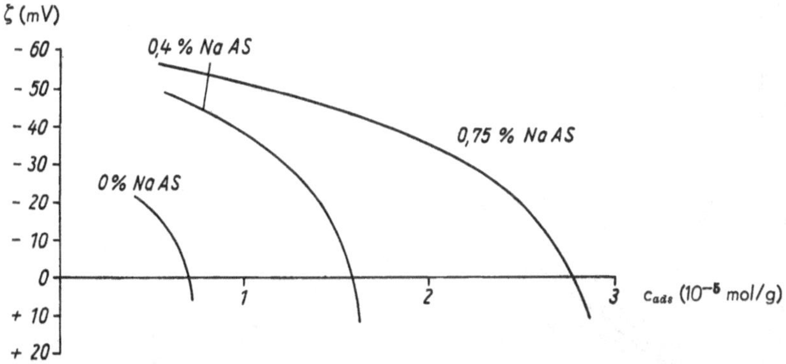

Abb. 3.48. Abhängigkeit des ζ-Potentials in Wasser von der bei 40 °C adsorbierten Menge BDAC an PAN-Fasern unterschiedlichen NaAS-Gehaltes

Bei höheren NaAS-Gehalten nimmt die Adsorption mit steigender Adsorptionstemperatur stark zu. Während das in Wasser gemessene elektrokinetische Potential der mit der Tensidlösung bei 40 °C behandelten Fasern mit steigender adsorbierter Tensidmenge positiviert wird (Abb. 3.48.), gilt dieser Zusammenhang nicht, wenn die adsorbierte Tensidmenge infolge erhöhter Adsorptionstemperatur ansteigt. Aus Abb. 3.49. geht hervor, daß trotz der bei 90 °C hohen aufgenommenen Tensidmenge ein relaitv hohes negatives ζ-Potential resultiert, während die bei 40 °C aufgenommene relativ geringe Tensidmenge zu niedrigen negativen bzw. positiven ζ-Potentialen führt.

Analoge Untersuchungen sind aus der Literatur für andere Faserstoffe bekannt. So nimmt nach [14] die von Cellulosefaserstoffen adsorbierte Menge an Kationtensid mit steigendem Carboxylgruppengehalt und die Aufnahmefähigkeit von Wolle und Polyamidfaserstoffen mit dem Gehalt an sauren Molekülgruppen zu [16, 18]. Die Gründe

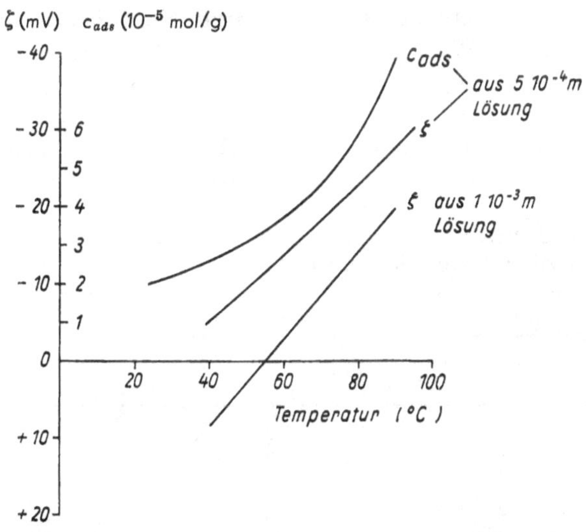

Abb. 3.49. Temperaturabhängigkeit der Adsorption von BDAC an PAN-Fasern (0,75% NaAS) im Vergleich mit dem ζ-Potential der behandelten Faserproben in Wasser

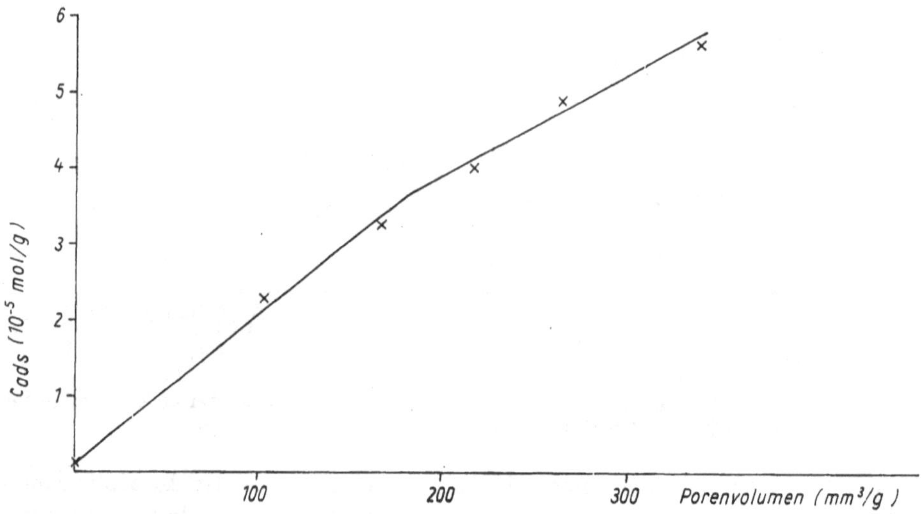

Abb. 3.50. Adsorption von BDAC durch PAN-Fasern gleicher chemischer Zusammensetzung und durch unterschiedliche Trocknungsbedingungen variierter Porosität aus $5 \cdot 10^{-4}$ m Lösung

hierfür liegen einmal in der erhöhten Quellfähigkeit der Faserstoffe, die ionogene Gruppen enthalten, und zum anderen in der Bindung der Tensidkationen an diese Gruppen selbst.

Als Beispiel für die starke Abhängigkeit der Aufnahme von kationaktiven Tensiden von der physikalischen Struktur der Faserstoffe ist der in Abb. 3.50. aufgeführte Zusammenhang zwischen der Faserstoffporosität und der Tensidaufnahme bei konstanter chemischer Zusammensetzung des Faserstoffs zu betrachten.

Infolge der verbesserten Zugänglichkeit nimmt die adsorbierte Tensidmenge stark mit der Porosität zu.

Die in der Literatur (vgl. [18]) beschriebene starke Abhängigkeit der Adsorption kationaktiver Tenside vom pH-Wert und dem Gehalt an mehrwertigen Kationen in der Adsorptionslösung läßt sich zwanglos mit Änderungen in der elektrochemischen Doppelschicht der Faserstoffe durch die Adsorption der entsprechenden Ionen begründen.

Aus Tab. 3.25. geht hervor, daß die durch den pH-Wert beeinflußte Änderung des ζ-Potentials von Faserstoffen in einer veränderten Adsorption wiedergegeben wird.

Tabelle 3.25. ζ-Potential und Adsorption von Hexadecylpyridiniumchlorid*) an Faserstoffen bei unterschiedlichem pH-Wert

Faserstoff	pH = 3		pH = 5,4		pH = 11	
	ζ (mV)	$c_{ads.}$ (10^{-7} mol/g)	ζ (mV)	$c_{ads.}$ (10^{-7} mol/g)	ζ (mV)	$c_{ads.}$ (10^{-7} mol/g)
Polyamid-6	−27	8	−54	8	−85	10
Polyester	− 5	1	−40	5	−78	5
Polyacrylnitril	− 5	2	−56	7	−52	7
Viskose	−16	6	−22	10	−20	9

*) Ausgangskonzentration: $1 \cdot 10^{-5}$ mol/*l*, 1 g Fasern/100 *ml* Lösung

Die bei höheren Tensid-Konzentrationen in der Adsorptionslösung (ca. $1 \cdot 10^{-3}$ mol/l) auftretenden Maxima der Adsorption, die insbesondere von SEXSMITH und WHITE [14] an Cellulosefaserstoffen beobachtet wurden, können so gedeutet werden, daß oberhalb der Konzentration des Maximums, die ungefähr mit der kritischen Micellbildungskonzentration übereinstimmt, die Tendenz zur Micellbildung die Adsorption überdeckt. Nach den genannten Autoren erfolgt die Adsorption bei niederen Konzentrationen vorwiegend durch elektrostatische Wechselwirkungen, so daß in der Adsorptionslösung ein geringerer Gehalt an Tensidkationen als an zugehörigen Anionen gemessen wird. Bei Konzentrationen oberhalb der kritischen Micellbildungskonzentration werden Tensidionenpaare bzw. größere Molekülaggregate adsorbiert.

3.3.3.3. Adsorption anionaktiver Tenside

Im Gegensatz zur Adsorption kationaktiver Tenside sind für anionaktive Tenside vorwiegend Ergebnisse von Untersuchungen bekannt, die bei höheren Konzentrationen durchgeführt wurden. Das Fehlen systematischer Untersuchungen in dem Konzentrationsbereich, der zu einer Monoschichtbildung führt, ist auf methodische Schwierigkeiten zurückzuführen, da an den meisten Faserstoffen eine Monoschichtbildung im Vergleich mit kationaktiven Tensiden erst bei weitaus höheren Konzentrationen in der Lösung eintritt, so daß das Verhältnis der adsorbierten zur gelösten Tensidmenge kleiner wird.

Tabelle 3.26. Adsorption von Natriumdodecylsulfat an Viskose- und Polyesterfasern (Grisuten)

Faserstoff	$c_{Ausg.}$ (mol/l)	c_{ads}*) (mol/g)	$c_{Monoschicht}$**) (mol/g)
Viskose	$1 \cdot 10^{-4}$	$1{,}2 \cdot 10^{-7}$	ca. $1 \cdot 10^{-6}$
Grisuten	$1 \cdot 10^{-4}$	$1{,}0 \cdot 10^{-7}$	ca. $1 \cdot 10^{-6}$

*) Mittelwert aus 10 Einzelmessungen
**) Der Platzbedarf eines Tensidmoleküls wurde zu 0,35 nm² angenommen

In Tab. 3.26. sind die von Polyester- und Viskosefaserstoffen aufgenommenen Mengen eines anionaktiven Tensids gegenübergestellt.

Es ist ersichtlich, daß für beide Faserstoffe die adsorbierte Menge des Aniontensids deutlich unter der des Kationtensids s. Tab. 3.24. liegt, und daß die Art des Faserstoffes, d. h. insbesondere die Aufnahme von Wasser, die Adsorption des Aniontensids nur wenig beeinflußt. Hieraus kann geschlossen werden, daß elektrostatische Abstoßungskräfte das Eindringen der Tensidanionen in die Quellschicht der Viskosefaserstoffe verhindern, so daß eine Adsorption nur über Dispersionskräfte, Wasserstoffbrückenbindungen und hydrophobe Wechselwirkungen möglich ist. Da die Adsorption bei der niedrigen Konzentration gemäß Tab. 3.26. zeitunabhängig ist, kann auch ein Austausch mit in der elektrochemischen Doppelschicht adsorbierten Anionen ausgeschlossen werden. Allerdings wird für die Adsorption von Natriumdodecylbenzensulfonat an Baumwolle eine Zunahme der Adsorption mit der Zeit beschrieben [26], so daß in diesem Fall ein Ionenaustausch angenommen werden kann.

Aus der Vielzahl der in der Literatur beschriebenen und bei unterschiedlichen Bedingungen erhaltenen Untersuchungsergebnisse lassen sich folgende Ableitungen treffen:

- Faserstoffe, die Peptidbindungen bzw. freie NH_2-Gruppen enthalten, nehmen im sauren Bereich relativ große Mengen von Tensidanionen über elektrostatische Wechselwirkungen auf [16, 23].
- Natriumalkylsulfate werden in Gegenwart von Calciumionen auf Cellulosefaserstoffen stark adsorbiert, wobei sowohl eine Ausfällung des Calciumsalzes als auch eine Bindung des Tensidanions über bereits auf dem Faserstoff befindliche Ca^{2+}-Ionen diskutiert wird [5, 16].
  Die Adsorption an anderen Faserstoffen wird durch Ca^{2+}-Ionen wenig beeinflußt.
- Die Adsorption anionaktiver Tenside wird speziell an Baumwolle durch Verunreinigungen und Faserbegleitstoffe stark erhöht. An hochgereinigten Cellulosefaserstoffen ist die Adsorption sehr gering [24], erst in der Nähe der kritischen Micellbildungskonzentration, bei der die adsorbierte Tensidmenge ein Maximum erreicht [26], werden deutlich nachweisbare Mengen adsorbiert.
- Bei der Adsorption an Faserstoffen, die in größerem Maße OH-, NH- und NH_2-Gruppen enthalten, zeigen homologe Reihen von Aniontensiden ein Maximum der Adsorption, das je nach Tensidklasse bei Kohlenstoffzahlen von 8 bis 14 liegt [15, 25]. PAN- und Polyesterfaserstoffe zeigen dieses Maximum nicht. An hydrophilen Faserstoffen muß daher vorwiegend eine Adsorption durch Wasserstoffbrückenbindungen, an hydrophoben durch van der Waalssche und hydrophobe Wechselwirkungen angenommen werden [25]. In Einklang mit dieser Annahme steigt die Adsorption an Polyamidfaserstoffen in Richtung PA 6, 10 $<$ PA 11 $<$ PA 66 $<$ PA6 [25]. Nach Weatherburn und Bayley [15] nimmt die Adsorption von Natriumalkylsulfaten in der Reihenfolge Baumwolle $<$ Viskose $<$ 2 1/2-Acetat $<$ Polyamid 66 zu.
- Die Adsorption nimmt an Cellulosefaserstoffen mit fallendem pH-Wert zu [26], vermutlich wegen der Verminderung der elektrostatischen Abstoßung.

3.3.3.4. Adsorption nichtionogener Tenside

Untersuchungen in dem Konzentrationsbereich, der zu einer Monoschichtbildung führt, wurden bisher unter Verwendung von Nonylphenolpolyglykolethern unterschiedlichen Oxethylierungsgrades an Viskose- und Polyesterfaserstoffen durchgeführt.

Aus den Abb. 3.51.···3.56. geht trotz der relativ großen Fehler bei der Bestimmung der adsorbierten Tensidmenge folgendes hervor:

- Das 8-EO-Addukt wird an den untersuchten Faserstoffen deutlich stärker als die höher oxethylierten Substanzen adsorbiert, für die eine eindeutige Reihenfolge nicht angegeben werden kann.
- Die Adsorption bei 60 °C ist deutlich höher als bei 25 °C.
- Alkalisch behandelte Polyesterfaserstoffe adsorbieren schwächer als unbehandelte.

Diese Aussagen lassen hinsichtlich des Adsorptionsmechanismus den Schluß zu, daß die Adsorption überwiegend durch Dispersionskräfte und hydrophobe Wechselwirkungen erfolgt. Die Hydratisierung des hydrophilen Molekülrestes, die bei erhöhter Temperatur

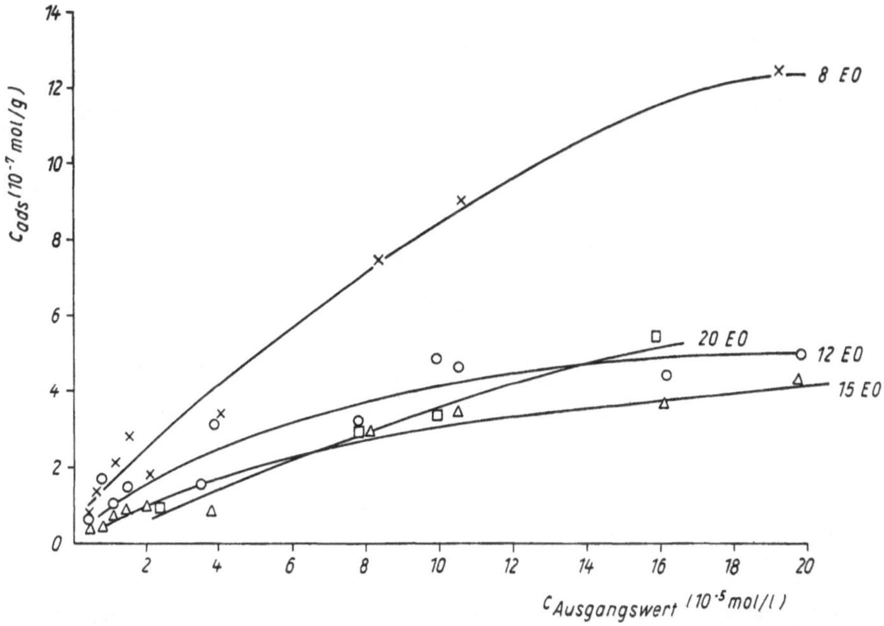

Abb. 3.51. Adsorption von Nonylphenolpolyglykolethern unterschiedlichen Oxethylierungsgrades an Viskosefasern bei 25 °C

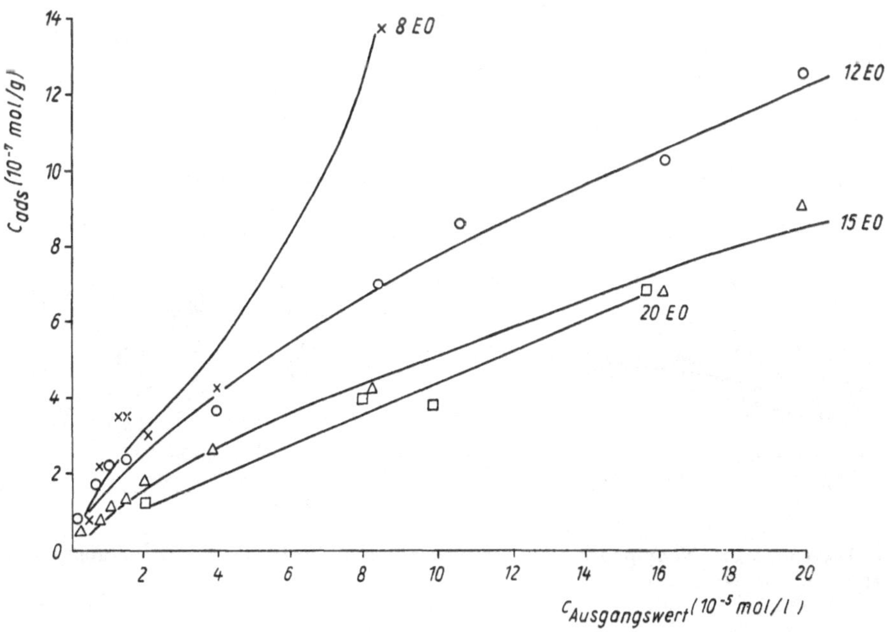

Abb. 3.52. Adsorption von Nonylphenolpolyglykolethern unterschiedlichen Oxethylierungsgrades an Viskosefasern bei 60 °C

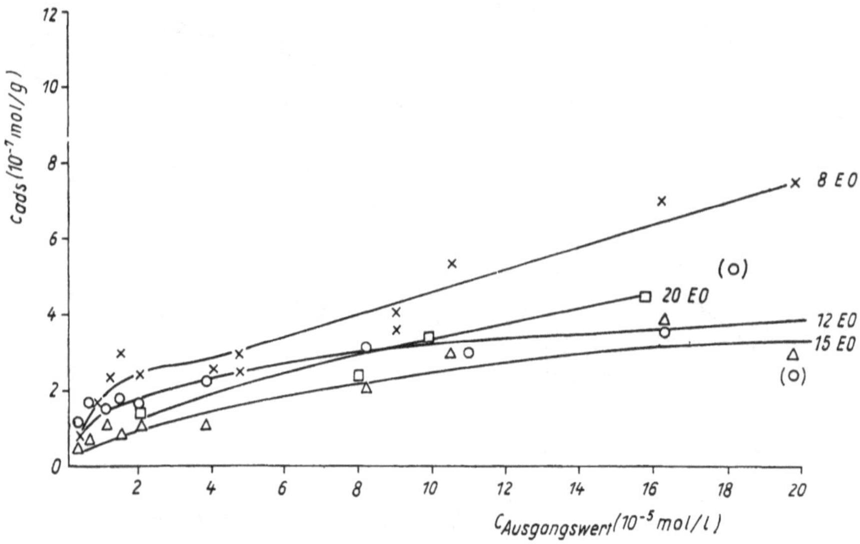

Abb. 3.53. Adsorption von Nonylphenolpolyglykolethern unterschiedlichen Oxethylierungsgrades an Polyesterfasern bei 25 °C

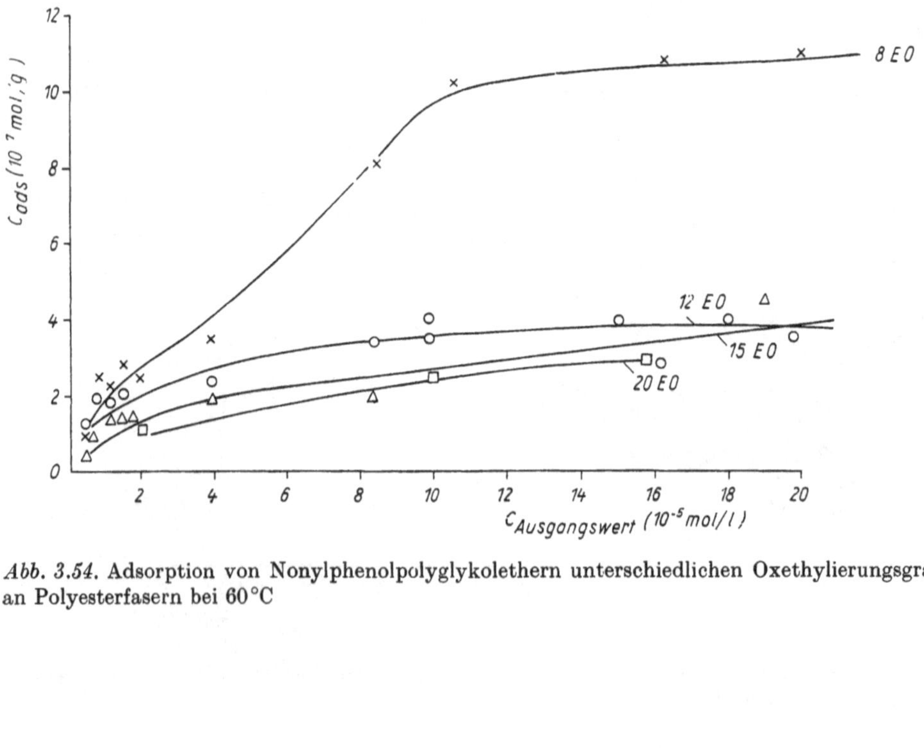

Abb. 3.54. Adsorption von Nonylphenolpolyglykolethern unterschiedlichen Oxethylierungsgrades an Polyesterfasern bei 60 °C

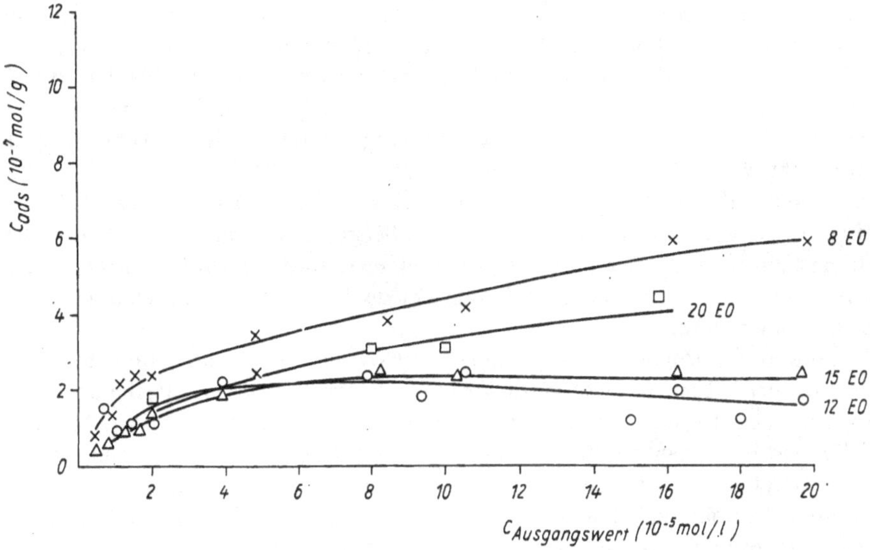

Abb. 3.55. Adsorption von Nonylphenolpolyglykolethern unterschiedlichen Oxethylierungsgrades an alkalisch behandelten Polyesterfasern (5 g/l, 90 °C, 30 min) bei 25 °C

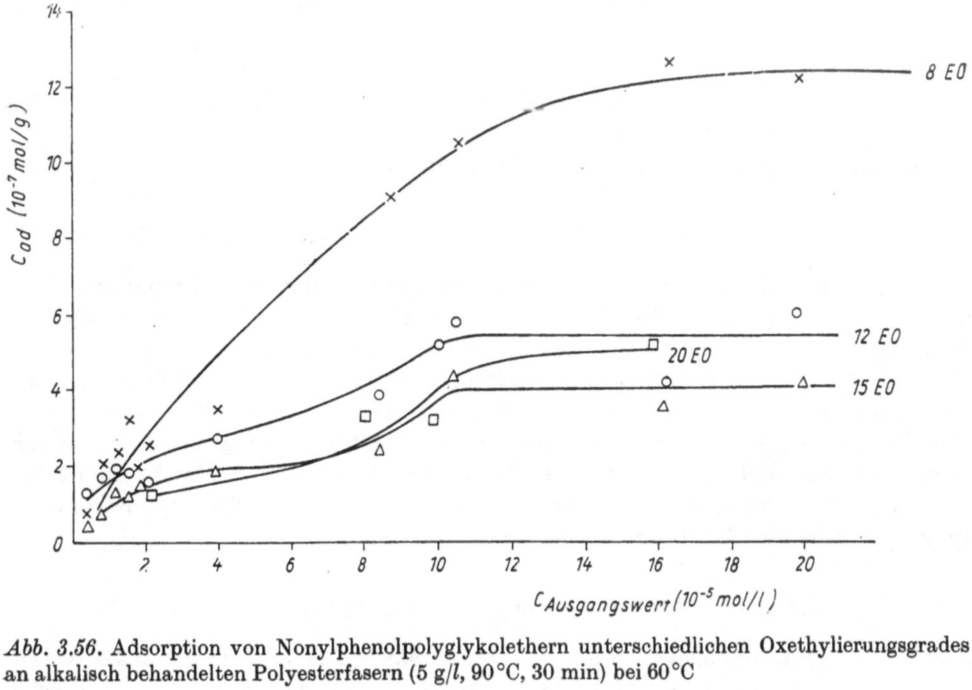

Abb. 3.56. Adsorption von Nonylphenolpolyglykolethern unterschiedlichen Oxethylierungsgrades an alkalisch behandelten Polyesterfasern (5 g/l, 90 °C, 30 min) bei 60 °C

geringer ist, vermindert die Adsorption. Die bei 60 °C vergleichsweise sehr starke Adsorption des 8-EO-Adduktes ist also auf die bei dieser Temperatur eintretende Ausfällung infolge des Abbaus der Hydrathülle zurückzuführen. Da mit der Alkalibehandlung von Polyesterfaserstoffen, die zu einer Verminderung der Polarität der Faserstoffoberfläche führt (vgl. Kap. 3.1.), auch die Adsorptionsfähigkeit abnimmt, ist auch ein Bindungsanteil, der auf Wasserstoffbrückenbindungen oder anderen Dipolwechselwirkungen beruht, zu diskutieren.

Die Frage, ob die Wechselwirkung zwischen π-Elektronen der aromatischen Systeme und positiven Ladungen wesentlich zur Adsorption beiträgt, kann mit dem vorliegenden Untersuchungsmaterial nicht beantwortet werden. Hierzu sind Adsorptionsuntersuchungen bei unterschiedlichen pH-Werten erforderlich, da Ethergruppen im sauren Milieu Protonen aufnehmen können.

Die Abnahme der Adsorption mit steigendem Ethoxylierungsgrad wurde auch für andere nichtionogene Tenside festgestellt [28]. Die faserstoffbezogene Reihenfolge der Tensidaufnahme hängt offensichtlich von der Konstitution des hydrophoben Molekülteils ab. Während beispielsweise für EO-Addukte des Diisobutylkresols die Reihenfolge Wolle $<$ Polyamid 66 $<$ 2 1/2-Acetat $<$ Baumwolle angegeben wird, zeigen EO-Addukte des n-Dodecanols die Reihung Polyester $<$ Baumwolle $<$ Viskose $<$ Polyamid 66 (vgl. [23]).

Weiterhin konnte nachgewiesen werden, daß die Adsorption von Nonylphenolpolyglykolethern an Polyesterfaserstoffen deutlich stärker ist als die rein aliphatischer EO-Addukte (s. Tab. 3.24.).

Weitere detaillierte Untersuchungen zur Sorption nichtionogener Tenside an Faserstoffen wurden von Mast und Benjamin unter Verwendung von radioaktiv markiertem Dimethyldodecylphosphinoxid durchgeführt [4], wobei folgende Ergebnisse erhalten wurden:

— An Cellulose- und Polyamidfaserstoffen ist die Adsorption stark zeitabhängig, wobei unterhalb der cmc das Sorptionsgleichgewicht bei wesentlich kürzeren Zeiten als oberhalb der cmc erreicht wird.
— Die Sorption nimmt mit steigender Temperatur zu.

3.3.4. Technologische Auswirkungen der Tensidadsorption an Faserstoffen

Für alle Prozesse der Faserstoffherstellung und -verarbeitung sowie der Färbung, Veredlung und Reinigung von Textilien werden grenzflächenaktive Stoffe als Hilfs- bzw. Appreturmittel verwendet, wobei die Anwendung häufig noch nach empirischen Gesichtspunkten erfolgt. Es erhebt sich die Frage, in welchem Umfang sich die aus Adsorptionsmessungen erhaltenen Informationen zur Ableitung von Struktur-Eigenschafts-Beziehungen für die betrachtete Anwendung nutzen lassen. Im folgenden werden vorwiegend Zusammenhänge zwischen der Adsorbierbarkeit und der Waschwirkung von Tensiden sowie Korrelationen zwischen der Adsorption und der Eignung als Verarbeitungshilfsmittel für Chemiefaserstoffe dargestellt.

3.3.4.1. Tensidadsorption und textiler Waschprozeß

Seit Beginn der Arbeiten, die sich mit der wissenschaftlichen Durchdringung des Waschprozesses beschäftigen, wird der Adsorption der beim Waschen angewendeten Tenside sowohl am Faserstoff als auch an den Schmutzpartikeln eine wesentliche Rolle zugebilligt. So wird die durch Tenside bewirkte Veränderung der Umnetzungsspannung (s. Kap. 3.1.) unter anderem auf die Adsorption der Tenside am Faserstoff zurückgeführt. Auch die Erhöhung des ζ-Potentials von Faserstoffen und Schmutzpartikeln in Tensidlösungen wird mit der Tensidadsorption in Zusammenhang gebracht; es werden Zusammenhänge zwischen der Kettenlänge von Natriumalkylsulfaten und ihrer Beeinflussung des ζ-Potentials abgeleitet (s. Kap. 3.2.). Von SCHWUGER [27, 28] wurden Parallelen zwischen der bei einer bestimmten Tensidkonzentration adsorbierten Tensidmenge an Faserstoffen bzw. den Schmutzkomponenten (Pigmentschmutz) und dem Waschverhalten festgestellt. Es wurde weiterhin nur dann eine gute Schmutzauswaschbarkeit beobachtet, wenn die Tenside sowohl an den Faserstoffen als auch an Schmutzkomponenten eine annähernd gleich gute Adsorption aufweisen. Es existieren jedoch keine Korrelationen zwischen Adsorption und Waschwirkung von Tensiden, wenn diese durch spezifische, nicht für die Schmutzhaftung charakteristische Wechselwirkungskräfte, wie z. B. elektrostatische Wechselwirkungen, an den Faserstoff bzw. die Schmutzpartikel gebunden werden. Auch eine Ausfällung von Tensiden auf der Faseroberfläche, wie sie z. B. bei EO-Addukten bei höheren Temperaturen auftritt und somit eine erhöhte Adsorption vortäuscht, führt nicht zu einem guten Wascheffekt.

Von FAVA und EYRING [26] wird der Waschprozeß als eine Verdrängungsreaktion aufgefaßt, bei der der Komplex Faserstoff-Schmutz, FS, durch die Adsorption an den Haftkomponenten in die Komplexe Faserstoff—Tensid, FT, und Schmutz—Tensid, ST, übergeführt wird, d. h.

$$FS + 2T \rightarrow FT + ST \tag{3.66.}$$

Eine quantitative Beschreibung der Kinetik dieses Prozesses durch FAVA und EYRING führte zu dem Ergebnis, daß die Geschwindigkeit der Schmutzentfernung der adsorbierten Tensidmenge proportional ist, und auch die Waschwirkung von Tensiden mit der adsorbierten Tensidmenge korreliert.

Experimentelle Untersuchungen von WAGNER [29] bestätigen die grundsätzliche Richtigkeit der angestellten Betrachtungen. Überträgt man auf die Vorstellungen von FAVA und EYRING die Thermodynamik des chemischen Gleichgewichts, dann läßt sich der Prozeß der Schmutzablösung durch die Tensidadsorption quantifizieren (vgl. 1.2.2.3.).

Das sich im Waschprozeß einstellende Gleichgewicht wird danach durch die Beziehung

$$-RT \ln K = \Delta G^\circ = -RT \ln \frac{a_{FT} \cdot a_{ST}}{a_{FS} \cdot a^2{}_T} \tag{3.67.}$$

ΔG° — Änderung der freien Standardenthalpie
K — Gleichgewichtskonstante
$a_{FT,\,ST,\,FS,\,T}$ — Aktivitäten ($\approx$ Konzentrationen) der Reaktionsteilnehmer im Gleichgewicht

wiedergegeben.

Das sich im Waschprozeß einstellende Gleichgewicht hängt also von der freien Standardbildungsenthalpie des Komplexes Faserstoff—Schmutz G^0_{FS} (diese Größe ist annähernd gleich der Bindungsenergie der Schmutzpartikel an den Faserstoff, wenn molare Mengen des Tensids betrachtet werden), der freien Standardadsorptionsenthalpie für das Tensid am Faserstoff, G^0_{FT}, bzw. des Tensids am Schmutz, G^0_{ST}, sowie der Tensidaktivität, d. h. näherungsweise der Tensidkonzentration ab.

Die mechanische Energie beim Waschprozeß bleibt bei dieser Betrachtung unberücksichtigt. Es wird angenommen, daß die Zuführung mechanischer Energie lediglich zur völligen Abtrennung der durch die Tensidadsorption vom Faserstoff bereits desorbierten Schmutzpigmente führt.

Hinweise für die grundsätzliche Anwendbarkeit dieser Betrachtungen zur Deutung des Waschprozesses lassen sich durch den Vergleich zwischen Tensidadsorptions- und Waschuntersuchungen gewinnen (vgl. [11, 13, 30]).

Werden aus den Abb. 3.51., 3.53. und 3.55. die freien Standardenthalpien für die Adsorption der Nonylphenolpolyglykolether an Polyester- und Viskosefasern berechnet, dann werden die in Abb. 3.57. dargestellten Werte erhalten.

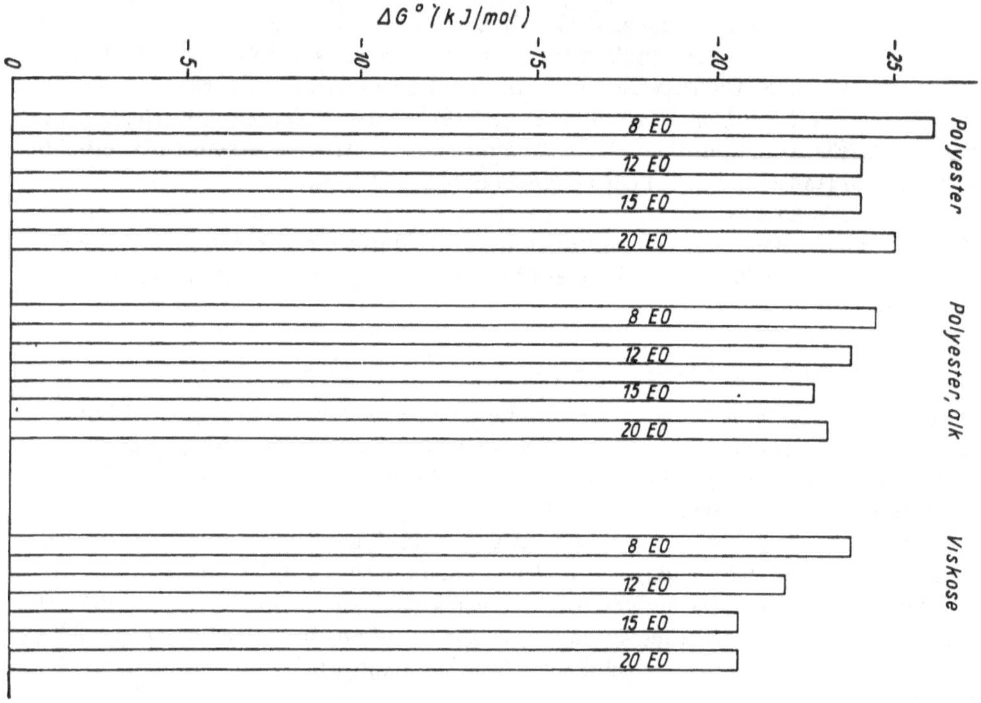

Abb. 3.57. Änderung der freien Standardenthalpie bei der Adsorption von Nonylphenolpolyglykolethern an Polyester- und Viskosefaserstoffen bei 25 °C (Standardzustand — 1 mol/*l*)

Trotz der relativ hohen Fehler bei der Bestimmung von ΔG^0_{ads} kann es als sicher angesehen werden, daß das 8-EO-Addukt an allen untersuchten Faserstoffen deutlich stärker als die Addukte höherer EO-Zahl adsorbiert wird. Die Adsorbierbarkeit nimmt in der Reihenfolge Polyester > alkalisch behandeltes Polyester > Viskose ab. Genaue Werte für die Änderung der freien Standardenthalpie bei der Adsorption anionaktiver Tenside an diesen Faserstoffen sind nicht bekannt. Wegen der im Vergleich mit den Nonylphenolpolyglykolethern sehr geringen Adsorbierbarkeit der Natriumalkylsulfate kann geschlossen werden, daß an den betrachteten Faserstoffen die ΔG^0_{ads}-Werte deutlich niedriger liegen; ferner ist eine Zunahme von ΔG^0_{ads} mit steigender Alkylkettenlänge zu erwarten. Waschuntersuchungen an mit einer Pigmentschmutzmischung (45% Zement, 45% Kaolin, 2% Gasruß, 3% Eisenoxid, 5% Paraffinöl) behandelten Polyester- und

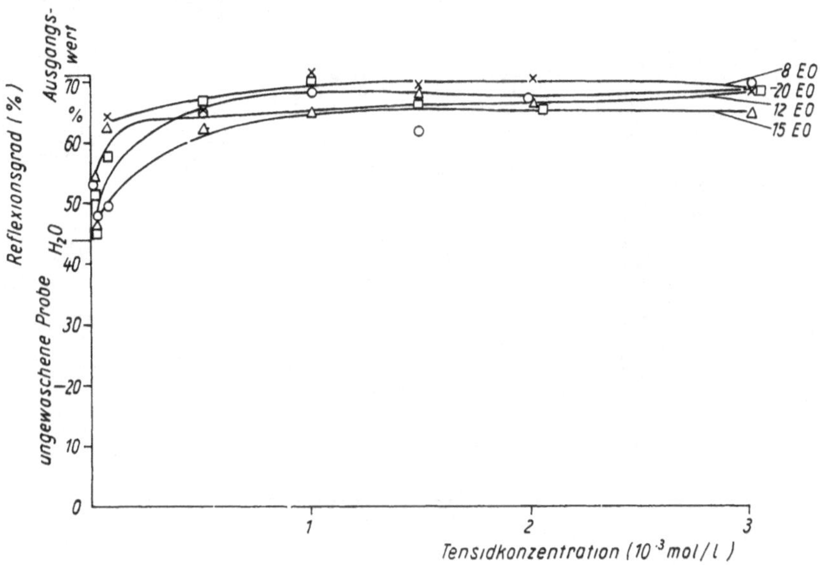

Abb. 3.58. Schmutzauswaschbarkeit an Viskosefasern bei 25 °C unter Verwendung von Nonylphenolpolyglykolethern als Waschmittel

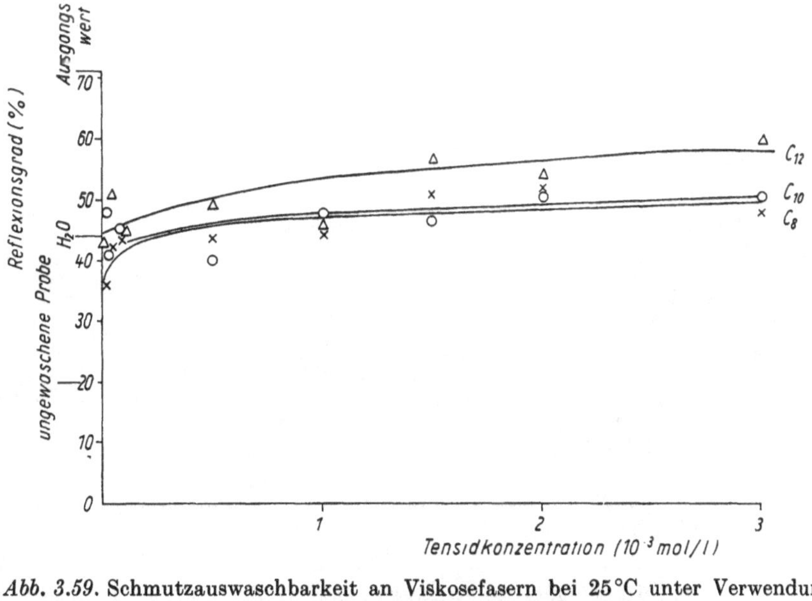

Abb. 3.59. Schmutzauswaschbarkeit an Viskosefasern bei 25 °C unter Verwendung von Natriumalkylsulfaten als Waschmittel

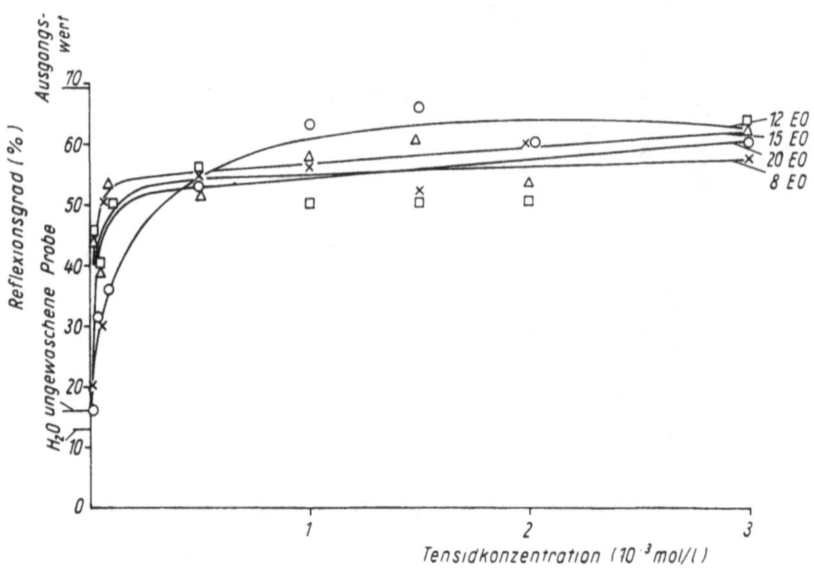

Abb. 3.60. Schmutzauswaschbarkeit an Polyesterfasern bei 25 °C unter Verwendung von Nonylphenolpolyglykolethern als Waschmittel

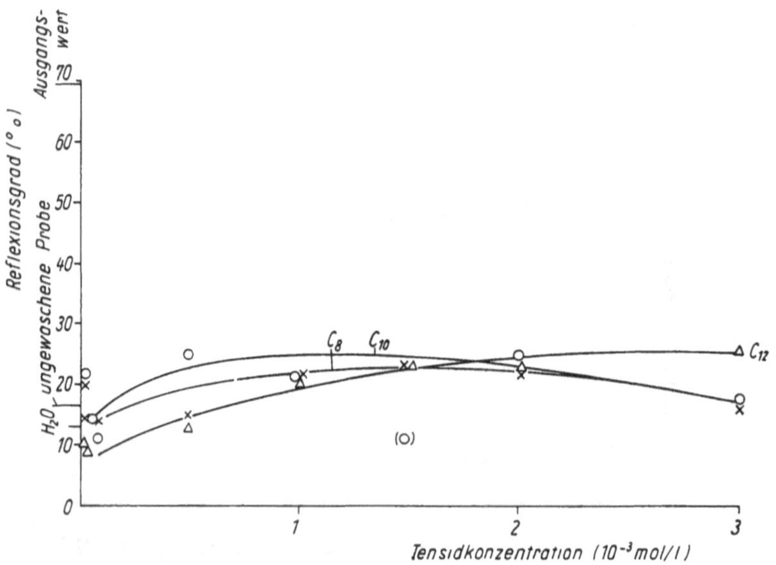

Abb. 3.61. Schmutzauswaschbarkeit an Polyesterfasern bei 25 °C unter Verwendung von Natriumalkylsulfaten als Waschmittel

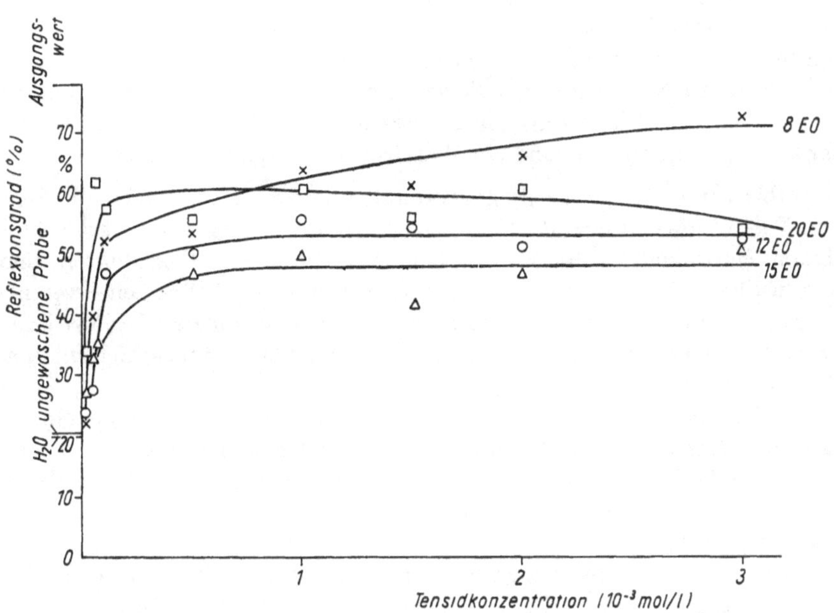

Abb. 3.62. Schmutzauswaschbarkeit an alkalisch behandelten Polyesterfasern bei 25 °C unter Verwendung von Nonylphenolpolyglykolethern als Waschmittel

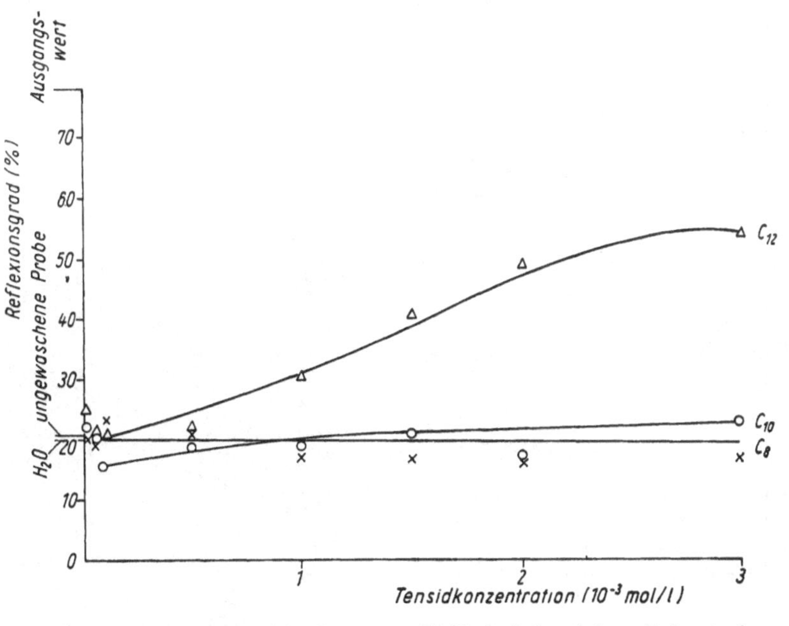

Abb. 3.63. Schmutzauswaschbarkeit an alkalisch behandelten Polyesterfasern bei 25 °C unter Verwendung von Natriumalkylsulfaten als Waschmittel

Viskosefaserstoffen unter Verwendung der aufgeführten Tenside zeigen die in den Abb. 3.58. bis 3.63. dargestellten Ergebnisse.

Obwohl die Standardabweichung der Meßergebnisse bei ca. $\pm 10\%$ liegt, ist eine stark unterschiedliche Abhängigkeit der Wascheffekte von der Tensidkonzentration für die einzelnen Faserstoffe und Tensidklassen zu erkennen. Ein Vergleich zwischen der freien Standardadsorptionsenthalpie und der Waschwirkung ergibt folgendes:

1. Die gut adsorbierbaren Nonylphenolpolyglykolether zeigen an den nicht alkalisch behandelten Polyesterfasern eine deutlich bessere Waschwirkung als die schlechter adsorbierbaren Natriumalkylsulfate. Zwischen den einzelnen EO-Addukten sind trotz unterschiedlicher Werte der freien Standardadsorptionsenthalpie keine wesentlichen Unterschiede in der Waschwirkung erkennbar. Die maximale Waschwirkung tritt annähernd bereits bei den Konzentrationen auf, die zu einer Monoschichtbildung auf dem Faserstoff führen.
2. An alkalisch behandelten Polyesterfasern ist beim Waschen mit Nonylphenolpolyglykolethern bzw. Natriumalkylsulfaten eine Zunahme der Waschwirkung mit steigender freier Standardadsorptionsenthalpie bzw. mit steigender Alkylkettenlänge feststellbar. Die Waschwirkung der Nonylphenolpolyglykolether ist besser als die der Natriumalkylsulfate.
3. An Viskosefasern wird im Gegensatz zu Polyesterfasern durch reines Wasser bereits ein deutlicher Wascheffekt erzielt. Dieser Wascheffekt wird durch die Adsorption der Tenside lediglich verstärkt, wobei dieser zusätzliche Effekt der freien Standardadsorptionsenthalpie bzw. für die Natriumalkylsulfate der Kettenlänge proportional ist.

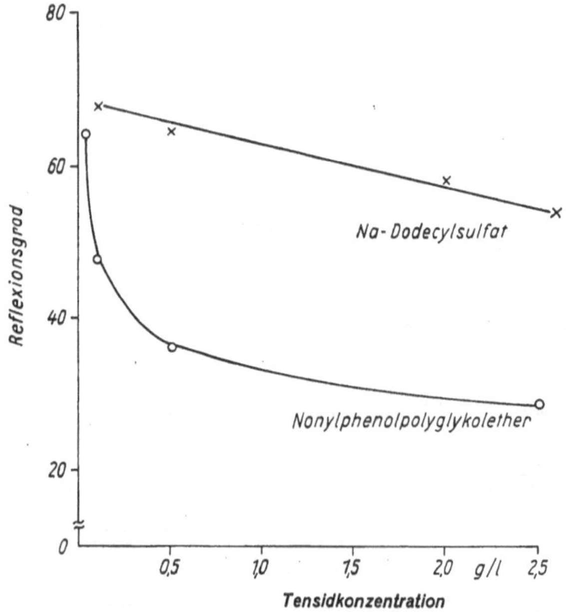

Abb. 3.64. Schmutzauswaschbarkeit an Viskosefasern bei 60 °C unter Verwendung eines Nonylphenolpolyglykolethers (8 EO) bzw. von Natriumdodecylsulfat als Waschmittel

Bei höheren Waschtemperaturen und insbesondere an Ca^{++}-ionenhaltigen Cellulosefaserstoffen kann durch Tenside in der Waschflotte sogar eine Verschlechterung des Wascheffektes im Vergleich mit der Waschwirkung von destilliertem Wasser eintreten [5, 31, 32]. Die stark adsorbierbaren Nonylphenolpolyglykolether zeigen dabei eine stärkere Verschlechterung des Wascheffektes als Natriumalkylsulfate (Abb. 3.64.).

Den in den Abb. 3.58. bis 3.64. dargestellten Ergebnissen prinzipiell gleichende Aussagen werden erhalten, wenn die Vergrauungsneigung der Faserstoffe in Schmutzdispersionen der aufgeführten Tensidkonzentrationen bestimmt wird [33]. Das heißt, die Vergrauungsneigung von Polyesterfaserstoffen ist in Schmutzdispersionen, die Natriumalkylsulfate enthalten, deutlich größer als in denen, die Nonylphenolpolyglykolether der gleichen Konzentration enthalten.

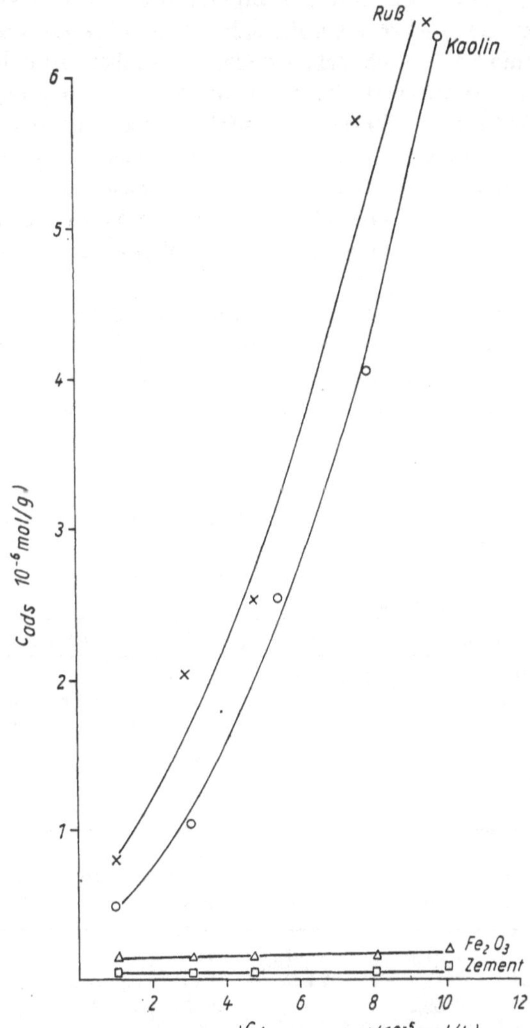

Abb. 3.65. Adsorption eines Nonylphenolpolyglykolethers (8 EO) an den Komponenten eines Testschmutzgemisches bei 25 °C

Gemäß der in Kap. 1.2.2.3. aufgeführten Beziehungen hängt das sich im Waschprozeß einstellende Gleichgewicht auch von der Tensidadsorption an den Schmutzpartikeln ab. Entsprechend den an Viskosefasern erhaltenen Waschergebnissen ist zu erwarten, daß auch die Hydrophilie der Schmutzpartikel ihre Auswaschbarkeit beeinflußt. Orientierende Untersuchungen zur Tensidadsorption an den im Testschmutz vorkommenden Pigmenten im Vergleich mit ihrer Auswaschbarkeit bestätigen diese Annahme [13], (Tab. 3.27.).

Aus Abb. 3.65. geht hervor, daß Kaolin deutlich stärker als Zement den Nonylphenolpolyglykolether mit 8 EO-Gruppen adsorbiert. Untersucht man die Auswaschbarkeit von Pigmentmischungen, die sich in der Konzentration der farbgebenden Komponenten nicht, jedoch stark in den Kaolin-Zement-Anteilen unterscheiden, und die vor der Verschmutzung der Faserstoffe in einer Kugelmühle intensiv durchmischt wurden, dann wird an Polyesterfaserstoffen das stärker adsorbierende Gemisch besser ausgewaschen. An Viskosefasern ist die Schmutzauswaschbarkeit dagegen annähernd unabhängig von der Tensidkonzentration. Die Schmutzverdrängung wird also hier vorrangig durch die Adsorption von Wasser am hydrophilen Faserstoff bewirkt. Diese Ergebnisse bestätigen trotz der vereinfachenden Annahmen (freie Standardadsorptionsenthalpie wird der adsorbierten Tensidmenge proportional gesetzt, es wird ein Auswaschen der agglomerierten Schmutzpartikel angenommen) die Vorstellungen über die Verdrängung von Pigmentschmutz durch die Adsorption von Tensiden und/oder Wasser an den Fasern bzw. Schmutzpartikeln.

Die aufgeführten Untersuchungsergebnisse zum Zusammenhang zwischen der Tensidadsorption am Faserstoff bzw. an den Schmutzpigmenten und der Waschwirkung deuten darauf hin, daß beim Waschprozeß die Änderung der elektrochemischen Ladungsverhältnisse von untergeordneter Bedeutung ist. So wird durch Nonylphenolpolyglykolether das ζ-Potential nur wenig verändert, während die schlecht waschenden Natriumalkylsulfate es deutlich erhöhen.

Tabelle 3.27. Auswaschbarkeit von Pigmentmischungen aus Faservlies mit Lösungen eines Nonylphenolpolyglykolethers (8 EO) bei 25 °C

Faserstoff	Tensidkonzentration (mol/l)	Reflexionsgrad (%)					
		Mischung I*)		Mischung II**)		Mischung III***)	
		angeschmutzt	gewaschen	angeschmutzt	gewaschen	angeschmutzt	gewaschen
Polyester	$8 \cdot 10^{-5}$	15,8	29,9	13,8	34,3	17,8	33,6
	$3 \cdot 10^{-3}$		53,0		37,8		58,0
Polyester alk. behandelt	$8 \cdot 10^{-5}$	16,7	33,9	19,6	29,5	18,5	39,2
	$3 \cdot 10^{-3}$		52,3		33,8		59,5
Viskose	$8 \cdot 10^{-5}$	20,2	51,6	24,1	54,9	21,6	56,2
	$3 \cdot 10^{-3}$		52,2		(35,5)		55,4

*) Mischung I: 45% Kaolin, 45% Zement, 3% Fe_2O_3, 2% Ruß, 5% Paraffinöl
**) Mischung II: 0% Kaolin, 90% Zement, 3% Fe_2O_3, 2% Ruß, 5% Paraffinöl
***) Mischung III: 90% Kaolin, 0% Zement, 3% Fe_2O_3, 2% Ruß, 5% Paraffinöl

3.3.4.2. Tensidadsorption und Änderung der Verarbeitungs- und Gebrauchseigenschaften von Faserstoffen

Als wesentliche Verarbeitungseigenschaften textiler Faserstoffe, die durch die Aufnahme tensidhaltiger Hilfsmittel stark beeinflußt werden, sind in der Literatur [34···36] genannt: Benetzung, Reib- und Gleitverhalten, Neigung zur elektrostatischen Aufladung.

Aus den unter 3.1.5. und 3.1.6. dargestellten Untersuchungsergebnissen geht hervor, daß die Benetzbarkeit von Faserstoffen in vielfältiger Weise durch die Adsorption grenzflächenaktiver Stoffe beeinflußt wird. Es sind jedoch keine Ergebnisse systematischer Arbeiten bekannt, aus denen hervorgeht, welche Zusammenhänge zwischen den durch Adsorptionsmessungen erhaltenen Parametern (z. B. $\Delta G^0_{\text{ads.}}$, Bedeckungsgrad, Orientierung) und der Benetzbarkeit von Faserstoffen existieren.

Eine qualitative Auswertung der bekannten Untersuchungsergebnisse deutet darauf hin, daß

- die Aufnahme relativ geringer Tensidmengen zu einer Verschlechterung der Benetzung führt, der bewirkte Effekt hängt von der Art des Faserstoffes sowie der Ionogenität und Struktur des Tensids ab;
- kationaktive Tenside auf Grund der orientierten Adsorption bei einem Bedeckungsgrad von $\theta \approx 1$ ein Minimum der Benetzbarkeit ergeben; dieses korreliert mit einem ζ-Potential von Null [13, 31];
- höhere aufgenommene Tensidmengen, d. h. $\theta > 1$, zu einer verbesserten Benetzung hydrophober Faserstoffe führen, da bei hohen Bedeckungsgraden die hydrophilen Gruppen der adsorbierten Tensidmoleküle lösungsseitig orientiert sind;
- das Vorliegen von Ca^{++}-Ionen auf Cellulosefasern zu einer deutlichen Verschlechterung der Benetzbarkeit infolge der Adsorption von Tensidanionen führen kann.

Aussagen über den Einfluß der Tensidadsorption auf das Reib- und Gleitverhalten von Faserstoffen ergeben sich aus dem Zusammenhang zwischen der Adhäsion und dem elektrokinetischen Potential. Man kann annehmen, daß bei geringen aufgebrachten Tensidmengen ($\theta < 1$), geringem Druck der Reibpartner aneinander sowie relativ geringer Reibgeschwindigkeit Änderungen des Reibungskoeffizienten von Faserstoffen, und zwar sowohl der Faden/Faden-Reibung als auch der Faden/Metall-Reibung, auf Änderungen der Wechselwirkungskräfte beruhen (s. a. [37]). Erst bei größeren aufgebrachten Hilfsmittelmengen wird der Reibungskoeffizient über eine „hydrodynamische Schmierung" beeinflußt.

So korreliert dann auch das bei einem ζ-Potential von Null auftretende Minimum der Pigmenthaftung von PAN-Fasern, das durch das Aufbringen geringer Mengen kationaktiver Tenside erreicht wurde, mit einem Minimum des statischen Reibungskoeffizienten der Fasern aneinander (vgl. Abb. 3.30.). Dies bedeutet, daß durch eine Monoschicht adsorbierter Tensidkationen ein Minimum der elektrostatischen Wechselwirkung erreicht wird. Größere aufgebrachte Tensidmengen führen wegen der schlechteren Orientierung der Tensidkationen wieder zu einem Anstieg der elektrostatischen Wechselwirkung.

In Übereinstimmung mit dem Kurvenverlauf in Abb. 3.30. stehen Untersuchungsergebnisse von Schwertfeger u. Mitarb. [38] an PAN-Fasern, wonach kationaktive Hilfsmittel bei geringen Anwendungskonzentrationen zu einer starken Verminderung des dynamischen Reibungskoeffizienten gegenüber einem Metallreibkörper sowie der

Haftung Faden—Faden führen. Aus der Kenntnis des Einflusses der Faserstoff-Parameter, der Kettenlänge kationaktiver Tenside und der Behandlungsbedingungen (Konzentration, Temperatur, Zeit) auf die Tensidadsorption sowie des Zusammenhanges zwischen Tensidadsorption und elektrokinetischem Potential lassen sich so Hinweise auf die gezielte Einstellung des Reib- und Gleitverhaltens von Faserstoffen durch die Applikation kationaktiver Tenside auffinden.

Nach Fort jr. [39] korreliert auch bei der hydrodynamischen Reibung die Reibungsverminderung durch Fettsäuren, Fettalkohole und Alkane mit ihrer Adsorbierbarkeit.

Zur Verminderung der elektrostatischen Aufladung synthetischer Faserstoffe werden Textilhilfsmittel auf der Basis kationaktiver, anionaktiver oder nichtionogener Tenside angewendet. Die Wirkung kann teils in einer Verminderung der Aufladung selbst oder in der Ableitung von durch Reibung oder Kontakttrennung entstandener Ladungsträger bestehen. Es ist heute noch unbekannt, welche Korrelation zwischen der Tensidadsorption und der Aufladung bzw. dem Ladungstransport bestehen.

Als wichtige Gebrauchseigenschaften von Textilien, die durch die Adsorption von Tensiden beeinflußt werden, seien im folgenden die Anschmutzungsneigung und der Griff betrachtet. Wie unter Kap. 3.2. dargestellt, kann die Trockenschmutzaufnahme von Faserstoffen durch die Aufnahme von Kationtensiden beeinflußt werden. Die adsorbierte Menge, die zu einem ζ-Potential von Null führt, bewirkt an PAN- und Cellulosefaserstoffen ein Minimum der Schmutzhaftung. Für andere Tensidklassen sind keine Zusammenhänge zwischen der Tensidadsorption und der Anschmutzungsneigung bekannt. Im Zusammenhang mit der Adhäsion der Fasern aneinander ist auch der organoleptisch bestimmbare Warengriff zu sehen. Der durch die Applikation von Kationtensiden erzielbare weiche Griff wird auf die Orientierung der Tensidkationen an der Faseroberfläche zurückgeführt [38]. Die handelsüblichen Haushalt-Weichspülmittel haben deshalb auch kationaktive Tenside, und zwar vorwiegend Distearyldimethylammoniumchlorid zur Grundlage. Systematische Untersuchungen zur Adsorption dieses Tensids im Vergleich mit kurzkettigen Tensiden des gleichen Typs an verschiedenen Faserstoffen wurden von Bücking u. Mitarb. [20] durchgeführt. Dabei wurde u. a. gefunden, daß trotz einer stärkeren Adsorption der kurzkettigen Derivate diese einen unbefriedigenden Griff ergeben. Offensichtlich findet mit steigender Kettenlänge eine zunehmende Abschirmung der die Adhäsion beeinflussenden Ladungsträger statt.

Über die Adsorption und Desorption weiterer kationaktiver Tenside, die die Grundlage für Weichmacher darstellen, an verschiedenen Faserstoffen wird von Müller und Krempl [17] sowie Evans [19] berichtet. Exakte Zusammenhänge zwischen dem Sorptionsverhalten und der weichmachenden Wirkung sind jedoch nicht zu erkennen. Nach Preuss und Flath [40] üben kationaktive Weichmacher auf PAN-Fasern eine plastifizierende Wirkung aus, wenn sie sich im Faserstoff befinden. Eine eindeutige Abhängigkeit von der adsorbierten Tensidmenge wurde jedoch nicht festgestellt.

Weitere technologisch wichtige, durch Tenside bewirkte Eigenschaftsänderungen werden von Rosen [1] zitiert. So werden jeweils durch Veränderung der elektrochemischen Ladungsverhältnisse die Quellfähigkeit, die Schrumpfneigung, die Benetzbarkeit, aber auch die Reaktivität von Wolle gegenüber Säuren, Laugen oder Reduktionsmitteln beeinflußt [41, 42].

Literatur

[1] ROSEN, M. J.: *Surfactants and Interfacial Phenomena.* New York—Toronto: John Wiley & Sons 1978.
[2] NEMETHY, G.: Angew. Chemie **79** (1967), S. 260—271.
[3] LEONHARDT, W.: Habilitationsschrift, TU Dresden 1969.
[4] MAST, R. C., BENJAMIN, L.: J. Colloid Interface Sci. **31** (1969), S. 31—38.
[5] WASOW, G.: Dissertation, Akademie der Wissenschaften der DDR 1979.
[6] HUMMEL, D.: *Analyse der Tenside.* München: Hanser-Verlag 1962.
[7] KÖNIG, H.: *Neuere Methoden zur Analyse von Tensiden.* Berlin—Heidelberg—New York: Springer-Verlag 1971.
[8] ROSEN, M. J., GOLDSMITH, H. A.: *Systematic Analysis of Surface-active Agents.* New York: John Wiley & Sons Inc. 1972.
[9] LONGMAN, G. F.: *The Analysis of Detergents and Detergents Products.* London—New York—Sydney—Toronto: John Wiley & Sons Ltd. 1975.
[10] JACOBASCH, H.-J., JEHRING, H., SCHUMANN, U.: Faserforsch. u. Textiltechnik **23** (1972), S. 42—47.
[11] JACOBASCH, H.-J., SCHUMANN, U.: Faserforsch. u. Textiltechnik **24** (1973), S. 248—253.
[12] JACOBASCH, H.-J., THIEL, B.: unveröffentl. Ergebnisse.
[13] JACOBASCH, H.-J.: Dissertation (B), Akademie der Wissenschaften der DDR 1977.
[14] SEXSMITH, F. H., WHITE, H. J.: J. Colloid Sci. **14** (1956), S. 598—618.
[15] WHEATERBURN, A. S., BAYLEY, C. H.: Text. Res. J. **22** (1952), S. 797—804.
[16] VAN SENDEN, K. G., KONING, J.: Fette, Seifen, Anstrichmittel **70** (1968), S. 36—39.
[17] MÜLLER, H., KREMPL, E.: Fette, Seifen, Anstrichmittel **65** (1963), S. 532—538.
[18] JUNGERMANN, E. (Hrsg.): *Cationic Surfactants.* New York: Marcel Dekker 1970.
[19] EVANS, W. P.: Chemistry and Industry **27** (1969), S. 893—903.
[20] BÜCKING, H. W., LÖTZSCH, K., TÄUBER, G.: Tenside **16** (1979), S. 1—10.
[21] JACOBASCH, H.-J., GROSSE, I.: Faserforsch. u. Textiltechnik **22** (1971), S. 571—572.
[22] JACOBASCH, H.-J., GROSSE, I., THIEL, B., SCHMIDT, B., SCHWERTFEGER, J.: Textiltechnik **32** (1982), S. 176—181.
[23] CUTLER, W. G., DAVIS, R. C. (Hrsg.): *Detergency. Theory and Test Methods.* New York: Marcel Dekker 1972.
[24] SCHOTT, H.: Text. Res. J. **37** (1967), S. 336.
[25] KÖLBEL, H., HÖRIG, K.: Angew. Chemie **71** (1959), S. 691—697.
[26] FAVA, A., EYRING, H.: J. phys. Chem. **60** (1956), S. 890—898.
[27] SCHWUGER, M. J.: Fette, Seifen, Anstrichmittel **72** (1970), S. 565.
[28] SCHWUGER, M. J.: Chemie-Ing. Technik **72** (1970), S. 705—710.
[29] WAGNER, E. F.: Dissertation TH Aachen 1962.
[30] JACOBASCH, H.-J.: Tenside, **17** (1980), S. 113—118.
[31] BOBETH, W., JACOBASCH, H.-J.: Melliand Textilber. **55** (1974), S. 268—274.
[32] BERCOVICI, R., Wäschereiforschung Krefeld: Privatmitteilung 1979.
[33] SCHUMANN, U., THIEL, B.: Unveröffentl. Ergebnisse
[34] EHRLER, P.: Melliand Textilber. **58** (1977) 5, S. 355—367.
[35] HEILMANN, E.: Dt. Textiltechnik **18** (1968), S. 473—477.
[36] SPRENKMANN, W., MARQUARDT, K.: Melliand Textilber. **53** (1972), S. 1385—1392.
[37] SCHICK, M. J. (Hrsg.): *Surface Charakteristics of Fibers and Textiles.* New York—Basel: Marcel Dekker 1975.
[38] SCHWERTFEGER, J., SÜSS, P., FALK, I.: Textiltechn. **28** (1978), S. 313—317.
[39] FORT, T. jr.: J. phys. Chem. **66** (1962), S. 1136.
[40] PREUSS, S., FLATH, H.-J.: Textiltechn. **26** (1976), S. 364—370.
[41] LAW, J. P., KUNZE, G. W. in [1], S. 52.
[42] ROBB, D. M. J., ALEXANDER, A. E. in [1], S. 52.
[43] GROSSE, I.: Acta Polymerica, **33** (1982), S. 85—86.

4. Anwendung der für faserbildende Polymere entwickelten Methoden auf weitere Polymere und Technologien

4.1. Methodik

Die in den Kap. 1. und 2. aufgeführten Methoden zur Bestimmung der van der Waals-Hamaker-Konstanten sowie der freien Oberflächenenergie lassen sich bevorzugt für Polymere, die in flächiger Form vorliegen, anwenden. Eine große spezifische Oberfläche ist hier keine notwendige Voraussetzung. So wurden auch die meisten aus der Literatur bekannten Arbeiten zur Bestimmung der freien Oberflächenenergie von Polymeren an Platten oder Folien durchgeführt.

Gas- und Tensidsorptionsmessungen sind demgegenüber nur mit stark erhöhtem Aufwand für Polymere mit kleiner spezifischer Oberfläche anwendbar. Beispielsweise sind mit handelsüblichen Ultramikrowaagen Gassorptionsmessungen im Bereich einer Monoschichtbildung nur dann sinnvoll, wenn die spezifische Oberfläche größer als 100 cm^2/g ist. Ähnliches gilt für Tensidsorptionsmessungen, wenn die adsorbierte Tensidmenge aus der Restkonzentration der Sorptionslösung ermittelt wird. Es müssen daher andere Methoden angewendet werden, um die Wechselwirkung kompakter Polymerer mit Wasser oder Tensiden zu beschreiben (z. B. Benetzungsmessungen, Ellipsometrie, in Verbindung mit spektroskopischen Methoden). Da dies an Faserstoffen auch über elektrokinetische Messungen möglich ist, sollte an der Übertragung dieser Meßmethodik auf platten- und folienförmige Polymere gearbeitet werden. Ansatzpunkte hierzu bietet eine Arbeit von van Wagenen und Andrade [1], in der nachgewiesen wird, daß die Helmholtz-Smoluchowski-Gleichung auch für einen Flüssigkeitsspalt zwischen zwei parallelen Platten gültig ist, so daß z. B. Strömungspotential-Messungen an plattenförmigem Material möglich sind. Aus der Anwendung dieser Methodik für Polymerplatten wird z. Z. gearbeitet [2].

4.2. Technologische Prozesse

In den Kap. 1. bis 3. wurden die aufgeführten Meßmethoden vorwiegend zur Beschreibung der Vorgänge beim Anschmutzen und Waschen textiler Erzeugnisse, spezieller Verarbeitungs- und Veredlungsprozesse von Faserstoffen sowie einiger Gebrauchseigenschaften von Textilien angewendet, wobei besonders auf eigene Arbeitsergebnisse zurückgegriffen wurde. In ähnlicher Weise lassen sich jedoch auch die in Tab. 4.1. aufgeführten Verarbeitungstechnologien faser- und filmbildender Polymerer untersuchen, die eine Auswahl großtechnischer Prozesse darstellen.

Für die wissenschaftliche Durchdringung dieser Prozesse über oberflächenchemische Untersuchungen gelten folgende Grundsätze:

1. Die Beschreibung der an den Grenzflächen stattfindenden Wechselwirkungen erfordert eine umfassende Charakterisierung der Grenzfläche hinsichtlich

Tabelle 4.1. Verarbeitungstechnologien faserbildender Polymerer

Prozeß	auftretende Wechselwirkungen
Faserstoff-Erspinnung, Herstellung textiler Flächengebilde	Haftung von Faserstoffen aneinander und an Teilen von Verarbeitungsmaschinen in Gegenwart von Präparationsmitteln
Beschichtung textiler Flächengebilde	Adhäsion von PVC, Polyurethanen, Polyacrylaten u. a. Polymeren an Faserstoffen, ggf. in Gegenwart von Haftvermittlern
Vliesstoff-Herstellung	Bindung von Faserstoffen durch andere Polymere
Faserstoff-Mattierung	Wechselwirkung Titandioxid-faserbildendes Polymer
Mischen faserbildender Polymerer	Wechselwirkung Polymer-Polymer
Verstärkung von Polymeren durch Faserstoffe	Wechselwirkung Faserstoff-Haftvermittler-Polymermatrix
Beflockungsprozesse	Elektrostatische Beflockung, Haftung von Kurzfasern auf Flächengebilden über Polymer-Kleber
Herstellung von Magnetbändern	Adhäsion im System Polyesterfilm-Gelatine-Eisenoxid- oder Chromoxidpartikel
Papierherstellung	Adhäsion Cellulosefasern-Holzschliff-Papierhilfsmittel-Füllstoffe
Vervielfältigungsprozesse	Benetzung und Haftung von Pigmenten auf Papier
Elastomer-Verstärkung (Reifenherstellung)	Haftung von Faserstoffen an Elastomeren in Gegenwart von Hilfsstoffen
Mischen von faserbildenden Polymeren	Wechselwirkung Polymer-Polymer

- des physikalischen Oberflächenzustandes (Rauhigkeit, Porosität),
- des Gehaltes und der Art polarer Molekülgruppen,
- der Aufnahme von Wasser,
- der Bindungsenergie gegenüber Wasser und Verarbeitungshilfsmitteln (Tenside, lösliche oder dispergierte Polymere, Polyelektrolyte)
- des Auftretens von Diffusionsvorgängen
- des Vorliegens- und der Eigenschaften elektrischer Doppelschichten.

Hierbei lassen sich die beschriebenen physikalischen und physikalisch-chemischen Untersuchungsmethoden verwenden.

2. Es ist zu prüfen, welche Verarbeitungs- und Gebrauchseigenschaften vorwiegend durch Grenzflächenparameter und welche durch Strukturparameter des Innern der Polymeren bedingt ist.
3. Der Einfluß der jeweiligen Prozeßparameter auf den Ablauf von Grenzflächenvorgängen ist zu berücksichtigen (z. B. Einfluß von Temperatur und Viskosität auf die Benetzung und vom Walzendruck bei Beschichtungen auf Benetzung und Adhäsion).

So wurden beispielsweise die bei der Vliesbildung auftretenden Haftprobleme zwischen Faserstoffen und Harzen mit Hilfe von Benetzungsmessungen unter Verwendung des Konzepts der freien Oberflächenenergie untersucht (vgl. [3]). Auftretende Benetzungsprobleme lassen sich sowohl über die Erhöhung des Anteils polarer Wechselwirkungen als auch über apparative Parameter (Art der Binderauftragung, Erhöhung des Walzendruckes) vermindern.

Bekannt ist weiterhin die Erhöhung der Haftung zwischen Polyesterfilmen und Gelatine in der Magnetbandindustrie durch eine Corona-Behandlung der Filme, wobei die verbesserte Haftfestigkeit auf den mit ESCA nachgewiesenen erhöhten Gehalt an Carboxylgruppen an der Filmoberfläche und die dadurch verstärkte Ausbildung von Wasserstoffbrückenbindungen zurückgeführt wird [4]. Schwerer zu überschauen sind technische Vorgänge, bei denen Vielkomponentensysteme vorliegen und mehrere Bindungsarten auftreten können. Als Beispiel sei die Papierfabrikation genannt, bei der Wasserstoffbrückenbindungen zwischen den Cellulosefasern, elektrostatische Wechselwirkungen und Wasserstoffbrückenbindungen zwischen den Cellulosefasern und Papierhilfsmitteln zusätzlich zu den immer vorhandenen Dispersionswechselwirkungen auftreten (vgl. [5]).

Es ist weiterhin zu berücksichtigen, daß der Blattbildungsprozeß in Gegenwart von Wasser, das sowohl an den Fasern als auch an den Füllstoffen und den Papierhilfsmitteln adsorbiert wird, stattfindet. Die Komplexität des Vorganges ist auch die Begründung dafür, daß sowohl für die wissenschaftliche Durchdringung der Papierherstellung als auch für die Optimierung von Papiergebrauchseigenschaften eine weite Palette von Meßmethoden eingesetzt werden muß, die von der chemischen Analytik über elektrokinetische, Sorptions- und Benetzungsmessungen bis zur spektroskopischen Untersuchung mit Hilfe einer aufwendigen Instrumentalanalytik reicht (vgl. [6]). Ähnlich komplex sind auch die Mikroprozesse, die bei der Verstärkung von Polymeren durch Glas- oder organische Faserstoffe auftreten. Die zwischen unbehandelten Faserstoffen und der Polymermatrix meist nur auftretenden Dispersions- und Dipolkräfte reichen für eine ausreichende Adhäsion und damit für gute Verbundseigenschaften nicht aus, so daß über Haftvermittler — bifunktionelle Verbindungen, meist auf Basis von Silanen — kovalente chemische Bindungen zwischen Faserstoff und Matrix hergestellt werden. An mit Haftvermittlern behandelten Faserstoffen lassen sich erwartungsgemäß auch keine Korrelation zwischen der freien Oberflächenenergie und der Haftfestigkeit nachweisen. Eine schlechte Benetzung führt jedoch auch hier wegen der verringerten Haftfläche zu schlechter Haftüng.

Für das Gebiet des Mischens und Entmischens faserbildender Polymerer, das industriell beispielsweise bei der Herstellung von Folien-Fibrillen-Fäden genutzt wird (vgl. [7]), gilt, daß die Mischbarkeit sowohl von der Grenzflächenenergie zwischen den Partnern als auch von deren Elastizitätsmoduli abhängt. Mischen und Entmischen werden also nicht nur allein durch Grenzflächeneigenschaften bedingt. Dies gilt auch für die meisten praktischen Adhäsionssysteme, wie sie beim Kleben, Verschweißen oder Beschichten faserbildender Polymerer auftreten. Es ist hier unbedingt zwischen der Grenzflächen- oder fundamentalen Adhäsionsfestigkeit, die allein auf die Wechselwirkungen an der Phasengrenze zurückzuführen ist und der praktischen Adhäsionsfestigkeit, die durch dem praktischen Zweck angepaßte Prüfverfahren bestimmt werden kann, zu unterscheiden. In die zur Lösung einer Adhäsionsverbindung notwendige Energie geht der Betrag der Wechselwirkungsenergie und die Deformationsenergie der Polymeren ein. Es sei weiterhin darauf verwiesen, daß die maximale fundamentale Adhäsionsenergie meist nicht erhalten wird, da Oberflächenrauhigkeiten und eine unvollständige Benetzung den idealen Haftabstand nicht erreichen lassen. Tritt jedoch eine Diffusion der Haftpartner ein, dann wird die Haftfläche und damit auch die Adhäsionsenergie vergrößert.

Literatur

[1] van Wagenen, R. A., Andrade, J. D.: J. Colloid Interf. Sci. **76** (1980), S. 305–314.
[2] Jacobasch, H.-J., Börner, M.: Acta Polymerica **34** (1983), S. 374–376.
[3] Schick, M. J. (Hrsg.): *Surface Characteristics of Fibers and Textiles*, Part. II. New York, Basel: Marcel Dekker Inc. 1977.
[4] Ohmichi, T. u. a.: Vortrag „Intern. Symp. on Physiko-chemical Aspects of Polymer Surfaces“. New York 1981.
[5] Beck, U., Müller, F., Tretter, H.: Bayer Farben Revue **31** (1980), S. 27–53.
[6] Preprints „Symposium on Colloids and Surfaces in Reprographic Technologies“. New York 1981.
[7] Berger, W., Daniel, E.: Textiltechn. **26** (1976), S. 222–226.

5. Spektroskopische Untersuchungsmethoden

Eine umfassende Oberflächencharakterisierung von Polymeren erfordert auch quantitative Aussagen über die chemische Zusammensetzung der Oberflächenregion. Diese Aussagen können nicht aus der Kenntnis der chemischen Konstitution des kompakten Festkörpers abgeleitet werden, da infolge Adsorptionserscheinungen, Oxydationsreaktionen, Verunreinigungen oder Diffusionsvorgängen sich die Zusammensetzung der Oberflächenregion von der der „bulk-phase“ unterscheidet. Es wurden daher in den letzten Jahren weltweit erhebliche Anstrengungen unternommen, bekannte spektroskopische Verfahren für Oberflächenuntersuchungen an Polymeren zu modifizieren und neue instrumentalanalytische Verfahren zu entwickeln. Eine Übersicht über die hauptsächlich angewendeten Methoden, ihre Anwendungsmöglichkeiten und -grenzen ist ohne Anspruch auf Vollständigkeit in Tab. 5.1. gegeben.

Die am häufigsten angewendete Methode stellt die Elektronenspektroskopie für die chemische Analyse (ESCA), auch Röntgen- oder UV-Photoelektronenspektroskopie (PS, UPS) genannt, dar. Mit ihrer Hilfe lassen sich Aussagen über die in der Oberflächenregion vorhandenen Elemente und ihre Bindungsverhältnisse treffen. Die wichtigsten Anwendungsgebiete für Polymere betreffen Untersuchungen zu den Komplexen

- Veränderungen des Gehaltes an funktionellen Gruppen in der Oberflächenregion infolge Modifizierungsreaktionen (Plasma-, Coronabehandlung, Pfropfung) oder mechanischer Behandlungen [4, 6, 7, 12, 17···19],
- Bindungsmechanismus zwischen dünnen Filmen (< 5 mm) und Polymeroberflächen, wie z. B. die Bindung von Haftvermittlern oder perfluorierten Verbindungen an Polymeroberflächen [4, 6, 7, 13, 14],
- Oberflächencharakterisierung der Bruchstellen von Adhäsionsverbindungen [4, 6, 14, 15],
- Bindungsmechanismus zwischen Metalloberflächen und dünnen Polymerfilmen [4, 6],
- Charakterisierung von Verunreinigungen [16].

Die Vorteile der ESCA-Methode liegen darin, daß eine zerstörungsfreie Prüfung der chemischen Zusammensetzung der Oberflächenregion möglich ist. Nachteilig ist der hohe apparative Aufwand sowie die fehlende Möglichkeit, den Einfluß adsorbierten Wassers zu beschreiben, da die Proben sich bei der Messung im Vakuum befinden. Dies ist mit Hilfe der Inelastischen Tunnelelektronenspektroskopie, jedoch auch nur bei den tiefen Temperaturen möglich. Auch müssen zur Anwendung der Ergebnisse spektroskopischer Untersuchungen für praktische Grenzflächenprobleme Struktur-Reaktivitäts-

Tabelle 5.1. Spektroskopische Methoden zur Oberflächencharakterisierung

Methode	Meßprinzip	erfaßbare Größen	Eindring-tiefe	Literatur
1	2	3	4	5
Infrarot-FOURIER-Transform-Spektroskopie (IR-FTS)	Primäre IR-Strahlung mit einem breiten Spektralbereich regt Moleküle zu Schwingungen und Rotationen an, das Emissionsspektrum wird durch eine FOURIER-Transformation mittels Computer berechnet Messung ist in normaler Atmosphäre durchführbar	qualitative Informationen über Konstitution und Konfiguration der Moleküle in der Oberflächenregion (Kernabstände, Bindungswinkel, Elektronegativität Hybridisierungsgrad), Erfassung funktioneller Gruppen	ca. 50 nm	[1…4]
Infrarot-Abgeschwächte Totalreflexion (IR-ATR)	Anregung von Molekülen der Oberflächenregion zu Schwingungen und Rotationen durch IR-Strahlung bei Einfallswinkeln, bei denen Totalreflexion eintritt. Zerlegung der reflektierten Strahlung im Spektrometer Messung ist in normaler Atmosphäre durchführbar	wie IR-FTS	ca. 50 nm	[1, 2]
RAMAN-Spektroskopie	Monochromatisches Licht regt Moleküle zu Schwingungen und Rotationen an, das Spektrum des reflektierten Lichtes entspricht den Schwingungs- und Rotationsfrequenzen der angeregten Moleküle Messung ist in normaler Atmosphäre durchführbar	wie IR-FTS	ca. 50 nm	[1, 2, 4]
Röntgen-Photoelektronen-Spektroskopie (ESCA, XPS)	Bestrahlung einer Probe mit monochromatischen Photonen (K_α-Röntgenstrahlung) führt zu Elektronenemission. Bestimmung der kinetischen Energie der emittierten Elektronen Druck im Probenraum $\leq 10^{-7}$ Pa	Bestimmung der elementaren Zusammensetzung der Oberflächenregion (Elemente der Ordnungszahl $Z = 1$), Aussagen über Valenzen, funktionelle Gruppen u. angeregte Zustände	2…5 nm	[1, 4…7]
Röntgenfluoreszenzanalyse (RFA)	Primäre Röntgenstrahlung eines breiten Spektralbereiches regt Atome der Probe zur Emission charakteristischer Röntgenstrahlung an	Bestimmung der in der Oberflächenregion befindlichen Elemente ($Z > 9$)	2…3 nm	[1, 5, 6]

Tabelle 5.1. (Fortsetzung)

Methode	Meßprinzip	erfaßbare Größen	Eindring-tiefe	Literatur
1	2	3	4	5
Ion Scattering Spectroscopy (ISS)	Edelgasionen werden auf die Probe gestrahlt, der Energieverlust der reflektierten Ionen hängt von der Masse der in der Oberflächenregion befindlichen Atomkerne ab Druck im Probenraum $\leqq 10^{-7}$ Pa	Aussagen über die in der Oberflächenschicht befindlichen Elemente ($Z \geqq 1$) u. deren Bindungszustand	0,3···1 nm	[4···6]
Sekundärionen-Massenspektroskopie (SIMS)	Kollimierter Strahl monoenergetischer Ionen führt zur Emission von Sekundärteilchen aus der bestrahlten Oberfläche, die massenspektrometrisch charakterisiert werden können Druck im Probenraum $\leqq 10^{-7}$ Pa	Qualitative und quantitative Analyse der an der Oberfläche befindlichen Moleküle ($Z \geqq 1$)	0,3···1 nm	[4···6)
Low Energy Electron Diffraction (LEED)	Monochromatischer Elektronenstrahl mit geringer Energie wird von Gitterpunkten der Oberflächenregion gebeugt und reflektiert Druck im Probenraum $\leqq 10^{-7}$ Pa	Messungen zur elektronischen und Feinstruktur im Oberflächenbereich	0,3···1 nm	[4···6]
Inelastische Elektronen-Tunnelspektroskopie (IETS)	An eine Isolatorschicht, die adsorbierte Moleküle enthält, wird über zwei Metallelektroden eine Spannung angelegt, wobei ein durch den quantenmechanischen Tunneleffekt hervorgerufener Strom fließt. Dabei werden die adsorbierten Moleküle zu Schwingungen angeregt. Die charakteristischen Frequenzen geben sich in Unstetigkeiten der Strom-Spannungs-Funktion wieder Messungen werden bis 4,2 K durchgeführt Arbeiten im Vakuum ist nicht erforderlich	Aussagen zur Bindung adsorbierter Moleküle an dünne Polymerfilme	0,3···1 nm	[8]
MÖSSBAUER-Spektroskopie	Resonanzspektroskopie zwischen γ-Quanten aussendenden Atomkernen	Aussagen zu Substanzen, die mößbaueraktive Kerne (vorwiegend 57_{Fe}) enthalten,		[1, 9···11]

Tabelle 5.1. (Fortsetzung)

Methode	Meßprinzip	erfaßbare Größen	Eindringtiefe	Literatur
1	2	3	4	5
	und gleichen Kernen, die sich in anderer Umgebung befinden (Bindungszustand, Adsorption durch Trägersubstanzen u. a.)	hinsichtlich Valenz, Wechselwirkungen mit Trägermaterialien, Molekülsymmetrie, magnetischem Verhalten, Partikelgröße		
AUGER-Elektronenspektroskopie (AES)	Bestrahlung der Probe mit monoenergetischen Elektronen führt zur Emission von Auger-Elektronen; deren Energie hängt von der Masse der Atomkerne der Oberflächenregion ab Druck im Probenraum $\leq 10^{-7}$ Pa	Bestimmung der in der Oberflächenregion befindlichen Elemente ($Z > 2$). Aussagen über den Bindungszustand	0,3···5 nm	[4···6]

beziehungen für die nachgewiesenen Elemente bzw. funktionellen Gruppen abgeleitet werden. Dies ist vorwiegend mit Hilfe der in den Kap. 2. und 3. aufgeführten Methoden möglich. Es sind jedoch bisher nur wenig Ergebnisse systematischer Untersuchungen zum Vergleich zwischen spektroskopischen und physikalisch-chemischen Untersuchungen bekannt (z. B. Arbeiten von DWIGHT zum Zusammenhang zwischen ESCA-Untersuchungsergebnissen und dem Benetzungsverhalten für verschiedene PTFE-Herstellungschargen [13]). Die Fülle der laufend publizierten Arbeiten zur spektroskopischen Oberflächenanalyse von Polymeren führt jedoch zur Erwartung, daß in nächster Zeit die Grenzen und Möglichkeiten der aufgeführten Methoden deutlich herausgearbeitet werden.

Literatur

[1] DANZER, K., THAN, E., MOLCH, D.: *Analytik.* Leipzig: Akademische Verlagsgesellschaft Geest u. Portig KG 1976.

[2] DECHANT, J.: *Ultrarotspektroskopische Untersuchungen an Polymeren.* Berlin: Akademie-Verlag 1972.

[3] GENZEL, L.: Z. Anal. Chem. **273** (1975), S. 391–400.

[4] MITTAL, K. L. (Hrsg.): *Physicochemical Aspects of Polymer Surfaces.* New York–London: Plenum Publ. Corp. 1982.

[5] BRÜMMER, O., HEYDENREICH, J., KREBS, K.-H., SCHNEIDER, H. G. (Hrsg.): *Festkörperanalyse mit Elektronen-, Ionen- und Röntgenstrahlen.* Berlin: VEB Deutscher Verlag der Wissenschaften 1980.

[6] DWIGHT, D. W., FABISH, R. T., THOMAS, H. R. (Hrsg.): *Photon, Electron and Ion Probes of Polymer Strukture and Properties.* ACS Symposium Series No. 162, Washington, American Chemical Society 1981.

[7] CLARK, D. T. in: LEE, L.-H. (Hrsg.): *Characterization of Metal and Polymer Surfaces.* New York: Academic Press 1977.

[8] WHITE, H. W., GODWIN, L. M., WOLFRAM, T.: J. Adhesion **9** (1978), S. 237–249.

[9] WEGENER, H.: *Der Mössbauer-Effekt und seine Anwendungen in Physik und Chemie.* Mannheim: Bibliograf. Inst. 1965.

[10] Goldanski, V. I., Herber, R. H.: *Chemical Applications of Mössbauer Spectroscopy.* New York: Academic Press 1968 und Moskau: Verlag Mir 1970.

[11] Jacobasch, H.-J., Meisel, W., Mehner, M., Flath, H.-J.: Faserforsch. und Textiltechn. **25** (1974), S. 367–375.

[12] Dwight, D. W., Beck, B. R.: Organic Coatings and Plastics Chemistry Reprints **40** (1979), S. 494–495.

[13] Dwight, D. W. in: Lee, L. H. (Hrsg.): *Characterization of Metal and Polymer Surfaces.* New York: Academic Press 1977.

[14] Dwight, D. W., Riggs, W. M.: J. Colloid Interface Sci. **47** (1974), S. 650–660.

[15] Dwight, D. W.: Organic Coatings and Plastics Chemistry Reprints **40** (1979), S. 134–137.

[16] Dwight, D. W.: J. Colloid Interface Sci. **59** (1977), S. 447–495.

[17] Mittal, K. L. (Hrsg.): *Surface Contamination.* New York–London: Plenum Publ. Corp. 1979.

[18] Mittal, K. L. (Hrsg.): *Adhesion Aspects of Polymeric Coatings.* New York–London: Plenum Publ. Corp. 1983.

[19] Clark, D. T., Feast, W. I.: *Polymer Surfaces.* Chichester–New York–Brisbane–Toronto: John Wiley & Sons 1978.

6. Danksagung

Die im vorliegenden Buch dargestellten Untersuchungsergebnisse sind, sofern sie nicht der Literatur entnommen wurden, im *Institut für Technologie der Fasern der Akademie der Wissenschaften der DDR* erarbeitet worden. An den Untersuchungen waren maßgeblich beteiligt: Frau *Dipl.-Chem. Barbara Thiel,* Frau *Ing. Gisela Hermel,* Frau *Ing. Ursula Schumann,* Frau *Ursula Berger,* Frau *Barbara Gäbisch,* Frau *Elvira Hempel,* Frau *Heidrun Henne,* Frau *Charlotte Kühne,* Frau *Gerlinde Neumann.*

Ihnen gilt mein herzlicher Dank ebenso wie Frau *Dr. rer. nat. Ingrid Grosse* und Herrn *Dr. rer. nat. Karl-Heinz Freitag* für die Unterstützung bei der Interpretation der Ergebnisse und der Abfassung der einzelnen Kapitel.

Herrn *Prof. Dr.-Ing. habil. Wolfgang Bobeth, Dr. rer. nat. Klaus Lunkwitz, Dr. rer. nat. Horst Frenzel* und Herrn *Dipl.-Phys. Siegfried Garbe,* Institut für Technologie der Fasern sowie Herrn *Prof. Dr. rer. nat. habil. Gerhard Reinisch,* Institut für Polymerenchemie der Akademie der Wissenschaften der DDR und Herrn *Prof. Dr. sc. nat. Günther Kretzschmar,* Zentralinstitut für Organische Chemie der Akademie der Wissenschaften der DDR sei herzlich für die kritische Durchsicht des Manuskriptes und viele wertvolle Hinweise gedankt.

Mein Dank gilt weiterhin dem *VEB Chemiefaserkombinat Schwarza „Wilhelm Pieck"* für die Bereitstellung des Probenmaterials und die Genehmigung für die Abfassung dieses Buches.

7. Sachverzeichnis

FSC
www.fsc.org
MIX
Papier | Fördert gute Waldnutzung
FSC® C083411

Zeitfracht Medien GmbH
Ferdinand-Jühlke-Straße 7
99095 Erfurt, Deutschland
produktsicherheit@kolibri360.de